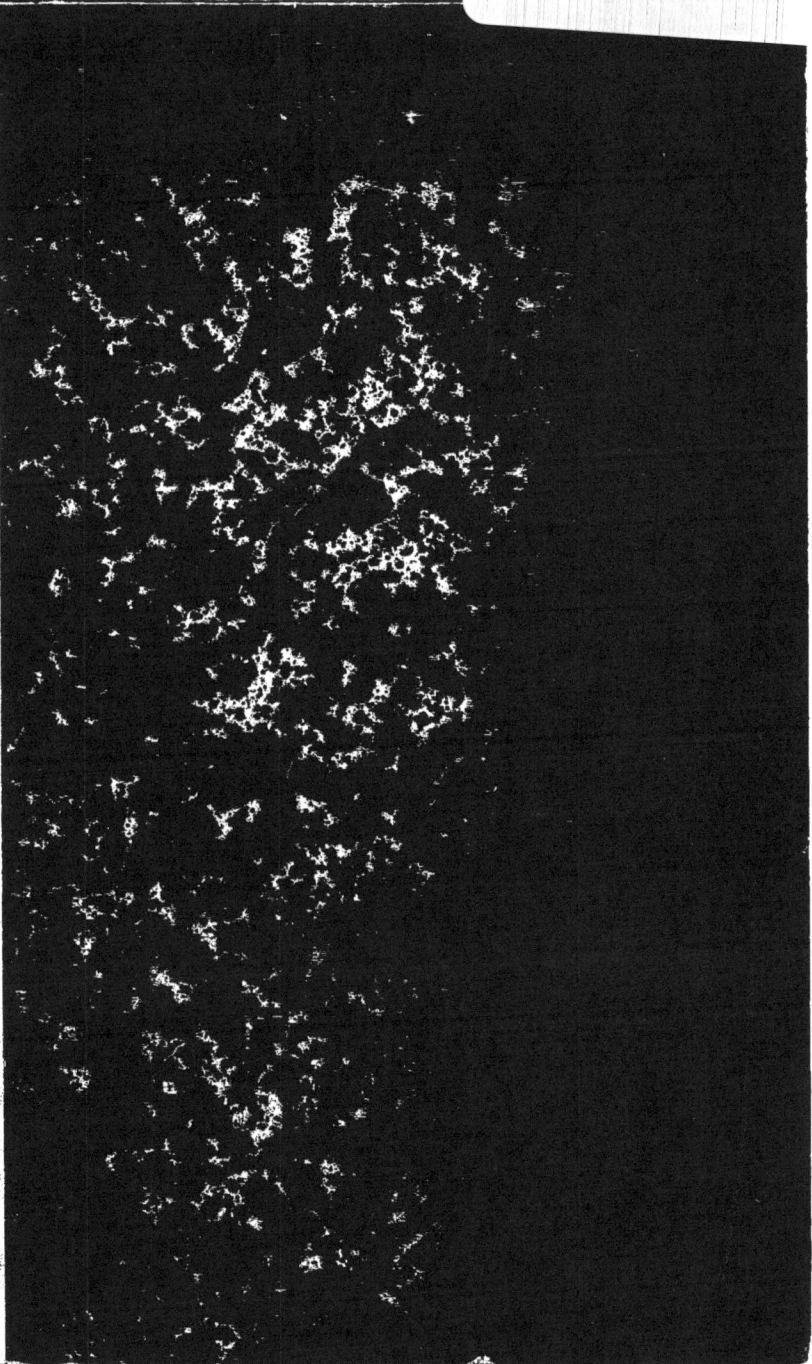

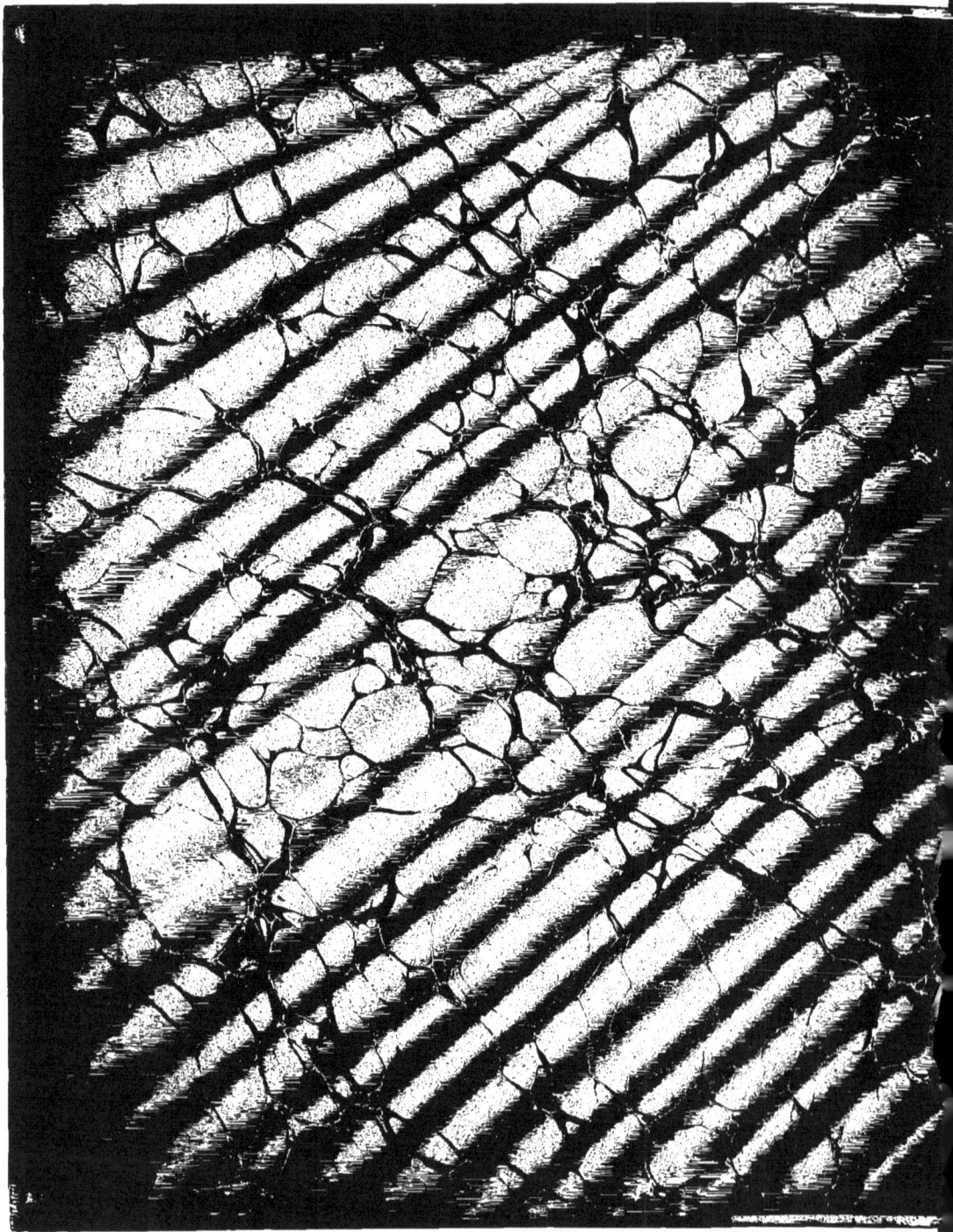

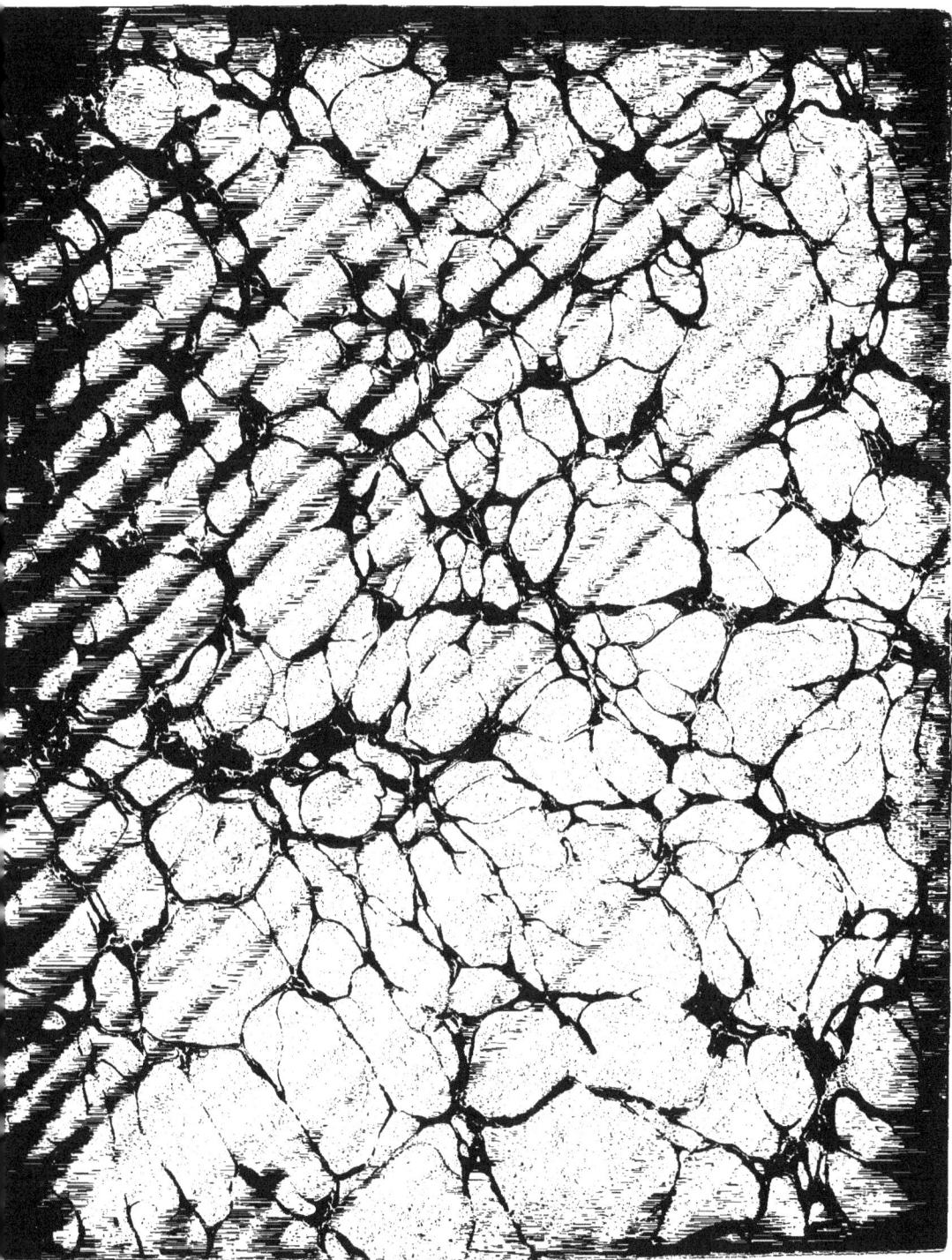

# DÉVELOPPEMENT DE LA SOLE

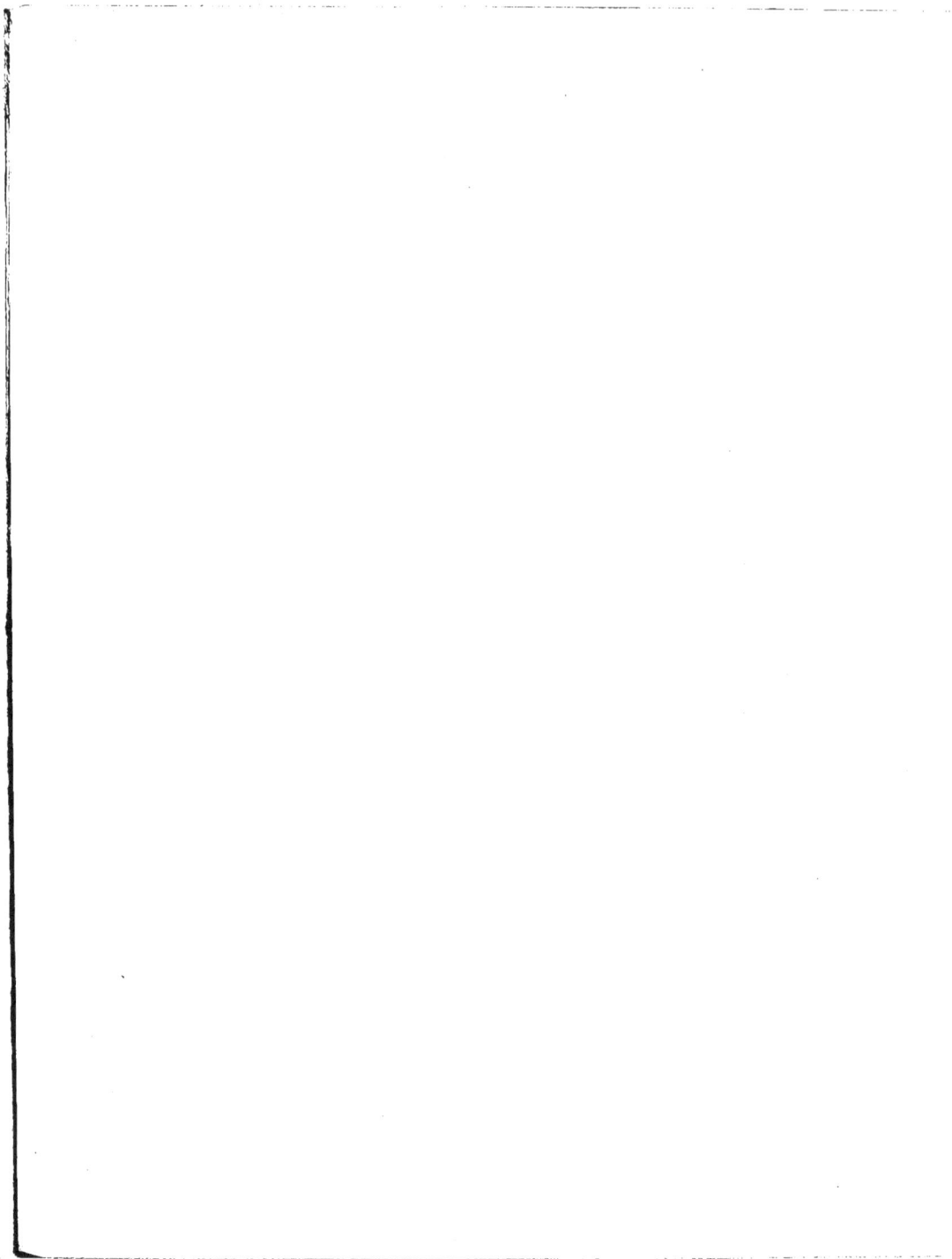

# DÉVELOPPEMENT

DE

# LA SOLE

*(Solea vulgaris)*

## INTRODUCTION A L'ÉTUDE

DE

# LA PISCICULTURE MARINE

PAR

**FABRE-DOMERGUE**    &    Eugène **BIÉTRIX**

DOCTEUR ÈS SCIENCES           LICENCIÉ ÈS SCIENCES
INSPECTEUR GÉNÉRAL           DOCTEUR EN MÉDECINE
DES PÊCHES MARITIMES    LAURÉAT DE LA FACULTÉ DE MÉDECINE

*Ouvrage publié sous les auspices
du Comité consultatif des Pêches maritimes.*

PARIS

VUIBERT ET NONY, ÉDITEURS

63, BOULEVARD SAINT-GERMAIN, 63

1905

# EUGÈNE BIÉTRIX

## Né le 17 Septembre 1864, Mort le 9 Février 1905.

Les dernières lignes de ce livre étaient à peine écrites que celui qui y avait collaboré avec tant d'enthousiaste conviction disparaissait soudain, me laissant l'inconsolable tristesse de clore tout seul l'œuvre dont la réalisation avait été l'unique souci de dix années de son existence.

Biétrix est mort à quarante ans, dans son cher laboratoire de Concarneau, en plein travail, emporté subitement par une affection dont il soupçonnait peut-être la gravité mais que ni lui ni son entourage immédiat ne croyaient devoir être aussi prématurément fatale.

Entraîné vers l'étude des sciences naturelles par ce penchant irrésistible qui marque les véritables vocations, admirablement servi par des qualités d'observation et d'expérimentation remarquables, technicien consommé, Biétrix eût dû, mieux encore que beaucoup d'autres, trouver dans la carrière scientifique les plus légitimes satisfactions.

Reçu très jeune encore licencié ès sciences naturelles et d'abord attaché au laboratoire des Hautes-Études du Muséum, sous la direction d'A. Milne-Edwards, il prête à son maître et ami Viallanes le concours de ses précieuses qualités de dessinateur pour un grand ouvrage d'anatomie comparée, que la mort inattendue de ce dernier devait laisser inachevé. Préparateur ensuite du regretté Professeur Georges Pouchet, il se livre tout entier aux devoirs absorbants de sa fonction, trop préoccupé de bien faire, trop soucieux de l'organisation des conférences qui lui étaient confiées, pour penser à chercher dans la publication de ses travaux les joies qu'il trouvait dans l'accomplissement plus ingrat, mais plus fécond peut-être, du devoir quotidien.

Des raisons d'ordre intime ne tardaient malheureusement pas à le détourner d'un passé si riche en promesses. Promu docteur en médecine en 1895, avec une thèse sur la Branchie des Poissons(¹) qui lui valut une médaille de bronze, il se fixait immédiatement à Concarneau et demandait à l'exercice de la profession médicale les moyens d'existence que son savoir scientifique, si patiemment, si solidement acquis, lui eût à coup sûr mieux garantis dans l'Université.

Ce ne fut certes pas sans un amer serrement de cœur que, demeuré naturaliste avant tout, ainsi qu'il le proclamait lui-même, Biétrix sacrifia les plus belles années de sa vie aux occupations professionnelles dont il ne tirait ni plaisir, ni, hélas, grand profit. Trop profondément scrupuleux cependant pour sacrifier à ses goûts préférés ses devoirs médicaux, exerçant ces derniers avec toute l'attention, tous les efforts de sa claire et belle intelligence, il ne tardait pas à conquérir dans la région une renommée et une estime dont son désintéressement d'homme de science ne songeait même pas à profiter. Malgré les témoignages les plus flatteurs, en dépit de l'universelle sympathie dont il se sentait entouré, Biétrix n'exerça jamais la médecine que la mort dans l'âme, l'esprit sans cesse ramené vers le laboratoire où s'écoulaient non seulement toutes ses heures de loisir, mais malheureusement aussi la plupart de celles qu'il eût dû consacrer au repos.

La fatigue d'un pareil régime, l'écœurement croissant dont il se sentait chaque jour envahi, enfin, la quasi-certitude de trouver, sous peu, près de l'Administration des pêches de la Marine qui l'encourageait depuis quelques

---

(¹) E. Biétrix. — Étude de quelques faits relatifs à la morphologie générale du système circulatoire à propos du réseau branchial des poissons. Paris, Masson, édit. 1895.

années, l'utilisation de ses connaissances biologiques le déterminaient brusquement l'année dernière à se consacrer entièrement aux travaux scientifiques. Il ne devait, hélas, ni jouir longtemps de sa vie nouvelle, ni remplir les fonctions pour lesquelles il était à l'avance désigné et qui eussent constitué pour lui la plus précieuse et la plus enviée des récompenses.

Mais qu'étaient, pour ceux qui l'ont aimé, ses brillantes qualités intellectuelles en regard de celles de son cœur! Nature peu expansive, délicate et sensible cependant à l'excès, Biétrix savait être le plus charmant, le plus sûr des amis et c'est moins encore le collaborateur incomparable que je pleure aujourd'hui, que le frère d'élection dont la confiance affectueuse ne se démentit jamais, pendant nos vingt années de travail et d'existence en commun.

Ni les siens que sa mort plonge dans le deuil le plus cruel, ni ses amis si douloureusement frappés par son imprévue disparition ne sauraient permettre au temps d'affaiblir le souvenir de l'être qui leur fut si cher. La Société, elle, devra à Eugène Biétrix plus que l'éphémère regret permis par le cours d'une vie humaine. Elle n'oubliera jamais qu'il a donné, sans compter, le meilleur de sa vie au perfectionnement d'une industrie naissante, à laquelle son nom restera désormais indissolublement attaché !

Paris, le 10 mars 1905.

FABRE-DOMERGUE.

# DÉVELOPPEMENT DE LA SOLE

# INTRODUCTION

Le travail que nous présentons aujourd'hui au public est le résultat des recherches entreprises par nous depuis 1895 en vue d'obtenir la reproduction et le développement complet des poissons sédentaires comestibles de notre littoral et de déterminer une méthode générale de Pisciculture marine comparable, par la perfection et la sûreté de ses résultats, à celles qui permettent de désigner sans hyperbole sous le nom de Pisciculture d'eau douce l'élevage des poissons de nos rivières et de nos lacs.

Le problème, ainsi posé, paraîtra peut-être de solution déjà ancienne à beaucoup de personnes qui, solidement persuadées que l'étranger nous a précédés dans cette voie avec un succès aussi complet qu'incontestable, se figurent n'avoir qu'à lui emprunter ses procédés pour faire regagner à notre pays — sans grands frais de recherches et sans effort d'imagination — le temps précieux que lui aura fait perdre, selon la formule consacrée, l'inertie des pouvoirs publics. Les articles dithyrambiques d'une presse spéciale, toujours disposée à accepter sans contrôle les affirmations les plus osées aussi bien que les erreurs les plus grossières émanant la plupart du temps de personnes étrangères au sujet ou intéressées à leur propagation, n'ont pas peu contribué d'ailleurs à créer toute une littérature basée sur l'hypothèse d'une Pisciculture marine idéale, sans appareils, sans méthode et surtout sans résultat.

Si en effet l'on veut bien admettre, en principe, que toute tentative de multiplication artificielle d'une espèce quelconque de poisson comporte l'incubation de ses œufs, leur éclosion, l'élevage des alevins jusqu'à la forme adulte et leur conservation en captivité pendant tout le temps nécessaire à l'étude expérimentale de leur alimentation et de leur genre de vie, si d'autre part on recherche dans les recueils consa-

FABRE-DOMERGUE et BIÉTRIX. — Développement de la Sole.                                    1

crés au sujet combien d'espèces, comestibles ou non, ont pu être étudiées de la sorte, on ne tarde pas à s'apercevoir que seuls les développements du *Hareng,* du *Cotte,* de la *Plie,* de la *Blennie* et de la *Sole* ont été réalisés dans les appareils d'élevage. On constate en outre que, pour toutes ces espèces, les survies obtenues proviennent non point, comme on pourrait le croire, de méthodes couramment mises en pratique, mais bien plutôt d'expériences de laboratoire patiemment poursuivies et demeurées isolées, expériences dont le haut intérêt consiste justement à jalonner de façon plus ou moins nette la voie encore bien vague de la Pisciculture marine.

Comment peut-on parler d'une *Industrie* dont les opérations essentielles sont difficilement réalisables ou encore impossibles à conduire en petit, même dans les laboratoires les mieux organisés? Partout, en Norvège, en Écosse, en Amérique — nous ne disons pas en France, où ne fonctionne encore aucun établissement du même genre — ce que l'on a décoré du nom de Pisciculture marine consiste à parquer quelques centaines de sujets reproducteurs, à en recueillir les œufs, à faire éclore ceux-ci et à rejeter à la mer les larves qui en proviennent soit dès leur éclosion, soit immédiatement après la résorption de leur vésicule vitelline. Dans le premier cas l'opération équivaut à sauver, des causes externes de destruction, le produit de ces quelques reproducteurs pendant la courte durée de l'incubation ; dans le second le résultat est pire encore, puisque, sous prétexte de protection, les larves destinées au repeuplement des eaux sont conservées sans nourriture pendant la période de leur vie où le secours d'une alimentation variée est le plus indispensable à l'accomplissement de leur développement et de leurs métamorphoses. Cette affirmation, qui résulte en grande partie de nos travaux antérieurs, est hautement confirmée par ceux de M. Garstang; elle l'est implicitement aussi par les observations de M. Dannevig sur la Plie, ce qui n'empêche pas l'établissement dirigé par notre savant collègue de Dunbar de conserver les larves de cette espèce pendant six semaines sans alimentation d'aucune sorte, alors que sa propre expérience lui dicte l'impérieuse nécessité de les alimenter dès le troisième jour après l'éclosion, sous peine de dépérissement et de mort.

Ces faits ont été longuement exposés et discutés par l'un de nous dans un travail antérieur (**29**). Nous ne les signalerons donc qu'en passant et nous abordons immédiatement l'exposé de nos nouvelles recherches en les faisant précéder d'un court résumé des travaux qui en ont été le point de départ.

Convaincus de la nécessité d'appuyer sur des données anatomiques et physiologiques précises les recherches destinées à servir de base à des applications pratiques, nous avions essayé, dans un précédent travail (**30**), de mettre la question au point en établissant le bilan des faits acquis et des lacunes ou des notions douteuses existant encore dans nos connaissances de la biologie des larves des poissons marins. Notre premier soin a été d'analyser les travaux de nos devanciers en cherchant, par une critique toujours dirigée dans le même sens mais pourtant libre d'idées préconçues, à nous rendre compte, le plus exactement possible, des causes qui ont pu déterminer les succès obtenus ou les échecs éprouvés par les observateurs ; nous avons soumis leurs affirmations au contrôle de nouvelles expériences chaque fois que nous l'avons pu et cherché à vérifier par la même méthode les différentes hypothèses que pouvait faire naître cette revue préalable, en écartant certaines questions secondaires dont l'importune mais légitime préoccupation eût pu, dans la suite, paralyser notre effort.

Instruits par les faits recueillis depuis, nous reconnaissons aujourd'hui combien peu il reste de ce travail au point de vue des acquisitions positives. Ses conclusions, vérifiées maintenant sur certains points, se trouvent inexactes sur d'autres. De nouvelles observations nous ont mis à même de reconnaître en quoi nous nous étions trompés, nous ont révélé quelles sont les conditions inconnues qui manquaient à nos premières expériences et dans quelles mesures elles doivent se combiner avec les autres facteurs biologiques pour amener l'heureuse issue de l'épreuve de la période critique et l'élevage définitif du jeune poisson.

Au moins notre première tentative a eu pour nous une incontestable utilité : elle nous a laissé le sentiment net que nous opérions dans une bonne voie. De plus, en étudiant par comparaison et en réduisant à leur valeur relative un certain nombre de faits qui devaient, dès l'abord, arrêter l'attention de tout observateur sincère, nous avons déblayé le terrain de nos expériences consécutives. Nous nous sommes trouvés, après ce premier travail d'élimination, en face d'un problème déjà simplifié, réduit à un plus petit nombre d'inconnues.

A un autre point de vue, nous estimons même qu'il ne sera pas mauvais de revenir sur les principaux éléments de ce travail et sur quelques notes qui l'ont suivi, de passer rapidement en revue les phases traversées par nos recherches et de montrer par quelle suite logique nous sommes arrivés à la solution du problème posé dès le début comme une sorte de *veto* aux progrès des essais de pisciculture : faire franchir aux alevins de poissons marins une certaine période critique accompagnant la résorption vitelline, caractérisée par une inanition progressive qui entraîne rapidement la mort et l'impossibilité, par aucun dispositif expérimental, d'en éviter les conséquences. Il s'agit là, à notre considération, d'un point important de méthode scientifique et il convient de ne pas oublier que le pisciculteur devra, pour longtemps encore peut-être, concentrer le meilleur de ses efforts sur des recherches de pure biologie expérimentale. Ce n'est pas à dire, pour cela, qu'il lui soit interdit de chercher d'un autre côté à vérifier pratiquement la valeur de ses résultats. Mais il le fera avec d'autant plus de fruit, nous en sommes persuadés, qu'il subordonnera plus sévèrement les essais de la seconde catégorie aux premiers et demeurera plus fidèle à ses principes et à sa discipline d'homme de science. Quand il ne nous resterait de notre labeur passé que cette conviction de la nécessité de ne pas abandonner trop vite les recherches spéculatives, longues sans doute mais fécondes en enseignements sûrs, pour le terrain trop souvent stérile des applications prématurées, nous croirions encore avoir fait utile besogne. Si nous avons pu détruire certains doutes à cet égard et entraîner dans notre voie quelques convictions, nous aurons conscience de n'avoir perdu, en ces années de tâtonnements, ni notre temps ni notre peine.

Nos premières recherches ont porté sur un petit nombre d'espèces de poissons marins : *Cottus bubalis, Trachinus, Scomber scomber, Alosa sardina, Atherina presbyter*; mais la larve du *Cottus bubalis* nous a surtout servi. Elle est encore la matière ordinaire de beaucoup de nos essais ou de nos vérifications, tenant pour nous, dans une large mesure, la place dévolue ailleurs à l'alevin de Truite. Il est facile de s'en procurer les œufs en abondance, pendant l'hiver, sur les roches voisines du laboratoire; elle est vigoureuse; son degré de développement, assez avancé au moment de l'éclosion, lui donne un intérêt tout spécial au point de vue physiologique et, en la rapprochant davantage de la forme adulte, dont nous connaissons mieux les conditions d'existence à l'état libre et à l'état captif, permet une plus facile conception des modifications normales ou pathologiques qu'elle peut nous offrir dans le milieu artificiel de nos appareils d'élevage. La durée de la période intéressante du développement chez cette forme, période s'étendant de l'éclosion de la larve aux quelques jours qui suivent la résorption complète du vitellus, est assez longue (20 à 22 jours) et ses différentes phases sont faciles à suivre; la larve survivant pendant plusieurs jours aux dépens de son vitellus, sans présenter les altérations si rapides des espèces plus sensibles à l'inanition, il est possible d'éliminer, dans une certaine mesure, la question si ardue de l'alimentation externe et de ne tenir compte que de l'influence des autres facteurs, toutes choses égales d'ailleurs. Enfin il était utile de faire porter les variations expérimentales sur la même espèce, pour rendre plus exactement comparables les résultats enregistrés. L'alevin du Cotte a donc constitué pour nous un matériel précieux dans une étude dont nous n'attendions que l'éclaircissement de notions d'ordre général.

Toujours au point de vue général, nous avons montré dans ce même travail, comment certaines espèces marines de haute valeur économique (ici le Turbot) peuvent être facilement élevées en captivité et conduites rapidement de la taille exiguë des premiers mois à des dimensions très significatives et encourageantes pour l'avenir de la culture artificielle.

En tenant compte des faits fournis par l'étude du Cotte dans des conditions variées à dessein, par celles des autres espèces également suivies par nous (*Atherina presbyter* en particulier) et enfin par les observations antérieures, nous avons pu (voir les principales conclusions de notre travail) émettre les affirmations qui terminent notre mémoire de cette époque. De ces conclusions les unes sont demeurées exactes, les autres se sont trouvées infirmées plus ou moins complètement par les faits nouvellement acquis. En fin de compte, nous n'avions abouti pratiquement à la suite de nos recherches de 1895-96 qu'à un échec absolu de tous nos essais expérimentaux, aucun de nos alevins n'ayant doublé le cap de la période critique. Nous n'avions pu faire franchir à la question le pas définitif.

Après avoir reconnu qu'aucune des causes étudiées, capables de modifier l'équilibre physiologique de l'alevin, ne paraissait présenter une influence manifestement prépondérante sur la traversée de la période critique ; que la lumière, la température, la nature du fond, la pureté, la masse et la profondeur de l'eau, la nature de l'alimentation étaient des facteurs de la survie susceptibles de variations assez étendues, nous avons dû admettre qu'il restait encore une ou plusieurs inconnues à déterminer. Sur ce point nous étions réduits à des hypothèses et c'est là précisément que nous nous sommes trompés.

Nous avons bien soupçonné qu'une part des échecs constamment notés revenait à la répercussion sur le sort de la larve des troubles déterminés dans l'œuf, pendant son incubation, par les conditions artificielles, toujours plus ou moins imparfaites, auxquelles cet œuf est soumis. Il y a certainement lieu de tenir compte de ce facteur ; mais l'appréciation de sa valeur relative est fort difficile. Son influence s'exercera surtout, du reste, en diminuant le nombre des survies dans la suite de l'élevage ; pour les alevins plus résistants qu'elle aura épargnés, elle pourra, sans grande erreur, être tenue pour négligeable. En outre elle n'intervient à aucun degré chez les œufs recueillis en mer au terme de leur incubation, tels qu'on les peut avoir souvent. Or les alevins issus de ces œufs ont toujours succombé, dans nos premiers essais, avec la même constance et dans les mêmes conditions que ceux provenant des fécondations ou seulement de l'élevage artificiels.

Les « facteurs biologiques de première nécessité » (¹) dont l'absence ou l'insuffisante participation dans nos expériences entraînait le fait brutal, évident, connu de tous, du dépérissement mortel des larves sont, disions-nous, « à n'en pas douter, ceux qui régissent l'une des deux grandes fonctions de nutrition : l'alimentation ou la respiration ». Mais quelle est la plus gravement atteinte de ces deux fonctions primordiales ? Y a-t-il simple inanition par suite d'une répulsion de l'alevin pour les proies offertes ? ou bien ce refus de nourriture résulte-t-il d'un certain état pathologique qui met prématurément le jeune poisson dans l'impossibilité d'utiliser ces aliments et contribue, pour une part plus ou moins grande, à amener la mort, de concert avec l'inanition qu'il provoque, l'époque où survient cette issue variant dans d'assez faibles limites selon l'inégale résistance des sujets (intervention des facteurs secondaires) ?

(¹) Voir Fabre-Domergue et Biétrix (**30**, p. 212).

La question ainsi posée, nous nous sommes crus autorisés à la trancher selon la seconde hypothèse, guidés dans notre choix par la constatation souvent faite de la très grande altérabilité de l'eau de mer dans les vases d'expérience et l'ignorance où nous demeurions, en dépit de nombreux essais d'analyses, des variations de sa composition chimique (capacité respiratoire, décompositions organiques, toxines résiduelles ?) et, en dernière analyse, nous arrivions à cette conclusion, qu'il faut « *considérer comme causes principales de la mortalité des larves celles qui agissent par l'intermédiaire de la fonction respiratoire* » et, par conséquent, « *rechercher ces causes dans la nature et les qualités de l'eau* » où elles sont élevées. Conclusion erronée qui renversait les termes de la question, faisant trop bon marché des exigences alimentaires de nos élèves pour accorder la prééminence à des conditions maintenant considérées par nous comme secondaires. Cette erreur de direction a continué d'influer sur nos recherches et d'accroître le nombre de nos insuccès jusqu'au jour où des circonstances un peu fortuites, comme il arrive souvent en matière d'expérimentation, nous ont montré que nous faisions fausse route.

Sans attacher à la question d'alimentation des alevins toute l'importance qu'elle méritait, nos premières observations sur l'inanition progressive accompagnant la résorption vitelline et sur la présence de particules nutritives d'origine externe dans le tube digestif de très jeunes alevins pêchés en mer nous faisaient penser que cette nourriture complémentaire n'était pas procurée assez tôt à nos élèves et qu'il y avait lieu de la leur assurer le plus promptement possible. L'époque du développement où ce mode d'alimentation devenait *une nécessité absolue* demeurait tout à fait indécise dans notre esprit. C'est encore l'étude journalière des alevins du Cotte, patiemment poursuivie pendant un nouvel hiver, qui nous a fourni à un moment donné la vérification de notre hypothèse. Les faits alors constatés[1] nous ont ouvert les yeux sur le point faible de nos essais précédents, ont orienté désormais nos efforts dans une voie plus fructueuse et, en réalité, ont été le véritable point de départ des observations qui font l'objet du présent mémoire.

Une centaine de jeunes Cottes ont été placés à leur éclosion dans un tonneau de verre de 3o litres renfermant du plankton et maintenu approvisionné de ce dernier par des apports réguliers. Ces alevins ont présenté dès le troisième jour des mouvements de préhension non douteux et dès le quatrième jour on les a vus happer les petites proies (larves de Copépodes surtout) qu'ils rencontraient à leur portée. Dans la suite un petit nombre de ces Cottes ont atteint la forme adulte et ont pu être facilement conservés jusqu'au troisième mois. Nous avons, à ce moment, arrêté intentionnellement leur élevage pour les utiliser selon les besoins de notre étude. Dans cette expérience

---

[1] Voir Fabre-Domergue et Biétrix (**31**).

la survie était bien nettement due à l'alimentation hâtive. Les autres conditions étaient identiques à celles de nos expériences antérieures. L'eau n'a pas été renouvelée pendant toute sa durée ; on a seulement assuré la pureté du milieu en y plaçant un nombre restreint d'alevins, en n'y introduisant qu'une petite quantité de plankton frais à la fois et en soutirant souvent au siphon les déchets tombés sur le fond.

Depuis le début de nos recherches nous avions pour la première fois triomphé de l'obstacle de la période critique et conduit un poisson marin de l'œuf à la forme adulte ; cela par le seul fait d'avoir fourni aux alevins, dès les premiers jours consécutifs à leur éclosion, une nourriture assez abondante contenant, comme l'événement le prouvait, une certaine quantité des aliments appropriés à leurs besoins. Il était démontré que ce besoin d'une alimentation d'origine extérieure existe chez eux de très bonne heure et doit être satisfait à dater de ce moment, sous peine d'une déchéance organique conduisant rapidement à la mort. Le vice rédhibitoire de nos essais antérieurs avait été justement de compter sur l'absorption du vitellus pour l'entretien de l'équilibre physiologique chez la jeune larve jusqu'à l'époque voisine de la complète disparition de cette réserve intrinsèque, ignorant son insuffisance à constituer la ration d'entretien et de n'avoir fourni à nos élèves le complément alimentaire indispensable qu'à une date beaucoup trop tardive, alors qu'ils étaient déjà rendus par l'inanition incapables de la prendre et d'en bénéficier. Cette notion essentielle étant acquise, il devenait facile, semblait-il, de l'appliquer d'une manière générale à l'élevage des autres espèces avec toute probabilité d'arriver au même résultat favorable. Mais là encore d'autres insuccès devaient nous paralyser pendant quelque temps [1].

La survie complète du Cotte ne donnait qu'une solution partielle du problème. Cette espèce, insignifiante au point de vue comestible, n'offre au pisciculteur aucun intérêt immédiat. En outre, elle constitue, parmi les poissons osseux de nos côtes, avec un petit nombre d'autres, une exception en ce qui concerne le mode de fraye, les caractères et le développement des œufs. Ceux-ci sont fixés sur le fond, générale-

[1] Il est juste de rappeler ici que, bien avant tous, un consciencieux observateur, Meyer, avait résolu, presque sans tâtonnement, le même problème qui nous a arrêtés si longtemps. Dans un mémoire paru en 1878 sont relatés les résultats de ses recherches sur l'œuf et le jeune du Hareng. *Il a élevé celui-ci depuis la fécondation jusqu'à la taille de 72 millimètres, c'est-à-dire jusqu'à un stade très avancé du développement où le jeune poisson avait acquis les caractères de l'adulte et où sa croissance se trouvait assurée.* Meyer ne semble attacher aucune importance au fait spécial de cette survie, qu'il a obtenue par des moyens fort simples. Mais il rapporte nettement son succès au soin qu'il a eu de *toujours fournir du plankton frais, comme nourriture, à ses élèves* ; et il l'a fait, autant qu'on en peut juger par la lecture de son travail, *dès le début de la vie libre.*
Ce mémoire capital de Meyer (39), qui est à peine cité dans les bibliographies de ses successeurs, nous avait échappé jusqu'à ces derniers temps. Tous nos résultats expérimentaux étaient acquis quand sa lecture, dans le texte même, nous a révélé toute son importance et la priorité insoupçonnée de la solution donnée par son auteur. Nous estimons bon de rétablir les faits dans leur ordre chronologique et légitime de rendre à Meyer la part qui lui revient dans la succession des contributions apportées à l'édifice commun.

ment à la côte ou dans son voisinage immédiat, souvent assez près de la surface pour être soumis, dans les fluctuations de la marée, à des alternatives d'immersion et d'émersion plus ou moins fréquentes et plus ou moins prolongées, selon leur niveau ; ils sont protégés par une membrane épaisse et par leur agglomération en petites masses dissimulées sous les roches et les algues ; la durée de leur incubation est longue, l'alevin qui en sort est parvenu à un degré de développement avancé ; toutes conditions très différentes de celles auxquelles sont soumises les autres espèces, les plus nombreuses et comptant parmi elles les plus intéressantes pour le pisciculteur. Chez ces dernières les œufs sont complètement pélagiques, disséminés à la surface de l'eau ou dans sa masse, pourvus d'une membrane très fine, délicate, défendus seulement contre les causes de destruction par leur dispersion même et leur transparence, à évolution généralement très courte, donnant naissance le plus souvent à un être encore rudimentaire, très fragile, qui flotte d'abord au gré des circonstances du milieu, sans protection aucune que son peu de visibilité et n'acquiert qu'au bout de plusieurs jours la faculté de se diriger intentionnellement. On conçoit que des organismes aussi différents doivent présenter des exigences physiologiques quelque peu dissemblables et qu'il était téméraire de notre part d'espérer obtenir le même succès chez les uns et chez les autres en les soumettant aux mêmes conditions expérimentales. C'est, du reste, ce que l'observation nous démontrait surabondamment chaque jour.

Dans les mêmes appareils où les alevins de Cotte survivaient, malgré la réalisation des mêmes conditions de milieu, auxquelles on ajoutait par surcroît l'emploi d'une eau plus pure et suffisamment renouvelée, les jeunes issus d'œufs flottants (Pleuronectes divers, Gadidés, Sprats, Motelles, Callionymes, etc.) continuaient à disparaître à l'époque fatale de la résorption vitelline, ou peu après, avec la constance désespérante à laquelle nous étions habitués dans nos débuts. On ne pouvait cependant incriminer, dans ce cas, le manque d'aliments. Du plankton frais était ajouté assez fréquemment pour que les alevins flottassent toujours au milieu de ces organismes, dont une petite proportion au moins était identique à ceux observés dans l'estomac des individus de même espèce et de même stade recueillis en mer. Nous nous étions même assurés, par une étude plus précise, que nos élèves étaient capables de se nourrir et ne refusaient pas les aliments disséminés autour d'eux par le fait d'un certain état d'anorexie. Dans une de ces cellules couramment employées par les micrographes, remplie d'eau de mer filtrée et aérée par agitation, deux ou trois alevins (parfois un seul) étaient placés en présence d'une certaine quantité de plankton choisi, composé d'organismes appropriés aux dimensions de la bouche des jeunes poissons ; la cellule était close, sans interposition de bulle d'air. Il était facile ainsi de suivre pendant un peu de temps sous le microscope tous les mouvements des alevins et de leurs proies, sans avoir à redouter l'effet du milieu confiné et de l'anoxhémie. A plusieurs reprises nous avons pu voir de jeunes Callionymes ou Flets happer et déglutir des Infusoires ciliés marins (*Strombidium*) qui passaient à portée ou qu'ils rencontraient dans leurs évolutions autour de l'étroite prison. Que conclure de cette observation, comparée à toutes les tentatives malheureuses répétées dans les grands tonneaux d'élevage sinon que, dans le premier cas, le succès devait être dû à la convenance de l'aliment (nature et volume) et à la manière dont il était présenté (concentration suffisante autour de l'alevin) et que les mêmes circonstances favorables n'existaient pas dans l'application plus en grand ([1]).

Pour réaliser ce nouveau desideratum : amener entre les larves flottantes et les organismes du plankton, les rencontres le plus fréquentes possibles, nous avons cherché longtemps un dispositif expérimental favorable. Dans la masse d'eau de nos tonneaux d'essai (30 à 50 litres) quelques centaines d'alevins pélagiques sont comme perdus, et la quantité de plankton, surtout de plankton convenable, ne peut jamais être suffisante pour se trouver sans cesse, comme la chose est nécessaire, au voisinage ou sur le chemin des alevins, à une époque où ces derniers commencent seulement à s'alimenter et se contentent de saisir ce qui passe à leur portée, sans être capables de rechercher ni de poursuivre des proies plus agiles qu'eux. De plus, ces organismes du plankton obéissent à des attractions qui les entraînent souvent vers tel point du récipient où les alevins ne sauraient les rencontrer. Le fait d'entourer les vases d'une ceinture opaque, produisant un éclairage diffus de la masse d'eau par la lumière venue d'en haut, a bien pour conséquence de répartir plus également la matière mobile du plankton et entraîne une heureuse dispersion des alevins eux-mêmes, mais elle ne permet pas d'augmenter la proportion des uns et des autres au delà de certaines limites, assez restreintes, qu'il importe de ne pas dépasser, sous peine de voir la putréfaction faire périr rapidement toute la population des bacs. Elle ne combat pas non plus l'inertie propre aux jeunes larves. Celles-ci, même à l'époque où elles commencent à accepter de la nourriture externe, sont encore très peu actives, se laissent le plus souvent tomber lentement pour se relever, quand elles arrivent

---

([1]) Peu de temps après la publication de notre note sur la survie du Cotte (31), un travail de M. Harald Dannevig (28) donnait le compte rendu de l'élevage de la Plie réalisé par ce naturaliste dans des conditions presque identiques à celles de notre propre expérience et poussé jusqu'à obtention de la forme pleuronecte. M. Dannevig comptait un nombre beaucoup plus considérable de survies que nous, fait qui tenait sans doute à ce qu'il renouvelait partiellement l'eau de son appareil, maintenant ainsi un milieu plus favorable à la résistance des organismes appelés à y vivre.

De plus, le résultat de M. Dannevig avait sur le nôtre le mérite d'avoir été obtenu chez une espèce comestible et à œufs pélagiques. Il marquait donc un progrès dans la voie commune où nous opérions. Il était pourtant encore passible de l'objection que nous nous étions faite à nous-mêmes après avoir réussi à élever le Cotte. Comme l'alevin de ce dernier, celui de la Plie offre, à son éclosion, une assez grande perfection organique, partant fonctionnelle, et se trouve à même de lutter contre les circonstances défavorables, inhérentes au premier âge, que la plupart des autres formes. De l'expérience de M. Dannevig, pas plus que de la nôtre, il n'était donc possible de déduire un *modus faciendi* applicable d'une manière générale.

FABRE-DOMERGUE et BIÉTRIX. — Développement de la Sole. 2

vers le fond, par quelques mouvements brusques et peu soutenus, mais ne se livrent
pas à ces mouvements coordonnés et intentionnels de chasse qui leur permettront,
à un âge plus avancé, de rechercher dans le plankton ambiant les proies qui leur
conviennent.

Ce fut donc avec le plus vif intérêt que nous connûmes l'expérience de M. Browne
(**24**), au laboratoire de Plymouth, sur la survie des Méduses en eau agitée et,
presque simultanément, l'heureuse application qu'en avait faite M. Garstang (**33**)
à l'élevage d'une espèce de poisson très analogue au Cotte par la nature de ses larves,
le *Blennius pholis*. L'importance de ces deux observations est fondamentale et c'est
de leur généralisation, croyons-nous, que naîtra toute la technique à venir de la Pisciculture marine.

L'appareil imaginé par M. Browne présente cependant d'assez nombreux inconvénients et ne se prête pas aisément à une application véritablement industrielle. Nous
avons donc substitué à son mouvement vertical alternatif, un peu brusque, un mouvement horizontal continu qui imprime à l'eau de nos appareils d'élevage une impulsion lente, très suffisante, et qui permet en outre de grouper sur une même tige
motrice autant de récipients qu'on peut en désirer.

A partir du moment où nous adoptâmes ce système les difficultés s'aplanirent rapidement devant nous. Le principe était trouvé ; il ne s'agissait plus que d'étudier
pour chaque espèce à élever le genre de nourriture vivante qui lui convient le mieux
et — chose parfois peu aisée — à la lui procurer.

Comme nous le verrons plus loin, un mouvement lent, imprimé continuellement
à la masse de l'eau n'a pas seulement pour effet de disperser régulièrement les menus
êtres qui s'y meuvent, ni de maintenir en suspension certains autres condamnés par
leur défaut de mouvements propres à tomber bientôt sur le fond ; il contribue aussi à
assurer l'oxygénation de l'eau ; il provoque par réaction, chez les alevins, des efforts
de translation très favorables pour eux ; enfin il réalise un certain état moléculaire du
milieu, dont nous ne pouvons préciser la nature ni l'action propre, mais qui existe
vraisemblablement dans la nature, qui différencie l'eau de la mer de l'eau de mer sta-
gnant dans nos cristallisoirs, et dont l'influence est fort utile, voire même indispensable à la vie du plankton (alevins compris). La preuve de la grande vitalité produite
par cet agent physique est dans le développement des êtres fixés, animaux et végétaux,
ces derniers entraînant, par retour, une purification plus parfaite du milieu et un
nouvel apport d'oxygène [1]. De fait, en appliquant ces principes aux cas particuliers
de la Sole [2], du Bar, du Sprat, de la Sardine, nous avons pu réaliser le développement
complet de la première espèce et nous l'aurions également achevé pour les autres sans

---

[1] Voir Fabre-Domergue et Biétrix (**32**).
[2] Voir Fabre-Domergue et Biétrix (**20**).

l'intervention inopportune d'une circonstance accidentelle. En résumé, nos expériences successives, complétant celles des autres observateurs nous avaient conduits à considérer comme la plus propre à permettre l'élevage complet des œufs et des jeunes des poissons marins la technique que nous exposons plus loin.

Dans les pages qui vont suivre nous donnerons d'abord une étude du développement de la Sole, espèce importante au point de vue pratique et offrant pour nous cet intérêt particulier d'avoir parcouru en milieu artificiel le cycle complet de son évolution.

Nous avions pensé d'abord à limiter cette partie à l'histoire purement anatomique et morphologique de chacun des stades et à grouper ensuite dans un chapitre unique tout ce qui a trait aux observations fonctionnelles, à la physiologie de la larve et de l'alevin; mais la relation étroite qui existe entre tous ces faits ne nous a pas permis de les séparer comme nous l'eussions désiré. On trouvera donc à la fin de chaque stade, sous la rubrique « fonctions », ce qui concerne la vie de l'être que nous étudions.

Une dernière partie de notre travail, enfin, sera consacrée à l'exposé des dispositifs expérimentaux dont nous nous sommes servis et aux conséquences pratiques que nous avons pu déduire de nos recherches en ce qui a trait à la technique des pêches et à celle de la Pisciculture marine en général.

## PREMIÈRE PARTIE

# DÉVELOPPEMENT DE LA SOLE

## CONSIDÉRATIONS GÉNÉRALES. — CYCLE ÉVOLUTIF.

Suivant en cela l'exemple de la plupart des embryologistes, nous avons adopté, comme système de classement des étapes du développement et de fixation de l'âge approximatif de l'embryon et des larves, celui de la division en *Stades*. Il nous paraît le plus approprié, malgré son caractère tout artificiel, aux besoins des descriptions, le moins susceptible d'erreurs étendues dans les estimations numériques, le seul capable de présenter au lecteur un tableau suffisamment net et facile à conserver dans la mémoire de cet ensemble de faits particuliers qui constituent, par leur simultanéité ou leur succession, la carrière évolutive de l'espèce considérée.

Presque tous les naturalistes qui ont écrit sur le développement des Poissons osseux, se sont contentés, pour localiser dans le temps les phénomènes observés par eux, de les dater en heures et jours, quand la chose était possible, au prorata de la marche individuellement suivie par tel spécimen, objet de leur examen momentané ; ou même ils ont simplement donné, comme point de repère, la taille du sujet qu'ils avaient en mains. La première méthode serait assurément la seule logique, si nous pouvions, dans tous les cas, avoir un point de départ fixe pour le dénombrement des jours à compter et si, d'autre part, il y avait une concordance constante entre les états ou les phénomènes étudiés et le quantième correspondant du temps de l'évolution évalué de manière absolue à partir de l'origine de cette évolution. Mais il n'en est pas ainsi, en fait. Nous avons bien souvent affaire à des œufs ou à des larves recueillis en mer, parvenus à des époques quelconques de leur développement, dont la durée, jusqu'au moment de notre examen, nous échappe. En outre, selon une constatation faite par les embryologistes et rappelée par Henneguy (42) et

Laguesse (**38**), à propos de la Truite, « la durée de l'incubation étant fort variable, l'indication de l'âge des embryons... manque absolument de précision ; la taille même est différente chez des embryons dont les organes sont arrivés au même degré de développement » (Laguesse, **38**, p. 12). Et ce qui est vrai de la phase embryonnaire l'est encore plus des phases larvaire et post-larvaire, l'écart déterminé entre les sujets issus de la même ponte par les retards ou au contraire les avances de développement augmentant au fur et à mesure qu'on s'éloigne de l'éclosion ([1]).

La relation réciproque des éléments d'appréciation : *âge, taille* et *état évolutif*, est soumise à de grandes variations individuelles, celles-ci liées à l'action de facteurs divers ; de telle sorte que, même dans les conditions les plus favorables de l'élevage artificiel le mieux réglé, les sujets en observation se distancent rapidement les uns les autres, pouvant offrir, au même jour de leur évolution, une taille et une constitution très dissemblables. L'expression larve de la $n^e$ *heure*, du $n^e$ *jour* ne désigne pas alors à l'esprit une individualité morphologique reconnaissable à un ensemble constant de caractères, telle qu'il est nécessaire de la créer pour la facilité et la rapide intelligence des descriptions comparatives.

On ne peut donc apprécier, avec une approximation suffisante, le *moment évolutif* d'après l'*âge absolu* des sujets, encore moins d'après leur *taille* et c'est pour désigner ce moment que nous avons recours à la notion du *Stade* : constante déterminable dans le temps, mais dont la position et la durée sont relatives à la marche évolutive, et aussi constante morphologique définie par l'existence, à l'époque qu'elle représente, d'un ou de plusieurs caractères anatomiques ou physiologiques plus ou moins remarquables et choisis de manière à jalonner clairement la série des transformations subies par le jeune être. Cette coupure est purement artificielle ; ses limites seront tracées au gré des besoins descriptifs et selon les vues spéciales de chaque observateur, par suite essentiellement modifiables. Mais elle a le grand avantage d'être indépendante des divergences individuelles et d'introduire une précision au moins relative, très suffisante en général pour la pratique, dans le classement des phénomènes simultanés ou successifs du développement.

La notation des stades, telle que nous la donnons dans le tableau suivant, est calquée sur celle qu'Henneguy et Laguesse ont adoptée pour la Truite. Nous avons dû seulement, pour l'appliquer au cas de la Sole, apporter certaines modifications aux caractéristiques et à la compréhension des derniers stades (M à P) établis par le second de ces observateurs ([2]).

---

[1] Pour ne prendre qu'un exemple de ces faits, une variation de quelques degrés dans la température du milieu d'incubation suffit pour déterminer une différence de plus de quinze jours dans la durée du développement de l'œuf du Hareng (expériences de Meyer, **39**).

[2] Les stades fixés par Henneguy (**41**), après Œllacher (**35**), et chiffrés par lui, en lettres, à l'exemple de Balfour,

# CYCLE ÉVOLUTIF DE LA SOLE

| Phase | | Époque | STADES | SOUS-STADES, PÉRIODES | CARACTÉRISTIQUES MORPHOLOGIQUES PRINCIPALES |
|---|---|---|---|---|---|
| **Phase I** (Ph. ovulaire). | Transformations de la cellule ovarienne (*ovule*) dans l'organisme maternel. | | | | |
| **Phase II** (Ph. embryonnaire). | Évolution de l'*œuf pondu et fécondé*, jusqu'à l'éclosion. | 1re Époque { Fécondation. Segmentation. } | A B C D E F G | | Stades I, II, III..., etc., Blastoderme. — A préciser chez la Sole. *(Stades d'Œllacher et Hennegny.)* |
| | | 2e Époque (Ép. embryonnaire proprement dite). | H | HH' | *Blastopore vitellin fermé. Individualisation de l'extrémité caudale.* |
| | | | I | II' | *Individualisation du cristallin.* |
| | | | K | KK' | *Apparition du pigment choroïden (œuf dit embryonné).* |
| | | | L | L | *Larve, après l'éclosion.* |
| _____ ÉCLOSION _____ | | | | | |
| **Phase III** (Ph. larvaire). | Évolution de la larve; ses métamorphoses. | 1re Époque (Ép. vitelline). Alimentation par le vitellus. | M | L', MM' | *Ouverture de la bouche. Mandibule préhensile.* |
| | | | N | N,N²....etc. | *Différenciation des nageoires impaires définitives.* |
| | | 2e Époque (Ép. alimentaire). Alimentation d'origine externe. | O | O₁,... etc. | *Homocercie caudale secondaire (externe). Achèvement de la métamorphose pleuronecte.* |
| | | | P | P₁,... etc. | *(Stades de Laguesse (modifiés).)* |
| **Phase IV** (Ph. jeune ou immature). | Acquisition de la forme complète et des mœurs de l'adulte. | 1re Époque (Ép. post-larvaire). Etc. | | | A étudier. |
| **Phase V** (Ph. adulte). | Maturité sexuelle. | | | | |

*Remarques.*

A chaque stade correspondant une série de modifications plus ou moins importantes de la structure et des fonctions, il nous a paru utile, pour la facilité et l'exactitude de la description, d'y introduire quelques coupures secondaires, comme l'a fait
Henneguy pour un certain nombre de ceux du début (F, G, H), coupures en nombre
variable selon l'étendue du stade et l'importance des transformations qui lui correspondent. On pourra avoir ainsi des *sous-stades* ou *périodes* H — H′, ... etc.
(stades à deux périodes seulement), O₁, O₂, O₃, P₁ ... etc., P₃ (stades à plusieurs
périodes). Nous désignerons aussi les périodes de transition d'un stade au stade voisin par les lettres réunies de ces divisions contiguës (ex. : période MN intermédiaire
entre les deux stades M et N et participant de l'un et de l'autre par l'ensemble de ses
caractères). Toutes ces coupures permettent de scinder commodément la description
et de localiser entre des limites assez étroites (de quelques heures à un petit nombre
de jours) les diverses étapes du développement. En plaçant en regard de la division
en stades les valeurs numériques (en jours) de l'*âge moyen* atteint, à notre estimation,
par les sujets, on aura les indications du diagramme (fig. 37).

Nous n'avons pu vérifier d'une manière précise si les caractères assignés aux
premiers stades, chez la Truite (Œllacher, Henneguy)(¹), se retrouvent identiques

---

(pour les Élasmobranches. — **22**) vont de A à H et sont limités aux premières transformations de l'embryon.
Laguesse a ajouté les suivants (I à P) qui comprennent la fin du développement embryonnaire, à partir de
la *fermeture du blastopore vitellin* (st. H. d'Henneguy) et toute l'évolution larvaire, dont le terme est marqué par
ce fait que « l'alevin (de Truite) d'environ deux mois et demi à trois mois et de 30 à 35 millimètres de longueur,
« peut être considéré comme ayant perdu ses annexes embryonnaires (et larvaires, dirions-nous) et ayant acquis
« les organes et la forme caractéristiques de l'espèce jeune. »
    Il est regrettable que les divisions conventionnelles établies dans le développement de la Truite ne puissent être
appliquées d'une manière générale à l'évolution des autres espèces de Poissons osseux. Les stades d'Henneguy
pourraient au besoin, avec quelques modifications, être adaptés aux exigences d'une description générale. Mais il
n'en saurait être ainsi de ceux de Laguesse, trop spécialement caractérisés par des détails anatomiques propres
à l'espèce qu'il étudiait. Nous avons cherché si l'on ne pourrait pas trouver à ces derniers stades des caractéristiques communes pour toutes les formes de Téléostéens. Mais nous avons dû reconnaître tout de suite l'inanité
d'une telle tentative et, même en ce qui concerne uniquement la Sole, nous écarter assez notablement du cadre
de Laguesse sur certains points, tout en conservant ses désignations. Peut-être, dans la suite, quand un grand
nombre d'espèces auront été l'objet de recherches embryologiques précises et complètes, sera-t-il permis de tracer
un tableau évolutif d'ensemble applicable à la majorité des cas, sinon à tous.
    (¹) Rappelons ces caractères, d'après le mémoire d'Henneguy (**35**, pp. 63-71 et 72-90), qui a emprunté les défi-
nitions d'Œllacher en désignant par des lettres les stades correspondants.
        Stade A  —  Correspond au rudiment embryonnaire primitif d'Œllacher.
          —   B        —        à l'écusson embr. arrondi (ibid.).
          —   C        —        à l'écusson embr. ovalaire transversal (ibid.).
          · ·   D        —        à l'écusson embryonnaire piriforme (ibid.).
          —   E        —        à l'embryon en forme de lancette (ibid.).
          —   F F′      —        à l'embryon en forme de lance (ibid.).
          —   G G′  —  Saillie des vésicules optiques.
          —   H H′  —  Se terminant à la fermeture du blastopore vitellin.

chez la Sole. Mais il nous semble que cette concordance existe. Comme Laguesse (**38**) nous faisons commencer le stade I au moment de la fermeture du blastopore vitellin et nous caractérisons le stade L par l'apparition du pigment oculaire. Pour les autres stades, nous avons dû adopter des caractéristiques en rapport avec les particularités du développement de notre espèce.

Dans le but de compléter le tableau du cycle évolutif total, nous avons ajouté, en regard de la succession des stades (*divisions artificielles*) la série des grandes étapes (que nous indiquons sous le titre de *phases* et *époques*) *naturellement délimitées* par des transformations biologiques primordiales. On remarquera qu'il y a, jusqu'à un certain point, indépendance entre les divisions des deux groupes et qu'elles se superposent sans coïncider toujours : ainsi l'*éclosion* qui marque le passage brusque de la seconde à la troisième phase correspond au cours du stade L ; l'achèvement de la résorption vitelline, phénomène important d'après lequel nous délimitons les deux époques principales de la troisième phase, survient vers la période moyenne du stade N. Les divisions naturelles du second groupe ont surtout pour utilité de simplifier, dans beaucoup de cas, le langage descriptif.

Pour en finir avec ces questions, il convient que nous nous expliquions sur la signification attribuée dans notre travail à certains termes insuffisamment définis par nos devanciers et sur la valeur desquels l'accord n'est pas fait. Nous réservons les mots *embryon* et *embryonnaire* aux formes évolutives de la phase II, c'est-à-dire exclusivement de celle qui se passe dans l'œuf, depuis la fécondation jusqu'à l'éclosion. Laguesse (**38**, note de la page 13) leur donne plus d'extension : pour lui, « l'*éclosion* ne représente pas le terme du développement embryonnaire ; il ne sera véritablement achevé qu'après la perte de la vésicule ».

Les termes *larvaire* et *post-larvaire* ont pour nous le sens que leur attribue Cunningham (**10**, p. 329) : la phase larvaire s'étend depuis l'éclosion jusqu'à l'acquisition des caractères de la forme jeune et, pendant tout ce temps, nous donnons au petit poisson le nom de *larve*. Après l'accomplissement de ses principales métamorphoses, celle-ci entre dans la phase de *jeune* ou d'*immature*, dont le début, ou *époque post-larvaire*, se signale par l'achèvement de la transformation en la forme adulte, réserve faite pour l'appareil de reproduction qui n'évolue qu'à la fin de cette même phase. A ce point de vue, nous nous séparons, avec Cunningham, de M'Intosh et de ses élèves qui restreignent le terme de larvaires « aux stades précédant l'absorption du vitellus et nomment post-larvaires les stades suivants ».

Aucune signification précise n'est attachée au mot *alevin*, si couramment employé par les pisciculteurs français. Nous ne croyons pas devoir en restreindre l'application à telle ou telle forme évolutive et nous l'emploierons concurremment avec celui de larve, comme synonyme de ce terme.

# OEUF. — STADES A-L

Dans un lot donné d'œufs recueillis en mer et le plus souvent considérés comme appartenant à la *Solea vulgaris,* il existe presque toujours, sur notre côte, un certain nombre de représentants de l'espèce voisine, *S. lascaris.* Ce fait nous a été démontré par les suites de l'élevage ; nous avons trouvé, parmi les immatures qui en provenaient, des échantillons de la seconde espèce.

Aucun caractère constant bien net ne nous a paru, jusqu'à présent, pouvoir servir à distinguer les œufs des deux formes. Seule, une différence de taille établirait entre elles une certaine démarcation, assez difficile à tracer d'ailleurs dans l'état actuel de nos connaissances. Néanmoins, nous pensons qu'en ne conservant que les œufs de diamètre maximum, mesurant plus de $1^{mm}$,450, par exemple, on a toutes les chances d'éliminer ceux de l'espèce *S. lascaris.* Les types dont nous donnons ici la représentation ont été choisis parmi les plus volumineux spécimens.

Les alevins donnent lieu à un triage moins incertain, et cela d'autant plus qu'on se rapproche davantage de la phase immature, au commencement de laquelle apparaît nettement le caractère distinctif de l'orifice nasal antérieur gauche. En partant de cette époque, pour remonter le cours des périodes évolutives, et en examinant comparativement les spécimens d'une série de larves de Sole appartenant aux deux espèces susdites ([1]), on arrive à faire le partage des formes appartenant à chacune d'elles. La différence de taille est en général assez sensible et il suffirait, à la rigueur, pour opérer un triage pratiquement acceptable, de ne garder comme larves de *S. vulgaris* que les exemplaires offrant à chaque période les plus grandes dimensions. Mais en outre, bien qu'il y ait entre les différentes larves les plus grandes similitudes, les caractères extérieurs et la physionomie d'ensemble apportent certains éléments de

---

([1]) Les autres espèces sont faciles à reconnaître et à écarter.

diagnose. Toujours une intensité de coloration plus grande et une teinte plus franchement orangée appartiennent à la *S. lascaris*. Les alevins de cette espèce, élevés en même temps que ceux de la *S. vulgaris*, sont souvent les victimes de ces derniers.

Un fait intéressant, sur lequel nous comptons revenir dans la suite, en même temps que sur la diagnose des deux espèces aux différents stades du développement, est que les immatures de la *S. lascaris* paraissent supporter beaucoup mieux que ceux de l'autre forme les conditions de l'élevage. Ils sont, en moyenne, plus petits ; mais ils donnent un pourcentage plus élevé de survies définitives. Leur croissance est plus régulière et, au bout de quelques mois, par suite de l'uniformité de taille des individus, la moyenne se rapproche de celle que donnent les *S. vulgaris* élevées en même temps. Quant à la moyenne de poids, elle tendrait rapidement à devenir supérieure chez la *S. lascaris*. Il y a là des faits dont, après contrôle, il faudrait tenir compte dans l'élevage pratique.

Ajoutons que nous n'avons pas, par notre méthode d'élimination, seulement approchée, la certitude d'avoir écarté toutes chances de confusion dans le choix de nos types étudiés au cours de ce travail. Nous les avons seulement réduites dans la plus large mesure possible. Que si quelque erreur de diagnose a pu se glisser dans nos descriptions, il n'en saurait résulter pour la portée du travail qu'un inconvénient secondaire. Un élevage opéré sur des œufs provenant de ponte en aquarium ou de fécondation artificielle permettra dans la suite de rectifier facilement les points de nos observations qui pourraient prêter à critique.

Semblable en cela à la plupart des poissons marins, la Sole n'a été étudiée d'une façon ininterrompue dans son développement que pendant les premiers jours qui suivent son éclosion. La connaissance des stades ultérieurs ayant été acquise incomplètement par l'étude de quelques individus rencontrés en mer, on ne possédait donc jusqu'à présent qu'un tableau très imparfait de sa vie larvaire. Nous avons pu, en nous servant de la technique décrite ailleurs, pousser le développement de cette espèce, sans lacune, jusqu'à la forme adulte (20) et poursuivre pendant quelque temps encore l'élevage des jeunes poissons nés *in situ*.

Le premier travail qui ait trait à la question est celui de Malm (1-1868), où se trouvent figurées diverses étapes de la migration oculaire et de la transformation en Pleuronecte de la larve symétrique. Les faits cités par cet auteur sont tirés d'observations réunies sur des individus pêchés en mer. L'œuf et les premiers stades du développement étaient encore inconnus.

Raffaele (2) figure pour la première fois des œufs appartenant au genre *Solea*, sans en donner exactement l'origine spécifique. Certains d'entre eux appartiennent peut-être à l'espèce qui nous occupe.

Le travail de M'Intosh et Prince (5) contient un certain nombre de données relatives à l'œuf fécondé et à la larve des premiers jours.

Cunningham, en dehors d'une monographie de la Sole, fort complète au point de vue anatomique, mais où on ne voit figurés que des stades très jeunes d'individus obtenus d'œufs, a consacré à l'étude de l'œuf et de la larve de la même espèce quelques autres observations. En outre, les pêches pélagiques lui ont donné une larve encore symétrique appartenant aux périodes du développement intermédiaires entre l'époque de résorption du vitellus et celle de la transformation pleuronecte et deux autres beaucoup plus âgées, dont l'une, très intéressante (**10**, fig. 2, pl. XIV), montre l'œil gauche au moment de son passage sur la face droite de la tête et la présence de la vessie natatoire transitoire.

Les travaux subséquents de Holt, Marion, Canu, Ehrenbaum n'ajoutent que peu de chose aux faits relatifs à la survie de la Sole et portent surtout sur ses premières transformations, ou sur des individus isolés recueillis en mer. L'alevin le plus avancé est celui décrit par Ehrenbaum (**15**). Nous aurons d'ailleurs lieu de revenir, aux cours de nos descriptions, sur tous ces travaux.

*Récolte des œufs.* — N'ayant pas, dans notre aquarium, de Soles en âge de se reproduire, nous avons dû recourir aux œufs pondus en mer et récoltés à l'aide du filet pélagique (¹).

---

(¹) Cette obligation n'a pas laissé que de nous mesurer avec une parcimonie regrettable les matériaux d'observation. Souvent nous avons été arrêtés, au cours de notre travail, par la crainte de sacrifier sans une absolue nécessité les trop rares sujets que nous avions pu recueillir et de n'en pouvoir conduire un nombre assez probant jusqu'aux phases avancées du développement, ce qui constituait alors, à nos yeux, le but principal de ces recherches et devait être le criterium de la valeur de notre méthode expérimentale. Poursuivant avant tout le problème de la survie et de la métamorphose complète des larves que nous voulions élever, cherchant d'abord à bien préciser les conditions nécessaires à l'accomplissement de ces métamorphoses, nous n'avons pas voulu risquer de compromettre nos expériences et d'amoindrir l'importance du résultat final en prélevant un trop grand nombre de larves pour l'étude, secondaire dans le cas particulier, de leur morphologie. C'est pourquoi nous nous sommes surtout appliqués à observer les phénomènes biologiques qui se déroulaient sous nos yeux et n'avons, pour fixer la marche du développement, disposé que de temps à autre, aux périodes qui nous semblaient les plus intéressantes, d'un de nos précieux élèves. Ainsi s'expliquent les nombreuses lacunes laissées dans la partie anatomique de notre travail.

A n'envisager d'ailleurs la question qu'au point de vue purement embryologique, le développement de la Sole peut être considéré comme connu, dans ses grands traits du moins, grâce à la collection des observations éparses recueillies par les auteurs qui nous ont précédés. Il en est de même de l'histoire embryologique de beaucoup d'autres poissons marins, dont le développement n'a cependant jamais été réalisé d'une façon complète en aquarium. Le but que nous nous étions fixé était par conséquent tout autre et éminemment pratique : réaliser le développement complet de la Sole dans nos appareils, en déterminer soigneusement les conditions de croissance, homologuer les divers stades de son développement avec les stades identiques recueillis en mer par nos devanciers, fournir ainsi aux pisciculteurs une base sûre pour leurs essais d'élevage aussi bien qu'à l'Administration des pêches de la Marine les données nécessaires pour assurer — si elle le juge nécessaire — le repeuplement effectif de nos eaux littorales.

Toujours dans le même esprit, nous avons surtout cherché à donner dans nos figures une représentation aussi fidèle que possible de l'aspect général des sujets choisis, pour permettre au lecteur d'y rapporter facilement les exemplaires qu'il pourrait avoir entre les mains et de déterminer, sans longues recherches, la place de tel ou tel individu dans la série des stades du développement.

La constitution d'un vivier de Soles adultes, permettant une récolte assurée des œufs fécondés, au fur et à

Tous les auteurs sont d'accord pour reconnaître que les œufs de la Sole se rencontrent isolément et en nombre assez restreint. Cunningham, par exemple, dit n'en avoir jamais trouvé plus de cinq ou six par récolte journalière ; Hensen, dans la mer du Nord, Canu, dans la Manche, ont été un peu plus favorisés. Au cours de nos pêches, c'était toujours dans les mêmes parages et dans des zones relativement assez circonscrites qu'on les rencontrait en plus grand nombre, ces zones correspondant sans doute à celles de l'habitat des reproducteurs. Tout permet donc de supposer que certains lieux de rendez-vous, bien connus des pêcheurs au moment de la fraye, devront présenter une abondance d'œufs que l'on ne trouverait nulle part ailleurs. Nos faibles moyens d'investigation (¹) ne nous ont pas permis de rechercher ces parages ni d'en déterminer l'emplacement dans notre région littorale.

Néanmoins, en nous tenant dans la limite de 3 à 4 milles au large de Concarneau, par des fonds de 20 à 25 mètres, nous avons pu recueillir une centaine d'œufs. L'apport de chaque pêche était assez variable ; tandis que la moyenne de chaque récolte ne dépassait pas une demi-douzaine d'œufs, un seul coup de filet a pu nous en donner une trentaine (²). A ces œufs s'ajoutait toujours une assez forte proportion (jusqu'à un tiers) d'autres œufs pouvant être attribués à la *Solea lascaris*, eu égard à leur diamètre.

Nos récoltes les plus abondantes ont eu lieu en fin février et en mars. Nous avons trouvé encore un certain nombre d'œufs en avril. Mais, d'autre part, nos notes signalent la rencontre d'œufs dès la fin de janvier et nous avons recueilli sur la grève des Sables blancs de jeunes individus immatures auxquels leur longueur, rapprochée de nos observations sur la croissance en aquarium, assignait comme époque d'éclosion les mois de mai et de juin. La période de ponte de la Sole, dans notre région, aurait donc une durée d'environ cinq mois. On remarquera que ce chiffre est supé-

---

mesure de leur émission, nous eût épargné beaucoup de difficultés. Mais nous n'avons pu encore établir dans notre laboratoire une semblable réserve.

Quant à la fécondation artificielle, opérée en mer au moyen d'individus pêchés à la drague, elle ne pouvait pas non plus nous être d'une véritable ressource, étant donnés l'abondance très limitée de cette espèce sur nos fonds, la faible chance que l'on a de pouvoir réunir, dans une même pêche, des individus mûrs des deux sexes et enfin le mode de ponte de la Sole et le très petit nombre d'œufs aptes chaque jour à la fécondation.

(¹) Nous ne possédions, à l'époque où ont été faites nos recherches, qu'une embarcation à voiles d'un très faible tonnage. Les parages préférés par les Soles en état de fraye n'ont pu être explorés par nos marins, astreints à ne pas s'éloigner de la côte et par suite à limiter leurs récoltes aux régions les moins riches de notre baie.

Canu (12) estime que c'est sur des fonds sablonneux de 6 à 12 brasses que se rassemblent les individus mûrs pour la reproduction.

(²) La rareté relative des œufs de la Sole tient à son mode de ponte, bien observé et décrit par Butler (13). Cet auteur a constaté, chez les Soles observées en captivité au laboratoire de Plymouth, que les femelles n'émettaient leurs œufs qu'un à un, à la suite de petits mouvements de la tête et de l'extrémité postérieure du corps. Il ne donne pas d'évaluation du nombre d'œufs qui peuvent être ainsi émis par une femelle en un jour ; mais sa description des phénomènes de la fraye laisse supposer que ce nombre n'est jamais très élevé.

rieur aux chiffres donnés précédemment par les auteurs et relevés dans le tableau suivant.

| OBSERVATEURS | LIEUX D'OBSERVATION | DATES MOYENNES de la FRAYE MAXIMUM | REMARQUES |
|---|---|---|---|
| Cunningham (4). | Manche. | Mars-Juin. | |
| Id.        (6). | Côtes de Devon et de Cornouaille. | Mars-Avril. | Exceptionnellement : fin février au commencement de mai. |
| M'Intosh et Prince (5). | Côte Est d'Écosse. | Mai-Août. | |
| Holt (11). | Côte Ouest d'Irlande. | Mars-Juin. | |
| Canu (12). | Région de Boulogne. | Mars-Juin. | |
| Butler (13). | Aquarium de Plymouth. | Avril-Mai. | |
| Ehrenbaum (15). | Helgoland. | Mai-Juin. | Quelques rares échantillons jusqu'en juillet. |
| Heincke et Ehrenbaum (19). | Id. | Avril-Août. | |
| Marion (8). | Marseille. | Février. | Œufs nombreux. |
| Holt (18). | Id. | Mars-Avril. | Quelques œufs seulement. |

Quoique ces variations soient évidemment dues en partie à la différence des latitudes où s'effectuaient les observations, nous croyons que, d'une façon générale, la fraye de la Sole, dans une région déterminée, ne dure pas moins de 5 mois.

*Dimensions*. — Les observateurs ont donné des mesures très différentes du diamètre de l'œuf pour la Sole vulgaire, comme l'indiquent les chiffres du tableau suivant.

| | | |
|---|---|---|
| Raffaele (**2**) (espèce B). | Diam. = 1,23 mill. | |
| M'Intosh et Prince (**5**). | D = environ 1,12 (0,45 Inch.). | La variation atteint 0,46 mill., c'est-à-dire plus du quart du plus grand diamètre observé. |
| Cunningham (**6**). | D = 1,47 — 1,51. | |
| Holt (**11**). | D = 1,43 — 1,49. | Un œuf pêché avait 1,58. L'auteur insiste sur les grandes variations du diamètre des œufs. |
| Canu (**12**). | D = 1,1 — 1,5. | |
| Ehrenbaum (**15**). | D = 1,16 — 1,29. | |
| M'Intosh et Masterman (**16**). | D = 1,143 — 1,295. | |
| Heincke et Ehrenbaum (**19**). | D = 1,100 — 1,383. | Mesures prises sur 43 œufs du plankton. La variation atteint 20,5 pour 100 de la plus grande taille. La variation, calculée d'après tous les auteurs, serait de 0,47, c'est-à-dire de près de 30 pour 100 du diamètre maximum. Le même travail cite des observations faites par Ehrenbaum en 1899, dans l'Adriatique, et où le diamètre des œufs a été trouvé, en moyenne, de 1,239 (1,163 à 1,320). |

Nos propres mensurations élèveraient encore le chiffre de variation maximum, puisque le diamètre des œufs récoltés par nous oscillait de 1,5 à 1,6 mill. (différence de $\frac{1}{10}$ de millimètre). En tenant compte de notre chiffre maximum et des chiffres les moins élevés trouvés par les auteurs, nous devrions porter la valeur de la variation moyenne à 32 p. o/o de la plus forte dimension constatée.

Mais ce que nous savons de la similitude des œufs chez les deux espèces S. *vulgaris* et S. *lascaris* nous conduit à penser que l'importance des écarts enregistrés serait moins grande, s'il n'y avait eu, dans une certaine mesure, confusion entre les deux formes. Bien qu'il y ait, en effet, une variabilité individuelle souvent assez étendue dans les dimensions des œufs d'une même espèce et, semble-t-il reconnu, une proportionnalité assez constante entre le diamètre de l'œuf et la taille de l'individu qui le produit ([1]), les différences notées chez la Sole nous paraissent dépasser les limites des faits normaux. Nous admettrions, jusqu'à plus ample informé, qu'on

---

([1]) On incline à penser que, si tous les œufs d'une même femelle sont de taille sensiblement égale, le diamètre des œufs varie en raison directe de la taille du reproducteur. Le fait semble bien établi pour les Salmonides. Pour la Sole, il est affirmé avec quelque réserve par Holt : « C'est surtout sur les côtes Ouest et Sud de la Grande-Bretagne que ce poisson atteint ses pleines dimensions, et il paraît alors que la grandeur de l'œuf se conforme à celle des parents. » (**18**, p. 83.)

peut considérer les œufs d'un diamètre inférieur à 1,400 millim. comme appartenant à la *Solea lascaris* et non à la *S. vulgaris*.

*Densité* ([1]). — Contrairement à ce qui se passe pour quelques œufs flottants très légers, tels que ceux du Sprat, de la Motelle, etc., qui restent toujours à la surface, sans être profondément entraînés par le mouvement giratoire de l'eau, celui de la Sole acquiert, après les premiers jours de son développement, une densité qui en occasionnerait la chute sur le fond, s'il n'était soulevé mécaniquement, comme cela a lieu dans notre appareil rotatif, et probablement aussi dans la mer, sous l'influence du brassage continuel des eaux de celle-ci par les courants côtiers et les mouvements du flux et du reflux.

Cunningham note (**6**, p. 18 et **6**, p. 122) que le poids spécifique de l'œuf de Sole serait compris entre 1026 et 1027 et qu'à la fin de son évolution il coule dans l'eau possédant cette dernière densité. D'après lui, la chute sur le fond des œufs avancés est probablement hâtée par l'accumulation à leur surface de particules sédimentaires et « ces mêmes œufs flottent certainement dans la mer jusqu'à ce qu'ils soient éclos, car ils sont fréquemment recueillis dans le filet au voisinage même de leur éclosion ».

*Incubation.* — La durée totale de l'incubation des œufs artificiellement fécondés varie fortement selon la température du milieu d'élevage, comme le veut une loi générale, maintes fois vérifiée chez diverses espèces.

Cunningham (**6**, p. 121) a eu des éclosions de 10 à 11 jours après fécondation à une température de 10 à 12 degrés centigr. D'après son estimation, la durée de l'incubation atteindrait probablement entre deux ou trois semaines, à la température de 6,1 à 7,2 degrés centigr.(2e moitié du mois de février). Butler (**13**, p. 7), qui a observé des œufs pondus en aquarium, à Plymouth, en vit éclore après 7 jours d'incubation et d'autres après 5 jours, à une température de 13 à 14 degrés centigr.

Nos œufs, provenant de récoltes effectuées en mer, présentaient naturellement, lors de leur collecte, des degrés très divers de développement ; mais ils sont toujours éclos au plus tard vers le 5e jour après la récolte. Or, comme nous n'avons jamais trouvé d'œuf à un stade antérieur à celui de notre figure 1 (pl. II), et que nous pouvons estimer à trois jours environ le temps nécessaire pour conduire l'embryon à ce stade, le temps d'incubation de nos œufs correspond à peu près à celui de Cunningham, pour une même température.

---

([1]) A propos de la densité, de la durée de l'incubation et du développement de l'œuf, nous aurions à faire les mêmes réserves que plus haut sur l'insuffisance des déterminations spécifiques. De même pour tous les faits rapportés dans le tableau bibliographique ci-dessous. Il y aura lieu de reprendre comparativement l'étude attentive de l'évolution de l'œuf, obtenu de reproducteurs connus, pour les deux espèces, objets d'involontaire confusion.

*Développement de l'œuf.* — Les caractères de l'œuf et les étapes du développement embryonnaire sont assez connus pour que nous n'insistions pas longuement. Ces dernières n'offrent du reste rien de bien spécial à l'espèce ici étudiée. Mais il nous a paru bon de reproduire dans quelques figures, avec le plus de fidélité possible, l'aspect sous le microscope de l'œuf à différents stades de son évolution ([1]). On trouvera à l'explication des planches des indications suffisantes pour l'intelligence de ces figures. Nous nous bornerons à faire remarquer la différence d'aspect que peut produire la pigmentation du vitellus ; à un moment donné, elle se montre très accentuée au pôle inférieur occupé par l'embryon, tandis qu'elle est beaucoup plus rare au pôle supérieur, les cellules pigmentaires jaunes n'occupant alors que l'hémisphère inférieur. Les figures 2 et 3 de la planche II, représentant un même œuf sous deux mises au point opposées, permettent de bien saisir ces différences qui n'avaient pas, nous semble-t-il, encore été signalées ([2]).

Pour faciliter les recherches bibliographiques du lecteur, nous résumons dans le tableau ci-après le développement de l'œuf, tel qu'il est donné par les figures des auteurs qui nous ont précédés et les nôtres, en observant la chronologie de cette évolution.

---

([1]) Nous regrettons de n'avoir pu représenter d'œuf plus jeune que celui de la figure 1 (pl. II), stade le moins avancé que nous ayons trouvé dans nos pêches. Nous ne savons pas exactement à quelles circonstances attribuer le fait de n'avoir jamais rencontré les premiers stades (segmentation et constitution de la première ébauche embryonnaire).

([2]) Mais qui sont déjà très bien indiquées dans la figure 2 (pl. XVI) du « *Traité de la Sole* » de Cunningham (6). Cette image concorde avec les nôtres. On y voit parfaitement les grands mélanoblastes étoilés, disséminés en petit nombre sur l'hémisphère supérieur, l'abondance plus grande de ces mêmes éléments et la limitation des chromoblastes jaunes à l'hémisphère inférieur occupé par l'embryon. Cette figure montre aussi très clairement la répartition des groupes huileux, surtout concentrés au voisinage de l'embryon.

| TEMPS DU DÉVELOPPEMENT | MÉMOIRES | PLANCHES | FIGURES | OBSERVATIONS |
|---|---|---|---|---|
| Détails de la structure générale. | Canu (12). | XII | 1 | « L'enveloppe de l'œuf et le micropyle, vus de profil, en coupe optique », à fort gros¹ : $\frac{520}{1}$. |
| | Id. | Id. | 2 | « Les mêmes, vus de face, avec l'ornementation. » — Gros¹ : $\frac{520}{1}$ (¹). |
| | M'Intosh et Prince (5). | X | 7 | « Zona radiata d'un œuf anormal..... montrant des papilles plates à la surface. » — Gros¹ : $\frac{50}{1}$. |
| Segmentation (début). | Canu (12). | XII | 3 | « Œuf peu de temps après la fécondation, au stade 8 de segmentation. » Gros¹ : $\frac{35}{1}$. Le blastoderme est vu de face, entouré de très nombreux groupes de globules huileux. |
| Segmentation (fin). Lentille blastodermique. | Raffaele (2). | I | 32 | Œuf vu de profil. — Gros¹ : $\frac{30}{1}$. — Montre d'une manière nette la disposition du blastoderme lenticulaire, des groupes de globules huileux et des segments du vitellus (« zona vesciculare »). (Texte, p. 42, 43.) |
| | Cunningham (4). | II | 10 | Œuf « vivant..... non fécondé artificiellement ». Vu de profil. — Zeiss, obj. A, ocul. 2. Mêmes détails que sur le précédent ; on voit mieux ici les |

| Formation de l'embryon. Stades A à H (inclusivement). | | | |
|---|---|---|---|
| Cunningham (6). | XV | 3 | vésicules du vitellus sous le périblaste. Pour raison de simplification les cellules du blastoderme ont été omises. » <br><br> Œuf vu de profil. — Pêche pélagique. — Gros[1]: $\frac{45}{1}$. <br><br> Mêmes détails que ci-dessus : blastoderme lenticulaire, à la fin de la segmentation ; disposition des segments vitellins au-dessous et autour du blastoderme et des groupes de globules huileux dans l'hémisphère supérieur de l'œuf. |
| Cunningham (6). | XV | 4 | Œuf vu de profil, un peu plus avancé que le précédent. — Fécondation artificielle : 34ᵉ heure. — Gros[1]: $\frac{45}{1}$. <br><br> Aplatissement du blastoderme, qui recouvre près du quart de la surface du vitellus. *Cavité germinative* figurée. Ce stade nous semble pouvoir être considéré comme le premier (A?) de l'*époque embryonnaire*. |
| M'Intosh et Prince (5). | I | 26 | Œuf vu par en dessus. — Gros[1]: $\frac{40}{1}$ environ. <br><br> Montre « le cercle formé par les groupes de globules » autour de la plaque embryonnaire ; la partie périphérique de celle-ci est épaissie en *bourrelet blastodermique*. Par comparaison avec les faits décrits sur la Truite, une semblable image devrait être rapportée aux stades B ou C (?). |
| Cunningham (4). | II | 12 | Œuf vu de profil. — Pêche pélagique. — Zeiss, obj. A, ocul. 2. Le blastoderme recouvre plus de la moitié du vitellus ; à sa partie postérieure se dessine, en coupe optique, l'*ébauche de l'embryon*. Stade incertain : D à F inclus (?). |

(1) L'ornementation de la membrane (*pori-canali*) et le micropyle en forme de « morsure de sangsue » sont bien décrits par Raffaele (2, p. 42), mais n'ont pas été figurés par lui.

| TEMPS DE DÉVELOPPEMENT | MÉMOIRES | PLANCHES | FIGURES | OBSERVATIONS |
|---|---|---|---|---|
| Formation de l'embryon. Stades A à H inclusivement (suite). | Cunningham (6). | XV | 5 | Œuf vu de profil. — Fécondation artificielle ; 53e heure. — Gros¹: $\frac{45}{1}$. Figure presque identique à la précédente. On voit ici d'une manière plus précise le rassemblement des groupes de globules huileux au pourtour du rebord blastodermique. |

Chez tous les œufs suivants on trouve le *blastopore vitellin fermé* et le vitellus complètement recouvert ; d'après la classification adoptée (après Henneguy et Laguesse), ces œufs ont dépassé le stade II. Presque tous les spécimens qui nous restent à signaler sont à des degrés d'évolution assez voisins et s'échelonneraient, d'après une appréciation forcément très approximative, entre le début et la fin du stade I (¹). Le terme de celui-ci et l'apparition du stade suivant (K) sont caractérisés, rappelons-le, par l'individualisation nettement apparente du cristallin et le développement marqué de la pigmentation propre de l'embryon. De tons les œufs décrits dans l'ensemble des observations, trois seulement nous paraissent appartenir à ce temps d'évolution.

| TEMPS DE DÉVELOPPEMENT | MÉMOIRES | PLANCHES | FIGURES | OBSERVATIONS |
|---|---|---|---|---|
| Évolution de l'embryon, qui se détache de plus en plus complètement du vitellus. Stade I. | Fabre Domergue et Biétrix (présent travail). | II | 1 | Voir l'explication des planches. Blastopore vitellin très *récemment fermé*. Embryon claviforme, *non pigmenté*, moins long que la demi-circonférence du vitellus. Vésicules optiques simples ; cristallin non visible. Les spécimens suivants sont un peu plus avancés, en raison de la présence du *pigment embryonnaire propre*, plus ou moins nettement représenté sur les figures. |
| | Raffaele (2). | 1 | 33 | Œuf vu par en haut. — Gros¹: $\frac{30}{1}$. Embryon très voisin du précédent. Premiers *somites mésoblastiques* bien distincts et deux lignes de points mélaniques sur les côtés. |
| | Cunningham (4). | II | 11 | Œuf vu de profil, âgé de 3 jours (fécondation artificielle). — Zeiss, obj. A, ocul. 2. Embryon de longueur égale à la demi-circonférence du vitel- |

| | | | |
|---|---|---|---|
| | | 1 | Embryon semblable au précédent. 7 somites mésoblastiques. |
| Id. (6). | XVI | 1 | Œuf au même stade que le précédent, vu par en haut. Même provenance. Dessin au même gros[1]. L'embryon ressemble beaucoup à celui de notre figure citée plus haut (1, pl. II); mais les flancs sont ici garnis de petits points pigmentaires. |
| Id. (4). | II | 13 | Œuf vu par en haut, un peu obliquement. — Pêche pélagique. — Zeiss, obj. A, ocul. 2. Un peu plus avancé que les précédents. 12 à 13 somites mésoblastiques figurées. |
| M'Intosh et Prince (5). | II | 11 | Œuf vu par en haut. — Gros[1]: $\frac{50}{1}$. Malgré l'état encore rudimentaire de l'embryon (faible pigmentation propre, nombre encore peu considérable des somites mésoblastiques), nous plaçons ce spécimen le dernier, eu égard au développement de l'extrémité caudale déjà fortement détachée, comme on la trouve chez beaucoup d'œufs du stade K. |

## Stade K.

Nous plaçons ici les œufs dont l'embryon offre un *cristallin bien nettement différencié*; une longueur toujours sensiblement supérieure à la demi-circonférence du vitellus, celle de l'extrémité caudale, qui est libre, étant habituellement proportionnelle à cette dimension; une pigmentation embryonnaire développée. Bien que nous manquions de caractères détaillés pour établir notre classification, nous croyons pouvoir, sans erreur notable, répartir dans l'ordre suivant les quelques figures données de l'œuf à ce stade.

(1) Le maximum d'abondance des œufs décrits à ce stade est en relation avec le fait, signalé plus haut, mais non expliqué, que les plus jeunes formes récoltées en mer se montrent le plus souvent parvenues à ce temps du développement; chaque observateur a jugé intéressant de décrire et de représenter l'état le moins avancé qu'il a eu à sa disposition, grâce aux pêches pélagiques, dans la majorité des cas.

| TEMPS DU DÉVELOPPEMENT | MÉMOIRES | PLANCHES | FIGURES | OBSERVATIONS |
|---|---|---|---|---|
| Stade K (suite). | Cunningham (6). | XVI | 2 | Œuf de profil. — Pêche pélagique. — Gros: $\frac{45}{1}$.<br><br>Figure coloriée, très nette. Embryon peu allongé; lobe caudal court. Pigment bien développé; le *pigment jaune* a fait son apparition (voir, à ce sujet la remarque faite plus haut, p. 25, note 2). L'état peu avancé de ce spécimen pourrait le faire placer à la période de transition IK. |
|  | Fabre-Domergue et Biétrix (présent travail). | II | 2 et 3 | Voir l'explication des planches. |
|  | Canu (12). | XII | 4 | Œuf à moitié de profil. — Gros: $\frac{35}{1}$.<br><br>« Embryon avancé dans son développement et près d'éclore. » Il ne nous paraît cependant parvenu qu'au stade K; mais il appartient à la fin de celui-ci. La longueur proportionnelle n'est pas celle de l'embryon sur le point de devenir libre et les caractères du stade L ne sont pas encore acquis. |
|  | Id. (12). | XII | 5 | Œuf vu par en haut. — Gros: $\frac{35}{1}$.<br><br>Montre « une différence sensible de diamètre » vis-à-vis du précédent, mais un état analogue. Le pigment n'a pas été figuré. |
|  | Fabre-Domergue et Biétrix (présent travail). | II | 4 | Voir l'explication des planches.<br>Embryon très avancé, plus que les précédents, et très voisin du stade L. |
| Stade L (1re période). | Fabre-Domergue et Biétrix (présent travail). | II | 5 | Voir l'explication des planches.<br>Embryon sortant de l'œuf. |

# DÉVELOPPEMENT. — STADE L[1]

*2e période (L').* — Au moment de l'éclosion, la larve, parvenue au stade L, présente l'aspect bien connu que reproduisent nos figures 1 et 2 (pl. III). Parfaitement symétrique, comme le sont à cette période tous les Pleuronectes, elle se rapproche cependant plus complètement que certains alevins de ce groupe (Plie, par ex.) de la forme définitive qu'elle acquerra dans la suite, par sa hauteur assez grande[2] et son aplatissement notable suivant le plan de symétrie du corps. Le rapport $\frac{H}{L}$ de la plus grande hauteur à la longueur totale est égal à $\frac{36}{100}$, tandis que ce même rapport est, par exemple, pour l'alevin de même âge :

chez le Turbot . . . . . . . . . . . de $\frac{32}{100}$,

— le Targeur . . . . . . . . . . . . de $\frac{27}{100}$,

— la Plie . . . . . . . . . . . . . de $\frac{30}{100}$,

et, en dehors des Pleuronectes,

chez le Bar, le Cotte . . . . . . . . . de $\frac{24}{100}$,

---

[1] Il nous paraît nécessaire de ne pas séparer de la revue anatomique descriptive que nous allons faire ici des différents stades larvaires certains faits de biologie dont l'intérêt est immédiatement lié aux modifications structurales.

[2] Ce caractère n'est pas seulement une apparence due à l'existence des taches pigmentaires en bordure de la nageoire marginale, comme le disent M'Intosh et Prince (5, p. 85o) : « Moreover, the presence of pigment at the margin of the fin, both dorsally and ventrally, gives great apparent depth to the body of the fish. »

— le Hareng. . . . . . . . . . . de $\frac{14}{100}$,

— le Sprat. . . . . . . . . . . de $\frac{12}{100}$,

La Barbue donne le chiffre le plus élevé. . . . .    $\frac{37}{100}$.

Nous lui avons trouvé le plus communément une longueur de 3,2 mill. ; mais cette dimension peut varier de quelques dixièmes de millimètre ([1]).

La tête est petite relativement au reste du corps. Inclinée vers le bas, par rapport à l'axe longitudinal du tronc, et très rapprochée de la surface du vitellus sur lequel elle est comme couchée, elle n'a pas encore, chez la larve de cet âge, la forme si caractéristique qu'elle montrera prochainement. Son profil rappelle celui de beaucoup d'autres larves au même stade et présente seulement les deux saillies arrondies correspondant au cerveau moyen et au cerveau antérieur, la seconde (rostre) sensiblement plus proéminente que la première. Une encoche peu profonde, à la place où se fera l'ouverture de la bouche, sépare le rostre de la région péricardique, en avant du vitellus. Par suite de l'inclinaison de la tête, son sommet se trouve sur la ligne presque droite formée par le profil supérieur du tronc, disposition qui ne va pas tarder à se modifier.

La partie axiale du corps (tronc) est assez étroite, comparée à la hauteur de l'expansion membraneuse qui en prolonge les bords dorsal et ventral. Elle diminue régulièrement de diamètre depuis son extrémité céphalique, au niveau de l'oreille, jusque vers l'extrémité postérieure, où elle présente un amincissement plus rapide, et, sur une longueur d'environ 3/10 de millimètre, affecte une forme cylindrique et non plus conique comme dans ses portions antérieures. Cette partie de l'axe somatique est celle qui, dans la suite du développement, s'inclinera vers le haut pour contribuer à former la nageoire caudale. Le profil de la membrane marginale épouse à peu près la même forme, ainsi que le montrent bien les figures 1 et 3 (pl. III). Elle a son

---

([1]) Les chiffres suivants ont été donnés :

| | | |
|---|---|---|
| Par Raffaele (2) pour Sp. B. . . . . . . . | 3 millimètres. | |
| Cunningham (6). . . . . . . . . | 3,55-3,75. | |
| Marion (8). . . . . . . . . . | 3,2-3,5 | |
| Holt (11). . . . . . . . . . | 3,30 (dont 1,49 pour la région préanale). | |
| Ehrenbaum (15). . . . . . . . . | 3,21 | |

La moyenne de ces évaluations est 3,35 mill. C'est aussi celle que nous donnent nos chiffres extrêmes (3,3).

Nous ferons remarquer dès maintenant que la valeur absolue de telle ou telle dimension (de la longueur du corps entre autres) est très secondaire dans l'appréciation de l'âge et de la période de développement des larves. Cela devient de plus en plus évident au fur et à mesure qu'on s'adresse à des individus plus âgés, la taille de deux spécimens de même âge ou du même stade pouvant différer de plus du double.

maximum de hauteur en arrière du rectum. En haut et en bas, comme le tronc, elle se rétrécit assez brusquement dans son quart postérieur (*lobe caudal*), ses bords supérieur et inférieur devenant alors presque parallèles. Un peu en avant de l'aplomb de la nageoire pectorale, le limbe dorsal offre un angle arrondi (*angle frontal*) au delà duquel il s'abaisse rapidement vers la saillie du mésencéphale, pour constituer à celui-ci une coiffe encore peu proéminente (*capuchon céphalique* et *crête frontale*) (¹). Sur le limbe ventral, une petite encoche triangulaire marque la place où s'ouvrira l'anus et sépare, en avant, un lobe préanal peu étendu, qui vient se confondre avec la paroi abdominale, sous la masse vitelline.

La *nageoire pectorale* est apparue vers la fin du stade K. C'est une mince lame hyaline constituée par une duplicature de la peau, la couche moyenne (mésodermique) ne présentant encore aucune différenciation de pièce squelettique ni de rayons. Elle contient seulement, dans sa portion adhérente (moignon ou pédicule), les extrémités de fibres musculaires appartenant à un faisceau pariétal (futur coraco-claviculaire). De contour demi-circulaire, elle est insérée selon une ligne horizontale au niveau de l'extrémité du petit axe du vitellus, à la limite des premier et deuxième quarts antérieurs de la longueur totale. Elle fait une saillie de à peine $1/10$ de mill. Tout à fait inerte d'ailleurs, elle ne participe en rien aux mouvements de la jeune larve.

La *peau*, parsemée dans sa couche épithéliale externe de nombreuses et volumineuses cellules caliciformes, se montre finement verruqueuse sur la membrane natatoire, surtout sur l'expansion caudale et dans la région avoisinant le rectum, en avant et en arrière de celui-ci. Elle est irrégulièrement mamelonnée sur la tête et la partie ventrale du sac vitellin. Comme chez toutes les larves jeunes, elle est éminemment altérable et le plus léger traumatisme suffit à rompre le fragile rempart qui protège les tissus sous-jacents et maintient l'équilibre osmotique entre eux et le milieu ambiant. Le moindre froissement de cette couche protectrice si délicate, son seul contact pendant un instant très court avec l'air suffisent pour déterminer la mort immédiate de la larve par imbibition, avec opacification de tous ses tissus.

La *livrée pigmentaire*, tout en rappelant dans sa disposition générale celles d'autres larves de Pleuronectes, est assez caractéristique pour permettre à elle seule de reconnaître spécifiquement l'alevin de la Sole commune. Vue à la lumière réfléchie, sur un fond sombre, elle est d'un jaune soufre vif, et c'est sous cet aspect qu'elle apparaît dans les vases où on observe les larves à l'œil nu. Sous le microscope (fig.

---

(¹) L'expression de capuchon céphalique, que nous adoptons, est empruntée à une comparaison de M' Intosh et Prince (**5**). Le pli cutané ainsi désigné est souvent plus saillant qu'on ne le voit sur notre figure et se rapproche davantage de la forme étrange qu'il affecte chez une larve d'espèce indéterminée décrite par Holt (**36** — pl. L, fig. 34 et 35). Nous possédons des croquis du présent stade, chez la *Solea vulgaris*, où cette sorte d'éperon est assez fortement marqué. On peut le voir tel aussi chez un individu un peu plus âgé (de quelques heures) représenté fig. 3, pl. V.

2, pl. III), avec le même éclairage, le pigment jaune (*pigment blanc-jaunâtre opaque* de M'Intosh et Prince, **5**) se montre constitué par des cellules étoilées, au corps petit, aux ramifications surtout nombreuses, étendues, abondamment anastomosées sur la membrane marginale et sur la portion caudale du corps, plus disséminées d'autre part, aux ramifications et aux anastomoses plus rares, sur la poche vitelline, tandis que la tête et la partie antérieure du corps ne présentent que de petites cellules peu ramifiées. L'aspect observé sous le microscope, à la lumière transmise, est tout différent (fig. 1, pl. III). Les chromoblastes[1] jaunes, moins visibles, offrent une teinte sépia peu foncée (*pigment chamois* de M'Intosh et Prince, **5**) et sont en grande partie masqués par le pigment noir. Les granulations mélaniques sont distribuées dans des cellules spéciales (qui ne sont révélées que par ce mode d'éclairage) ou mélangées aux granulations du pigment jaune dans d'autres cellules dont on reconnaît la coloration mixte en faisant varier la position du miroir. En réalité, il y a trois sortes de cellules pigmentaires : les unes complètement noires, d'autres complètement jaunes (sépia par transparence), le troisième groupe, le plus nombreux, à pigments noir et jaune mélangés.

En comparant les deux images (fig. 1 et 2) données par la lumière transmise et par la lumière réfléchie, on voit que la distribution des différents chromoblastes concorde. Sur l'une et sur l'autre, mais plus nettement sur le sujet examiné par transparence, se dessinent les taches marginales qui donnent à la jeune larve (de même que chez beaucoup de Pleuronectes) un aspect caractéristique[2]. 7 ou 8 de ces taches existent ordinairement sur le bord supérieur, 2 à 3 sur le bord inférieur de la membrane. Chacune d'elles est constituée par un groupe de cellules pigmentaires noires et jaunes, en nombre variable. L'étendue des arborisations, la finesse du lacis anastomotique, la part relative de l'élément noir et de l'élément jaune sont assez différentes, d'un groupe à l'autre et d'un individu à un autre; mais le système chromatique est le même, dans son ensemble, et donne à la vue une impression identique de taches irrégulières, très inégales en étendue, avec, le plus souvent, un noyau sombre formé par la condensation du pigment noir en un ou plusieurs centres de rayonnement et un champ périphérique plus clair, où domine la note du pigment jaune. De longues anastomoses unissent ces groupes principaux entre eux, aux petits chromatophores étoilés situés autour d'eux, sur la nageoire marginale, et au système chromatique de la portion axiale du corps.

Les deux groupes qui terminent, en arrière, la rangée supérieure et la rangée infé-

---

[1] Avec Pouchet (44) nous employons ce terme ici, de préférence à celui de chromatophores, réservé à d'autres éléments plus hautement différenciés (*Céphalopodes*).

[2] « This (opaque yellowish-white pigment) is arranged in interrupted touches on the body and marginal fin both dorsally and ventrally behind the yolk-sac, so that the pleuronectid character is early indicated » (M'Intosh et Prince, **5**, p. 850).

rieure sont ordinairement les plus importants. Plus largement unis entre eux qu'avec les groupes voisins, ils produisent à l'œil nu l'effet d'une grande bande transversale séparant les 2/3 antérieurs de la larve, assez fortement colorés, du 1/3 postérieur, qui ne l'est presque pas. La portion caudale de la nageoire marginale ne présente en effet que de rares et très petites cellules pigmentaires, le plus souvent dépendantes du système axial.

Ce dernier se compose essentiellement de deux rangs de cellules étalées à la surface de l'axe somatique, extérieurement à la mince couche lamineuse qui constitue à cet axe comme une aponévrose d'enveloppe. Elles sont assez régulièrement espacées. La file supérieure commence au niveau de la partie postérieure du mésencéphale, l'inférieure, plus courte, en arrière de la portion stomacale du tube digestif, pour se terminer toutes deux vers l'extrémité caudale de l'axe. Les fines ramifications qui en partent s'étendent presque toutes entre les deux séries des corps cellulaires, nombreuses, formant par leurs anastomoses des mailles verticalement allongées et souvent parallèles entre elles. Ces mêmes cellules sont limitées, du côté de la nageoire marginale, par un dos faiblement convexe, fréquemment dépourvu d'expansion ou n'en présentant que quelques-unes peu étendues, unies çà et là aux arborisations des chromoblastes de la membrane. Outre le lacis que nous venons de décrire sur l'axe, on observe sur celui-ci, irrégulièrement disséminés, de petits points noirs et de grêles chromoblastes jaunes.

La pigmentation de la tête et de la portion viscérale du corps est moins systématique. Elle est formée par des éléments de dimensions peu différentes, points, taches irrégulièrement polygonales ou éléments étoilés, ceux-ci généralement peu ramifiés et peu anastomosés. Ces éléments affectent encore, en plusieurs endroits, un certain groupement. On observe d'une manière très constante un de ces groupes pigmentaires sur la crête qui surmonte la saillie frontale du cerveau moyen (groupe frontal). Ce groupe se confondra plus ou moins dans la suite avec le système des taches marginales. Un groupe, très fixe aussi, dessine le pourtour du cerveau antérieur. Autour de l'œil se remarquent toujours quelques éléments, extérieurs à la choroïde et très distincts du pigment propre de cette membrane. Un autre groupe, peu marqué encore chez la larve à l'éclosion, mais qui apparaîtra nettement au stade suivant, existe sur la région où doit se former la mandibule (groupe mandibulaire). Autour de la portion anale du tube digestif, on remarque toujours une pigmentation assez accentuée, formée par des cellules ramifiées qui prennent une importance particulière autour de l'anus (groupes rectal et anal), comme le montre surtout bien la figure 3 (pl. III).

Enfin le sac vitellin offre sa pigmentation propre, où dominent les cellules étoilées (groupe vitellin). Il y a lieu de distinguer ces cellules, appartenant à la couche périblastique du vitellus, des quelques petits éléments mélaniques qu'on observe dans la membrane somatique constituant la partie inférieure du sac vitellin.

Sauf dans le système chromatique de la nageoire marginale, la pigmentation mélanique domine partout ([1]).

La *corde dorsale* constitue encore tout le squelette de la larve. Elle ne répond pas exactement à l'axe moyen du tronc, mais se trouve plus rapprochée du profil ventral. Presque droite dans ses 2/3 postérieurs, elle offre dans son 1/3 antérieur une légère incurvation vers le bas et se termine par une pointe effilée au niveau de l'étroit espace qui sépare l'œil de l'oreille. En arrière, elle est régulièrement cylindrique dans ses trois derniers déci-millimètres et son extrémité est arrondie. La gaine notochordale est mince. Les cellules propres sont petites, bombées en arrière, de telle sorte que les lignes de séparation sont généralement des courbes à convexité postérieure. Dans sa partie la plus épaisse, au niveau du coude du rectum, la corde a un diamètre de 1/10 de mill.

La segmentation en *myomères* des *lames musculaires* longitudinales est nettement accusée par des lignes fines (correspondant aux *septa intermusculaires*), convexes en avant, dont les premières sont visibles vers la nageoire pectorale et qui s'arrêtent, en arrière, là où commence la portion cylindrique terminale de l'axe.

Le *cerveau*, avec les yeux et les organes auditifs et olfactifs, forme presque toute la masse céphalique. La figure 1 (pl. III) montre distinctement les dispositions générales et l'importance relative des principales divisions (vésicules cérébrales secondaires). Au-devant de l'œil et un peu plus bas que lui, le *cerveau antérieur* figure un corps au contour presque circulaire ou largement ovalaire, recouvert d'une peau épaisse et fortement mamelonnée par la présence de volumineuses cellules caliciformes. Il constitue, en même temps que les organes olfactifs qui lui sont annexés de chaque côté, la proéminence du *rostre*. Au niveau de la dépression surmontant celui-ci, le *cerveau intermédiaire* s'étend au-devant de l'œil en une faible saillie, à la partie antérieure de laquelle devient distincte l'ébauche de la *glande pinéale*. Le *cerveau moyen* est, comme toujours, relativement volumineux. Il est limité extérieurement par une surface largement arrondie, déterminant à la partie supéro-antérieure de la tête la saillie de l'*éminence frontale*. En bas, il se replie brusquement au-dessus du cerveau intermédiaire, que son bord surplombe. Dans sa masse, on aperçoit, en projection, la surface bombée du plancher du troisième ventricule (*tori semicirculares*) et, en haut, une ligne fine et courte, parallèle au profil supérieur de la masse cérébrale, détache vers le dehors une étroite bandelette, coupe optique de la *lame cérébelleuse* (cerveau postérieur) qu'une encoche triangulaire peu profonde sépare du toit *du quatrième ventricule* et de la *moelle allongée* (arrière-cerveau). Cette dernière portion (bulbaire) est la

---

([1]) Nous nous sommes assez longuement étendus sur la description du système de coloration, parce qu'il constitue un caractère facile à observer et assez typique, soit dans l'espèce, soit aux diverses périodes de la vie larvaire et post-larvaire.

plus volumineuse de l'axe nerveux ; elle s'étend, sous forme d'un tronc de cône allongé, massif, jusqu'au voisinage de la nageoire pectorale. A partir de ce point le cordon nerveux se rétrécit notablement pour constituer la moelle épinière qui finit, en arrière, au niveau de la portion terminale, cylindrique, du tronc, partie formée uniquement par la corde et les lames musculaires.

L'*œil* occupe déjà, à ce stade, la position relative qu'il conservera dans la suite du développement (et à l'état adulte, pour ce qui concerne l'œil droit), c'est-à-dire la partie postéro-inférieure de la région faciale, au voisinage du point où existera bientôt la commissure labiale. Le contour du globe oculaire n'est pas circulaire, mais irrégulièrement ovalaire, le plus grand diamètre, qui passe par le centre de la vésicule auditive et du cerveau antérieur, étant dirigé obliquement en bas et en avant. En bas et en arrière, le pourtour se déprime en une encoche peu profonde, allongée, trace de la *fente choroïdienne (colobome)*, maintenant fermée. On peut voir encore la ligne de soudure des lèvres de la vésicule optique secondaire sous forme d'un petit trait fin allant du fond de l'encoche à la pupille. Celle-ci est circulaire. Son diamètre dépasse un peu le tiers de la plus grande dimension de l'œil. Elle n'est pas centrale, mais se trouve plus rapprochée de l'encoche du colobome que du profil supérieur et moins distante du pourtour orbitaire en avant qu'en arrière. Le champ pupillaire est complètement transparent et incolore et, par suite, fait mieux ressortir la teinte grise assez marquée de la surface oculaire qui l'entoure. Cette teinte, du reste, est d'une tonalité très sensiblement plus élevée que celle des tissus du corps de la larve. Il en était déjà ainsi un peu de temps avant l'éclosion et l'œuf pourrait être dit, selon l'expression des pisciculteurs, *embryonné* dès cette époque (fig. 5, pl. II). Le pigment propre de la choroïde commence en effet à apparaître avant la sortie de la larve, en fines granulations, dans de petites cellules qu'on peut individualiser à fort grossissement. Il est très facile de les distinguer des mélanocytes situés dans la partie du tégument externe qui recouvre le globe oculaire, éléments étoilés, d'un noir profond, de dimensions variables et toujours très supérieures à celles des cellules choroïdiennes. C'est en raison de la présence de ce pigment propre que nous avons placé un peu avant l'éclosion le début du stade L ([1]).

La *vésicule auditive* est située en haut et en arrière par rapport à l'œil ; elle dépasse

---

([1]) Nous nous séparons, sur ce point, des auteurs qui décrivent comme dépourvu de son pigment l'œil de la larve nouvellement éclose. Telle est l'opinion de M¹ Intosh et Prince : « No pigment other than superficial chromatophores exists in the eyes » (5, p. 85o). C'est aussi celle d'Ehrenbaum (14, p. 3o9). Cunningham ne se prononce pas d'une manière catégorique ; mais, étudiant une larve âgée de 14 jours (9, fig. 1, pl. III), il considère que du pigment a seulement *commencé* à apparaître dans la choroïde en points isolés, ce qui semble indiquer que, pour cet auteur aussi, le pigment en question n'existait pas au moment de l'éclosion, 4 jours plus tôt. Il faut bien admettre la possibilité du développement plus tardif du pigment propre ; mais en général, à notre avis, son début précède l'éclosion.

un peu la limite supérieure de l'orbite. Sur la larve examinée de profil, elle recouvre en partie l'extrémité de la corde dorsale ; seule la pointe de celle-ci arrive plus loin en avant et se voit dans l'étroit intervalle qui sépare l'otocyste de l'œil ou même derrière le contour postérieur de ce dernier. A ce stade, la vésicule auditive est petite, encore très rudimentaire dans sa structure. C'est une simple ampoule non cloisonnée, de forme ellipsoïdale (long. 0,14 à 0,15 mill., haut. 0,10 mill. env., ces dimensions étant prises extérieurement à l'organe). La paroi est moins épaisse en haut (25 à 30 μ) qu'en bas (40 à 45 μ), où elle proémine dans la cavité en un léger mamelon (*1re crête acoustique ; sensory cushion*, coussin sensoriel des auteurs anglais). La lumière de la vésicule est petite relativement à l'épaisseur des parois. Le liquide endolymphatique ne contient comme éléments visibles que deux *otolithes*, grains réfringents plus ou moins régulièrement arrondis, placés à ce moment aux foyers de l'ellipsoïde que représente l'oreille dans son ensemble.

Les *organes olfactifs*, épaississements de la couche profonde (nerveuse) de l'épiblaste, sont de petites masses lenticulaires, visibles au-devant et de chaque côté du cerveau antérieur, contre lequel est adossée leur face profonde ; leur face externe, légèrement déprimée en cupule *(fossette olfactive)*, répond à la surface du tégument, entre les éléments duquel est enchâssé leur partie antérieure. Au milieu des grosses cellules muqueuses qui abondent dans la peau du rostre, ces fossettes sont, à cette période, difficiles à apercevoir ; le corps de la lentille olfactive se distingue plus aisément de profil, en coupe optique, et la disposition bien connue de son épithélium sensoriel apparaît alors assez nettement, sans préparation spéciale. Son diamètre extérieur est d'environ 40 à 50 μ, sa plus grande épaisseur de 25 à 30.

Le *vitellus*, dont la résorption ne sera achevée qu'au bout d'une douzaine de jours, est relativement volumineux. Il est globuleux dans son ensemble, de contour irrégulièrement ovalaire ([1]), vu latéralement, et présentant une coupe optique circulaire, quand on l'examine de front (voir M'Intosh et Prince, qui ont bien décrit ces détails, **5**, p. 850). Son plus grand diamètre est contenu environ trois fois et un tiers dans la longueur totale de la larve ; son plus petit diamètre équivaut à peu près aux 4/5 du premier. Il est sensiblement plus réfringent que les tissus du corps et ce caractère permet de le reconnaître, tant qu'il en reste quelque portion intacte, et de suivre sa résorption presque jusqu'à la fin. Sa teinte est très légèrement ambrée ; elle se foncera quelque peu avec les progrès de son absorption. On peut lui reconnaître encore la structure qu'il présentait dans l'œuf. A la surface sont toujours nettement tracées

---

([1]) Sur la vue latérale, on lui trouve assez souvent un aspect un peu particulier que reproduisent les figures. Dans cette disposition, la courbe du profil supérieur est beaucoup plus ouverte que celle du profil inférieur ; l'extrémité antérieure de la masse vitelline est très faiblement conoïde, mais l'extrémité postérieure peut être sensiblement appointie, se prolongeant au-dessous de la coudure de l'intestin terminal.

les lignes fines qui dessinent les contours irrégulièrement polygonaux des segments vitellins, dont la coupe optique apparaît sous forme de fuseaux allongés le long du profil ventral de la masse. Cependant ce dessin n'est plus aussi régulier ni aussi visible qu'aux stades précédents ; on le perd même vers le tiers supérieur du corps vitellin. La *couche périblastique* montre aussi ces groupes de globules huileux, peu modifiés dans leur aspect individuel, depuis le début, mais affectant une disposition propre à la larve et assez constante, disposition qu'on observe déjà d'ailleurs avant l'éclosion, dès le commencement du présent stade. Comme l'ont déjà indiqué M'Intosh et Prince (**5**, p. 85o), ces groupes de globules occupent toujours deux aires distinctes. L'une est à la région antérieure (fig. 1 et 4, pl. III) ou antéro-supérieure (fig. 3, pl. III) du corps vitellin et ne compte ordinairement qu'un groupe unique. La seconde occupe toute la région postéro-inférieure de la surface du vitellus ; deux groupes de globules au moins s'y rencontrent, l'un au-dessus, l'autre au-dessous de l'axe longitudinal du vitellus (fig. 3) ; mais on peut en observer un plus grand nombre (trois dans la figure 1). Il n'apparaît pas que les globules, individuellement, aient subi de notables changements dans leurs dimensions. Ils conservent et conserveront jusqu'à la fin leur coloration, de même teinte citrine, mais un peu plus foncée, que celle du vitellus.

Chez la Sole, à l'éclosion, la bouche et l'anus n'existent pas. L'*appareil digestif*([1]) est encore des plus simples, limité au tractus intestinal d'origine endodermique, dont les extrémités aveugles s'arrêtent à une certaine distance de la surface cutanée. Cependant ce simple tube offre déjà une différenciation dans son aspect, selon les régions où on le considère, et il est possible de lui décrire trois portions : *pharyngo-œsophagienne* (intestin intérieur), *gastro-intestinale* (intestin moyen), et *rectale* (intestin terminal ou postérieur).

La première portion commence derrière l'œil, au niveau de l'encoche du colobome, par un cul-de-sac, qu'un intervalle d'environ 0,15 mill. sépare encore de la surface tégumentaire. Ce cæcum irrégulier se continue, en arrière et en haut, par un conduit plus étroit (ou plutôt plus aplati selon sa hauteur), le futur œsophage, qui s'étend jusqu'à la nageoire pectorale, en s'incurvant un peu en avant, pour venir effleurer l'extrémité antérieure de la corde dorsale et en restant accolé, pendant le reste de son trajet, à la face inférieure de ce dernier organe. En arrière de l'insertion de la nageoire pectorale, le conduit s'élargit brusquement en un renflement ampullaire, qui est la première indication de l'estomac. La paroi supérieure remonte un

---

([1]) Nous reviendrons plus loin, dans un chapitre spécial, sur l'accroissement du tube gastro-intestinal, appareil qui présente le plus grand intérêt au point de vue de la physiologie des larves et dont les dispositions aux divers stades expliquent, dans une certaine mesure, les mœurs de ces jeunes êtres, en nous indiquant également leurs besoins spéciaux.

peu sur le côté gauche de la corde dorsale, tandis que la paroi inférieure, aux dépens de laquelle se forme surtout la dilatation, proémine vers le vitellus, dont la masse molle se déprime pour la loger et se mouler sur ses contours. En avant et latéralement, contre cette même paroi ventrale, existe une petite masse glandulaire provenant d'une portion épaissie de sa couche hypoblastique primitive et constituant dès maintenant l'ébauche d'un *foie* distinct. L'ampoule stomacale se continue en arrière par un court intestin, à lumière étroite, situé sur un plan inférieur à celui qu'occupe la portion œsophagienne et allant en s'inclinant vers le bas, pour former, derrière le vitellus, la troisième portion (ou rectale) du canal digestif, à peu près de même longueur que la deuxième portion. Les parois du rectum sont épaisses ; la lumière, très étroite, disparaît bientôt et la partie terminale de ce troisième segment, un peu étranglée, est constituée par une masse cellulaire pleine, qu'un intervalle de quelques centièmes de mill. sépare du bord de la membrane marginale, marquée à ce niveau de la petite échancrure triangulaire déjà signalée (1). Entre le fond du cul-de-sac rectal et le bord de la nageoire, s'étend un tractus plein, sorte de « *bouchon cellulaire* » (Raffaele, **2**, p. 47), d'origine mésodermique, qui se creusera ultérieurement pour donner passage au tube hypoblastique progressant vers le dehors. Le coude intestino-rectal est plus ou moins accusé selon les individus. Parfois l'axe du rectum est presque vertical ; mais il affecte le plus souvent une direction oblique en arrière. Le profil postérieur de sa paroi répond à peu près au milieu de la partie axiale du corps de la larve. C'est là un point de repère pour apprécier l'extension relative des différentes régions de cette dernière.

Un espace celluleux, en forme de triangle allongé par en haut, sépare le rectum du vitellus ; il est destiné à être bientôt occupé par le cul-de-sac postérieur de la cavité péritonéale, maintenant limitée à la poche vitelline. Au niveau de cet espace, comme aussi dans toutes les régions de la membrane marginale voisines de l'intestin terminal, la peau est fortement verruqueuse, d'aspect chagriné sous une certaine incidence de la lumière.

Sur une larve âgée de moins d'un jour, longue de 3,2 mill., nous trouvons le *foie* formant contre la paroi inféro-latérale de l'intestin (portion stomacale) une petite masse réniforme, longue de 0,2 mill., épaisse de 0,1 mill. au maximum, irrégulièrement mamelonnée et même lobée à sa partie postérieure. Sur le même spécimen, fixé, un hasard de préparation a légèrement écarté la glande du tractus

---

(1) Il n'y a pas ici de fossette épiblastique représentant un véritable *proctodœum*, pas plus que l'encoche préorale ne constitue réellement un *stomodœum*. De part et d'autre, l'hypoblaste des culs-de-sac intestinaux vient au contact de l'épiblaste et les éléments des deux feuillets se séparent simplement au niveau de leur accolement pour laisser libres les orifices buccal et anal. M'Intosh et Prince ont déjà insisté sur ces faits (**5**, p. 773 et 774) qui s'observent d'une manière générale chez les « Téléostéens pélagiques ».

digestif et montre bien son indépendance, en même temps que sa forme. Sa structure apparaît déjà complexe et l'examen à fort grossissement y révèle l'existence d'îlots cellulaires séparés par des lacunes claires qui correspondent aux premiers espaces vasculaires. Sur d'autres spécimens, la glande hépatique, quoique différenciée, ne nous a pas paru aussi nettement isolée de la paroi intestinale, dont elle formait comme un simple épaississement; c'est le cas dans la figure 1 de la planche III (¹).

Il n'y a pas, à ce moment, d'ébauche de la *vessie natatoire* reconnaissable par le mode d'examen direct, qui nous a seul servi pour notre description.

Des *organes respiratoires*, il n'existe que des indications rudimentaires (fig. 1, pl. VIII). Le plus souvent on peut observer, au-dessous de l'oreille, trois épaississements de la paroi externe du pharynx formés de cordons cellulaires contigus et parallèles, descendant obliquement en avant vers la surface du vitellus, qu'ils n'atteignent pas encore. Le moyen est celui qui descend le plus bas. En haut, ils partent du même niveau, situé vers la voûte de la chambre pharyngienne, à une petite distance au-dessous de la vésicule auditive. C'est là l'ébauche des trois premiers *arcs branchiaux primaires*. Chacun de ces tractus est constitué, pour la plus grande partie, par des cellules mésoblastiques indifférentes et n'offrant pas encore d'une manière distincte l'arrangement en pile de monnaie qu'elles prendront avant leur transformation en éléments du cartilage, disposition si caractéristique de toutes les tigelles squelettiques formées au début par ce tissu. Sur les pièces fixées, la charpente mésoblastique des arcs apparaît comme une bande plus claire, tandis que les cloisons qui les séparent (formées par l'union directe du revêtement épiblastique à l'hypoblaste intestinal) apparaissent comme des lignes plus sombres.

Dès cette période, on constate, dans la portion du tégument qui recouvre les formations en question, la présence de cette dépression désignée par certains auteurs sous le nom d'*infundibulum branchial primitif* (fig. 1, pl. VIII), cavité encore indépendante de celle du pharynx, mais qui ne va pas tarder à communiquer avec cette dernière par l'ouverture de la première fente branchiale. L'infundibulum est de forme triangulaire, très nettement limité par deux lèvres minces et bordées d'un étroit bourrelet. Les lèvres, en s'unissant à quelque distance de la surface vitelline, dessinent un V assez aigu, à pointe dirigée en bas, tandis qu'en haut, au voisinage de la paroi otocystique, elles se fondent progressivement dans l'enveloppe épidermique, l'antérieure après avoir décrit un crochet en arrière et en bas. Épousant l'orientation générale de l'extrémité céphalique de la larve et des arcs branchiaux, l'axe de l'infundibulum est fortement oblique en haut et en arrière. La lèvre antérieure, en se

---

(¹) L'apparition et le développement du *pancréas* ont échappé à notre observation et notre travail restera muet sur ce sujet. De même en ce qui concerne la *rate* et nombre d'autres points d'une étude plus délicate que celle à laquelle nous nous sommes livrés.

développant, va devenir la partie libre du volet operculaire et son crochet, la commissure supérieure de la fente des ouïes.

En avant du vitellus existe, comme en arrière, un espace à contour triangulaire, limité, en haut, par le plancher de l'orbite et la paroi ventrale du pharynx, en arrière, par la surface arrondie de la masse vitelline, en avant, par la peau, étendue du rostre au vitellus et déprimée par l'encoche buccale. Cet espace est occupé presque entièrement par la cavité péricardique ([1]), qu'une couche peu épaisse de tissu cellulleux isole des organes limitrophes précités.

Dans la partie postéro-inférieure de cette cavité, on voit battre le *cœur*. Celui-ci n'est qu'un tube conique affectant dans son ensemble la forme en L qu'on lui a décrite (« an L-shapped form » — M'Intosh et Prince, 5, p. 177). La grande branche de l'L, qui représente l'*oreillette*, est étendue de l'angle supérieur à l'angle inférieur de la cavité péricardique, dans une position peu éloignée de la verticale et seulement un peu oblique en bas, en avant et à gauche. La courte branche (inférieure ou *ventriculaire*) remonte obliquement vers la droite, pour s'unir à la paroi péricardique, un peu au-dessus de l'angle antérieur de la cavité. Par suite de la position de l'angle auriculo-ventriculaire, légèrement déjeté vers la gauche, le plan de symétrie du cœur ne coïncide pas avec le plan de symétrie général du corps et, sur les vues latérales de la larve (comme dans la figure 1, pl. III), l'image de la branche ventriculaire est presque superposée à celle de la branche auriculaire. Cette inclinaison à gauche de l'angle cardiaque semble déterminée par le trop peu d'étendue d'avant en arrière de la cavité péricardique, alors resserrée entre la masse volumineuse du vitellus et la tête, qui s'incline en bas. La paroi du cœur, épaisse, est irrégulièrement plissée dans sa longueur. A un grossissement suffisant, on aperçoit, en coupe optique, le mince endothélium qui limite sa cavité. Sur le vivant, on ne distingue pas les éléments constituants de la matière hyaline du myocarde. La cavité est étroite et de calibre inégal. Aucun étranglement net ne la sépare encore en ses chambres auriculaire et ventriculaire, la seule distinction de ces divisions secondaires du cœur étant donnée par l'existence de la coudure angulaire signalée ci-dessus. Aucun élément libre ne se remarque à l'intérieur; il n'y a pas encore trace de corpuscules sanguins. Les mouvements du cœur, rythmiques, lents, consistent en une contraction vermiculaire propagée de l'extrémité postérieure à l'extrémité antérieure, sans pose appréciable entre les contractions successives des deux branches.

Nous n'avons pas pu, sur nos pièces, observer la disposition des *canaux de Wolff* ([2])

---

([1]) Reste de la cavité splanchnique fermée par soudure des lames mésodermiques. La portion péritonéale de cette cavité est en ce moment occupée par le vitellus.

([2]) Canaux qui se sont constitués, selon le processus connu, pendant la phase embryonnaire du développement. Chez la Truite, Henneguy (35) place au stade II l'apparition des premiers linéaments de cet appareil.

dans leur portion antérieure, ni constater s'il existe en ce point, au moment de l'éclosion, un *pronéphros* déjà différencié, ou si les canaux segmentaires sont encore simplement en communication avec le cœlome par leur entonnoir cilié primitif. Nous
avons seulement noté la présence de ces canaux le long de la face ventrale de
l'axe somatique, entre celui-ci et la partie dorsale du tube digestif, en arrière de la
nageoire pectorale. A partir de là, ils sont très distincts et, sous forme de deux tubes
cylindriques (diam. ext., 12 à 15 $\mu$), avec une couche unique de cellules columnaires
entourant une lumière très réduite, sont facilement suivis dans le trajet rectiligne
qu'ils parcourent jusqu'à leur abouchement dans la *vessie urinaire*. Ce réservoir
commun s'aperçoit accolé à la face postérieure du rectum et semble un simple dédou-
blement de la paroi lamineuse de ce dernier. Son étroite cavité fait suite directement,
en haut, à la lumière des canaux de Wolff, au niveau d'une coudure que décrivent
ceux-ci au-dessus de celle de l'intestin terminal et devient, en bas, une simple fissure
qu'on perd rapidement de vue dans le tissu conjonctif périrectal, à quelque distance
au-dessus du fond du cul-de-sac terminal. Les cellules plates de son revêtement épi-
thélial interne peuvent être distinguées dans sa portion supérieure. Le réservoir
urinaire ne communique pas, à ce moment du moins, avec la cavité intestinale.

Le tableau suivant contient l'indication des figures données par les auteurs du
stade que nous venons de décrire, figures dont on peut rapprocher notre propre
dessin :

| | | |
|---|---|---|
| Raffaele (2). | pl. III, fig. 4. | Larve à l'éclosion. De l'avis de certains observateurs, il est douteux que l'espèce (sp. A de l'auteur) dont provenait cette larve soit la *Solea vulgaris*. |
| M'Intosh et Prince (5). | pl. XVII, fig. 13. | Larve à l'éclosion. Bonne figure d'ensemble donnant une impression assez exacte de l'aspect général. Le pigment coloré, vu par transparence, a bien la teinte bistrée qu'on lui voit d'habitude. |
| | pl. XXIII, fig. 10. | Figure de détail représentant un aspect particulier du vitellus chez une larve du premier jour. |
| Cunningham (6). | pl. XVI, fig. 3 et 4. | Deux figures d'ensemble de la larve du premier jour (un des individus vu par son côté droit, fig. 3 ; l'autre, fig. 4, par son côté gauche). La teinte du pigment coloré nous paraît d'un orangé un peu vif. |
| Marion (8). | pl. I, fig. 8 et 9. | Deux larves proches de l'éclosion. Figures en noir. N'ajoutent pas de détail aux précédentes. Sur la figure 9, le foie et la vessie urinaire sont bien indiqués ; mais le dessin du rectum semble faire aboutir ce conduit à l'extérieur. |
| Canu (12). | pl. XII, fig. 6. | Figure d'ensemble, en noir, de la larve venant d'éclore. |
| M'Intosh et Masterman (16). | pl. XIII, fig. 2. | Reproduction de la figure de M'Intosh et Prince. |

Tous les observateurs ont remarqué l'apparence de vigueur de la larve de Sole nouvellement éclose et la très grande activité qu'elle déploie dès les premiers instants de sa vie libre. Elle doit assurément en partie cette allure au degré de perfectionnement atteint par ses organes au moment où elle sort de l'œuf; mais il est incontestable aussi que la jeune Sole est tout particulièrement vivace et l'emporte en résistance et en intensité de manifestations physiologiques sur beaucoup d'alevins parvenus (au moment de l'éclosion au plus tard) au même stade de développement (¹). Dès le début ce caractère nous avait frappés. Nous avions tout de suite pensé à utiliser cette vigueur spéciale au profit de nos expériences d'élevage, avec l'espoir qu'elle aplanirait, dans une certaine mesure, les difficultés éprouvées dans d'autres essais. A l'épreuve, notre confiance s'est trouvée pleinement justifiée. Avec les progrès de leur évolution, nos élèves ont manifesté plus nettement encore leur faculté de résistance que leur premier aspect faisait entrevoir et qui désigne l'espèce à toute l'attention des pisciculteurs.

Comme toutes les larves très jeunes, celle de la Sole, aux premières heures, passe par des alternatives plus ou moins longues, mais toujours fréquentes, de repos et de mouvement, les périodes d'activité tenant dans son existence une part très appréciable. Au repos, dans l'eau stagnante d'un cristallisoir, elle séjourne le plus souvent sur le fond ; elle s'en soulève par intervalles, en s'élevant dans l'eau par un mouvement de progression peu rapide, mais soutenu, qui lui permet de parcourir sans arrêt des distances relativement grandes. Elle ne présente pas, à cet âge, d'élancées brusques, telles qu'en offrent d'autres larves plus agiles, quoique moins puissantes. La largeur notable de sa rame caudale et, d'après M' Intosh et Prince, la forme globuleuse de son gros vitellus lui imposent une allure spéciale, bien notée par les auteurs dont nous venons de rappeler le nom. Cette disposition oblige « l'actif petit poisson à rouler d'un côté sur l'autre, pendant la progression, de sorte que souvent il avance à la façon d'une vis » (M' Intosh et Prince, 5, p. 850).

Lorsqu'elle demeure au repos dans la masse de l'eau, suspendue à son vitellus qui lui sert comme de flotteur (²), elle apparaît la tête en bas, dans une position plus ou moins oblique, parfois verticale, comme il en est de tous les autres alevins, dans les mêmes conditions. Très rarement on peut observer la situation inverse, c'est-à-dire la tête plus élevée que la partie postérieure du corps. Cette différence d'inclinaison

---

(¹) « It would appear to be one of the most restless of the group, seldom remaining quiescent under examination more than a few seconds » (M'Intosh et Prince, 5, p. 850).

(²) « La larve semble un appendice de son propre sac vitellin », dit Raffaele, en décrivant la larve A (2, p. 43). La moindre densité du sac vitellin peut dépendre du poids spécifique propre de la matière du vitellus ou de l'action compensatrice des globules huileux, ou des deux en même temps. Nous n'avons pas de données précises sur cette question ; mais un fait certain est la légère supériorité, sur la densité de l'eau de mer, du poids spécifique de la larve nouvellement éclose. A dater de ce moment, la différence s'accentue rapidement dans le même sens, avec la résorption du vitellus, et doit être compensée par le perfectionnement du pouvoir automoteur de l'alevin.

de l'axe somatique peut s'expliquer par la sphéricité plus ou moins grande du vitellus, la prédominance des groupes antérieurs ou postérieurs de globules huileux, toutes causes capables de modifier la position du centre de gravité de la larve.

Dans nos bacs à rotation, sous l'influence de l'excitation produite par le mouvement de l'eau, la jeune larve présente, par réaction, des changements d'allures beaucoup plus fréquents que dans les cristallisoirs. Elle passe alors sans cesse d'une position à l'autre. Jamais elle ne séjourne au fond, si elle se porte bien ; ou, flottant inerte, elle se laisse transporter au gré du courant, ou elle reprend ses mouvements de translation décrits plus haut, progressant dans différentes directions, mais le plus souvent à contre-courant, parfois en montant tout droit vers la surface.

Il convient d'ajouter que les mouvements de translation de la larve de cet âge ne semblent pas être des mouvements intentionnels, dirigés vers un but déterminé, mais de simples manifestations de la contractilité musculaire et des réactions générales de l'organisme aux excitations (contact, lumière, température, courants ?). Quelle que soit l'interprétation qu'on ait à donner du fait, ces mouvements diffèrent nettement de ceux qu'on pourra observer dans la suite.

En dehors de la *fonction motrice*, la larve de cet âge n'offre à étudier que des manifestations vitales très réduites. La *nutrition* s'opère aux seuls dépens du vitellus. Ce corps est absorbé peu à peu par tout ou partie de sa surface, et par *intussusception* ; à aucun moment, on ne peut en effet déceler de communication entre la masse nutritive et la cavité intestinale ; il y a indépendance entre les deux organes. L'apparition des vaisseaux sanguins n'a lieu que tardivement, à une époque où le vitellus a déjà notablement diminué ; sa résorption n'est donc pas, au début du moins, le fait de l'action directe de l'appareil circulatoire ; elle est, comme dans beaucoup d'autres cas, en physiologie, le résultat de l'*activité protoplasmique* des parties ambiantes (couche protoplasmique péri-vitelline et tissus voisins) (¹).

Les *échanges respiratoires* se font par toute la surface tégumentaire et cette dernière voie est aussi celle que suivent, pour la plus grande part, les produits de déchet que les organes spéciaux de la *fonction excrétoire*, trop rudimentaires, n'éliminent pas encore.

En ce qui concerne les perceptions sensorielles, nous ne sommes pas édifiés sur le degré de sensibilité acquis par les organes propres. La larve ne semble pas réagir

---

(¹) « Le deutoplasme (vitellus nutritif) est dans un état inerte et au repos (quiescent), et contribue seulement d'une *manière passive* au développement embryonnaire, étant incorporé lentement par le protoplasme actif du disque blastodermique (blastodisc) suivant un mode que Ryder (141, p. 557) compare au processus de l'ingestion et de l'assimilation chez l'*Amœba* » (M' Intosh et Prince, 5, p. 686).

« Chez les Gadoides et d'autres formes, aucune circulation vitelline n'existe et l'absorption du vitellus est un processus lent et détourné (circuitous) » (*Ibid.*, p. 687).

nettement aux *excitations lumineuses* ; nous n'avons pu déterminer le sens de son *actinotropisme*. Seuls, les contacts produisent chez elle une impression manifeste. Elle y paraît même assez sensible et on la voit souvent, comme beaucoup de larves très jeunes du reste, fuir la pipette qui cherche à la saisir, avant même que l'instrument vienne à la toucher.

Dans cet ordre de phénomènes, un fait est à noter, qui différencie la larve étudiée ici de beaucoup d'autres : son revêtement épidermique présente une résistance notable, qu'il est assez rare de constater au même degré, étant donnée la fragilité habituelle, déjà signalée, de la couche protectrice épidermique des larves jeunes des poissons marins. Chez la Sole, cette couche se montre moins altérable et l'on peut soumettre les petites larves à des manipulations variées, sans leur faire courir de très grands risques. C'est évidemment une circonstance favorable au point de vue de la pratique de leur élevage.

*Fin du stade L, 2ᵉ jour.*

La description que nous venons de donner s'applique à la larve proche de l'éclosion et, au plus, âgée d'un jour, les changements survenus pendant les 24 premières heures n'étant pas encore très manifestes. Mais elle ne saurait convenir d'une manière générale à toute larve au stade L. Celui-ci s'étend en effet jusque vers le milieu ou la fin du 2ᵉ jour et, à ce moment, la larve présente un aspect déjà assez différent de ce que nous avons trouvé au début.

La tête s'est un peu redressée, de telle sorte que la ligne passant par le cerveau antérieur, l'œil et l'oreille, n'est presque plus inclinée vers le bas, mais coïncide à peu près avec l'axe de la corde dorsale. La figure 3 (pl. V) (¹), qui représente une larve à ce degré de développement, montre bien le fait, si on la rapproche de la figure 1 (pl. III).

Par suite du redressement de l'extrémité céphalique, la partie proéminente du

---

(¹) Cette figure a été dessinée principalement pour donner une idée de la forme particulière que peut présenter, chez certains individus, le limbe dorsal de la nageoire, dans sa partie céphalique. On remarquera la longue encoche commençant au-dessus du cerveau moyen et finissant, en arrière, un peu avant l'aplomb du bord antérieur de la nageoire pectorale. Le fond de l'encoche forme une ligne à peu près droite, parallèle à la direction générale du bord supérieur de la membrane marginale et se relève brusquement en avant et en arrière, pour se continuer avec ce bord. La première grande tache marginale marque la saillie arrondie qui forme la limite postérieure de cette encoche. Le capuchon céphalique, qui la limite en avant, est rendu beaucoup plus proéminent par sa présence et rappelle de loin la crête très prononcée de la larve innomée (Sp. I) de Holt (**36**, pl. L, fig 34, 35). L'aspect particulier reproduit sur notre figure est exceptionnel, sans être cependant très rare : nous l'avons noté plusieurs fois. La larve est, par ailleurs, absolument normale.

mésencéphale regarde en haut et plus du tout en avant. Comme le font très justement remarquer M' Intosh et Prince (5), en décrivant la larve du 2ᵉ *jour*, « le vitellus
a notablement diminué et le bord postérieur porte en avant, avec lui, les groupes de
globules huileux, laissant un espace plus grand entre lui et l'anus, tandis que la
chambre péricardique est devenue distincte en avant » (p. 85o). La masse vitelline
s'est en effet surtout résorbée dans sa partie postérieure et le limbe préanal de la
membrane marginale est beaucoup plus étendu qu'au début. Le vitellus a perdu,
dans son ensemble, la forme globuleuse ; sa saillie ventrale est encore prononcée ;
mais, en avant, il est plus étiré et n'arrive plus tout à fait à l'aplomb du profil postérieur de l'œil. De ce fait et du relèvement de la tête, il résulte que l'espace péricardique s'est étendu d'avant en arrière et que l'encoche buccale est plus ouverte et
moins profonde qu'antérieurement. Peu de modifications du côté de l'intestin, qui
semble seulement plus allongé, par suite du dégagement de sa partie postérieure.
L'ampoule rectale s'est un peu rapprochée du bord de la membrane, de même qu'en
avant la muqueuse buccale confine de très près au revêtement tégumentaire. Les
auteurs cités plus haut signalent en outre que « les *segments périphériques* du vitellus
sont encore indiqués » et que « de petites taches pigmentaires apparaissent maintenant dans les yeux. » Au sujet de ce dernier fait nous nous sommes déjà expliqués
précédemment. Nous considérons l'apparition du pigment propre de la choroïde
comme antérieur même à l'éclosion de la larve (début du stade L). Au point du développement où nous en sommes arrivés maintenant, la formation du pigment choroïdien est déjà assez avancée, l'œil a une teinte grise très notable, avec la pupille toujours claire. C'est ce dont on peut se rendre compte très bien sur la figure 3 (pl. V),
où la tonalité des parties, en dehors de la teinte jaune non reproduite, a été respectée
le plus fidèlement possible.

Si l'espèce B de Raffaele pouvait être considérée comme la *Solea vulgaris* (ce que
Cunningham se refuse à admettre), sa figure 16 (pl. IV) se rapporterait à une larve de
la période de transition (LM) que nous venons d'étudier, autant du moins qu'il est
permis d'en juger d'après le croquis assez sommaire de l'auteur italien. L'anus est
ouvert, la bouche ne le serait pas encore. La réduction du vitellus est assez grande
et, d'après son degré, cette larve pourrait aussi bien être rapportée au commencement
du stade M, si le fait de l'ouverture de la bouche était établi. « Comme dans la larve
« A (page 46), vers le troisième jour du développement extra-ovulaire les gouttelettes
« huileuses commencent à jaunir et à la même époque apparaît, principalement sur
« la région céphalique, le troisième pigment jaune de chrome. » Ce sont là deux
points qu'il nous a été permis de vérifier. On constate effectivement que la teinte,
d'abord jaune très pâle, des gouttelettes huileuses, se fonce avec les progrès du
développement et de leur disparition. On observe aussi, surtout sur le crâne et autour
de l'oreille, de petits chromoblastes arrondis, disséminés ou par groupes, d'une cou-

leur orange beaucoup plus vive que le ton sépia ou bistré des cellules ramifiées. On aperçoit de ces chromoblastes orangés (¹) dans la région céphalique de la larve représentée par nous (fig. 3, pl. III) et appartenant à une période toute voisine.

La figure donnée par Holt (**11**, fig. 65, pl. VIII), dans son travail de 1893, d'une larve au 3ᵉ jour après l'éclosion accuse un degré de développement un peu supérieur à celui de l'alevin que nous avons décrit en dernier lieu, tout en répondant à une période encore voisine, que nous pouvons considérer comme la période de transition (LM) du stade L au stade M (celui-ci représenté dans nos figures 3 et 4, pl. III). Elle est clairement dessinée, reproduisant assez exactement la coloration bistrée de la larve examinée par transparence, et fournit quelques indications intéressantes. que complète la description du texte correspondant. Chez cette larve, comme chez celle de notre figure 3 (pl. V), l'encoche rétro-céphalique de la nageoire marginale est très accusée : « La saillie du cerveau moyen, dit l'auteur (p. 93), et l'*expansion vésiculaire* de la nageoire dorsale au-dessus de lui rappellent le dit *aspect encapuchonné* (the hooded aspect) de M' Intosh et Prince et présentent un acheminement vers l'état offert par la remarquable larve (Sp. 1, Solea ?) que je décrivais l'année dernière (**36**, fig. 34, 35, pl. L). Cela paraît être le fait d'une des Soles examinées par Raffaele (**2**, Sp. A, fig. 5 et 6, pl. III). On voit bien, dans la figure, la position réciproque du cerveau moyen et du cerveau antérieur, de l'organe olfactif, de l'œil et de l'otocyste, que nous signalons plus haut, et le relèvement de la tête dans l'axe du corps, d'où résulte la nouvelle position de ces organes. On y remarquera aussi la réduction, en arrière, de la masse vitelline, qui n'a plus guère que la moitié de son volume primitif, l'allongement, à ce niveau, du limbe préanal de la membrane marginale (*nageoire préanale embryonnaire* de l'auteur) et l'espace plus grand aussi donné en avant au cœur. Le tube digestif a la forme et les rapports que nous lui avons décrits au stade L, c'est-à-dire qu'il est simplement coudé dans la région stomacale et non encore enroulé sur lui-même (convoluted). Mais, si la bouche reste encore à l'état de cæcum aveugle, comme chez notre larve (fig. 3, pl. V), l'auteur considère, dans le cas du spécimen qu'il représente, *l'anus comme ouvert*, caractère qui doit nous faire regarder cette larve comme toute proche du stade M. Son âge, du reste, concorde

_____

(¹) Nous n'entrons pas dans la discussion soulevée au sujet de la nature et de l'origine de ce pigment, de l'unicité ou de la dualité des pigments de la série xanthique observés chez la Sole, aucun fait d'observation personnelle ne nous permettant de prendre position sur ce terrain. Qu'il nous suffise de noter, avec Raffaele, l'apparition du nouvel élément chromatique orange à ce moment de l'évolution larvaire. Il prendra, par la suite, dans le système de coloration de la jeune Sole, d'autant plus d'importance que l'autre pigment jaune en perdra davantage, la proportion relative des deux pigments étant toujours assez variable selon chaque sujet considéré. Dans un lot donné de larves du même âge, élevées ensemble, on trouve toujours, à côté d'individus très peu colorés, d'autres spécimens plus jaunes ou plus bruns. Il ne paraît pas exister, à cet âge, de faculté d'adaptation mimétique.

aussi avec cette attribution ([1]). Pour en finir avec la larve de Holt, notons la présence de nageoires pectorales « courtes et vigoureuses, légèrement enroulées », organes par conséquent déjà plus parfaits que la simple lame présente à l'éclosion, et la disparition des *segments corticaux du vitellus*. Nous retrouverons pourtant encore l'indication de ces derniers à une époque certainement postérieure ; mais il peut exister, en ce qui concerne ce point particulier, d'assez grandes variations individuelles.

M'Intosh et Prince (**5**, p. 85o, 851) consacrent quelques lignes à une larve du 4ᵉ jour appartenant de toute évidence à la période considérée ici, comme le démontrent les quelques caractères énumérés par ces observateurs : rétraction du vitellus, avec occlusion de la bouche et de l'anus, proéminence des lobes optiques donnant à la tête l'aspect particulier qu'ils qualifient d' « hooded aspect ».

C'est à cette période de transition LM qu'il convient également de rapporter la larve représentée par Canu (**12**, fig. 7, pl. XII). La position relative de la saillie mésencéphalique, la situation, presque dans l'axe de la corde, du cerveau antérieur, de l'ouverture pupillaire et de l'oreille, le relèvement du rostre élargissant l'angle péricardique et l'encoche buccale, l'élargissement du triangle prérectal par rétraction postérieure du vitellus, le faible développement de la nageoire pectorale, la pigmentation plus prononcée de la choroïde, avec une pupille claire, la constitution très simple de l'oreille, ne présentant qu'une légère saillie interne de sa paroi inférieure, la persistance, encore bien accusée, des segments périvitellins, *l'occlusion de la bouche*, avec ouverture de l'anus, la coudure et l'épaississement du tube digestif dans sa région stomacale, tous ces caractères, très nettement dessinés par l'auteur, permettent de ranger sans hésitation cette larve à la place que nous lui assignons, à côté de la larve précitée de Holt.

Nous devons enfin, pour observer la chronologie du développement, placer ici, en fin de liste, la larve décrite et figurée par Cunningham (**9**, fig. 1, pl. III) ([2]), larve obtenue d'un œuf artificiellement fécondé, âgée de 4 jours, longue de 4,35 mill. Elle est parvenue à peu près au même degré de développement et offre les mêmes caractères que celle de Canu, signalée ci-dessus. Quelques heures plus tard, la bouche s'étant ouverte, elle appartenait au stade M. A noter, avec l'auteur, chez cette larve comme chez les précédentes, la configuration de l'extrémité céphalique (l'ensemble de la partie antérieure du corps est maintenant redressé... Par suite, la région du cerveau antérieur et de l'organe olfactif est à l'extrémité antérieure de l'axe du corps), la saillie, vers le haut, du cerveau moyen, la disposition correspondante de la nageoire marginale et celle des taches pigmentaires sur les limbes de cette nageoire, taches encore un peu confuses à la période présente, mais appelées à deve-

---

([1]) Nous aurons à revenir plus loin sur la date variable à laquelle se produit l'ouverture de l'anus.
([2]) Le travail en question est le premier qui ait donné de la Sole de cet âge une description complète et précise.

nir « plus définies et plus distinctes » à des périodes plus avancées. L'auteur considère que le pigment choroïdien a seulement « commencé à apparaître » et, en fait, il
le représente tel que nous l'avons trouvé chez nos larves des premiers jours (nous
nous sommes précédemment expliqués sur cette question). Le vitellus s'est notablement réduit, à la moitié environ de ce qu'il était à l'éclosion, tandis que les globules
huileux ont augmenté de diamètre, « sans doute parce qu'il s'est produit une certaine coalescence ». La bouche n'est pas ouverte, mais la lumière du tube digestif
communique avec l'extérieur au niveau de l'anus et « l'intestin montre le commencement d'une circonvolution *au-dessus* du vitellus » qui ne le contient plus dans une
gouttière de sa portion dorsale et ne le déborde plus latéralement. On voit bien, sur
la figure de Cunningham (comme sur celle de Canu), ce début de circonvolution
intestinale et l'épaississement annulaire, formant une sorte de valvule pylorique
(cette disposition a été décrite d'abord par Raffaele sur sa Sole B, p. 46, 47) qui
sépare la portion stomacale de la partie intestino-rectale du tube digestif. A signaler
enfin la conformation primitive du cœur, que l'on aperçoit suspendu sous les atta-
ches de la future mandibule, au milieu d'une large cavité péricardique ; celle-ci est
séparée par une délicate membrane du sinus périvitellin, avec lequel le cœur est en
communication par son ouverture postérieure.

Comme on le voit par toutes les citations précédentes, la larve de la période de
transition du stade L au stade M a été décrite par les auteurs d'une manière particulièrement complète. Ces descriptions peuvent, pour une bonne part, s'appliquer
aussi à la larve un peu plus âgée du début du stade M ; en étudiant celui-ci, nous
aurons, sur beaucoup de points, à répéter ce qui a déjà été dit. Mais il convient de
remarquer que les descriptions en question se rapportent toutes à des alevins moins
avancés que celui dont nous allons nous occuper et que le stade auquel il appartient
n'a pas été l'objet d'une étude spéciale. Celui qu'a figuré Canu (**12**, fig. 8, pl. XII
et fig. 3, pl. XIII) est un peu plus avancé que notre sujet et intermédiaire entre ce
dernier et celui de notre figure 4 (pl. III).

# DÉVELOPPEMENT. — STADE M

Nous sommes parvenus à ce moment vers le 3e jour (fin du 2e au commencement du 4e), du développement larvaire. Jusqu'à maintenant l'appréciation du degré de perfection organique de l'alevin a pu concorder dans une assez large mesure avec l'estimation du nombre des heures révolues depuis son éclosion. Mais déjà cette manière de fixer le moment de l'évolution larvaire se trouve, dans bien des cas particuliers, entachée d'erreur ; de notables écarts existent dès cette époque entre les sujets de même âge examinés comparativement.

Nous considérerons comme appartenant au stade M toute larve dont la bouche est ouverte (nous ne disons pas : la bouche et l'anus sont ouverts ; on verra plus loin pourquoi) et reste ouverte continuellement, ne pouvant être fermée par la mandibule, non encore suffisamment développée ni adaptée à la fonction de préhension. Au moment où ce dernier caractère est réalisé, la larve est parvenue, selon les divisions adoptées par nous, au stade suivant (N). Le stade M comprend une durée de 3 à 4 jours environ et occupe en général le courant de la première semaine du développement larvaire ([1]). La longueur des alevins mesure en moyenne de 3,5 à 4,2 mill.

En raison de la durée de plusieurs jours que nous assignons à ce stade, la larve qui le parcourt présente des différences sensibles, selon qu'on la considère pendant la première moitié (période M) ou pendant la seconde moitié (période M′) de ce stade.

Nous prendrons comme type de la larve de Sole parvenue à la première période du stade M celle que représente notre figure 2 (pl. III). C'est une larve âgée de 3 jours à 3 jours 1/2 environ, c'est-à-dire du commencement du 4e jour. Mais nous avons pu observer les mêmes caractères sur d'autres larves dès la fin du 2e jour ou, au contraire, les retrouver, presque sans modification, au 5e jour du développement.

---

([1]) Rappelons encore une fois que la notion de temps n'a rien de fixe et qu'en donnant des concordances de stades et de jours nous procédons par approximation et n'avons égard qu'à des cas moyens.

L'aspect général de la larve, à cette période, a frappé tous les observateurs ; il se signale en effet à l'attention par la conformation particulière de la tête et la grande hauteur du corps. Ces changements résultent de l'accroissement de la masse cérébrale et du relèvement de la portion correspondante de l'extrémité céphalique, repoussée en haut par le développement, au-dessous d'elle, de la partie orale.

L'augmentation de la hauteur du corps porte le rapport $\dfrac{H}{L}$ à $\dfrac{37}{100}$ (au lieu de $\dfrac{36}{100}$ qu'il était au début) ; elle est due surtout à l'extension du limbe dorsal de la nageoire primitive, la hauteur du limbe ventral s'étant peu modifiée. Tandis qu'à l'aplomb de la partie postérieure du rectum, le premier mesurait, chez la larve à l'éclosion, env. 0,28 mill., cette même dimension atteint ici 0,46 mill. La corde dorsale, rejetée au début dans la moitié supérieure du corps, sépare celui-ci en deux parties presque égales.

Dans le peu de temps écoulé depuis l'éclosion, le profil antérieur de la larve s'est profondément modifié. Nous n'insistons pas, pour le moment, sur ces modifications que nous retrouverons portées à leur limite extrême chez la larve de la fin du stade présent (fig. 4) et qu'on jugera beaucoup plus exactement sur les croquis donnés plus loin (page 64) que sur la figure 3 de la planche III, un peu exceptionnelle à ce point de vue ([1]). On remarquera la forme du profil somatique supérieur ; dans son tiers antérieur, il trace une courbe ouverte en haut, tandis qu'au début cette ligne était presque droite, ou infléchie vers le bas. On remarquera aussi le déplacement de l'angle rostral, dont le sommet, plus aigu, regarde directement en avant et forme comme l'extrémité antérieure de l'axe du corps, celui-ci passant d'autre part par l'oreille et la corde dorsale et laissant au-dessous de lui le centre de la pupille. A noter enfin la grande distance qui sépare le vertex de l'angle mentonnier, dès maintenant visible en avant de la région péricardique.

L'*axe somatique* est aussi grêle qu'au début. Il est toujours constitué essentiellement par la corde dorsale, la moelle épinière, directement superposée à cette dernière, et les lames musculaires. Au delà de la terminaison de la moelle, il présente le rétrécissement cylindrique déjà décrit, dont l'origine est toujours marquée par l'arrêt brusque

---

([1]) Sur la larve représentée dans cette figure et prise pour type de notre description, en raison de l'étude plus complète que nous avons pu en faire, le dessin du profil antérieur diffère en effet quelque peu de l'aspect le plus ordinaire. Il est moins anguleux, plus arrondi dans son ensemble et, au lieu des deux saillies habituelles (capuchon céphalique et rostre), il présente une série d'ondulations assez mollement marquées. La convexité qui limite en avant la nageoire dorsale s'infléchit dans son milieu, de sorte qu'il existe, avant la proéminence du capuchon céphalique, deux petites lobations secondaires séparées par une dépression peu profonde. Le capuchon céphalique et le rostre (saillie du cerveau antérieur) sont eux-mêmes peu prononcés, tandis que la lèvre supérieure et la lèvre inférieure, plus saillantes qu'à l'état normal et à peine isolées l'une de l'autre par la faible encoche buccale, rendent convexe en avant la ligne, habituellement presque droite, ou concave, qui s'étend du rostre au vitellus (comme on peut le voir sur le croquis inséré dans le texte).

des chromoblastes sériés limitant d'une manière tranchée les contours dorsal et ventral de cette partie du corps.

La *nageoire pectorale* a conservé sa structure simple de repli cutanéo-musculaire.
Mais on observe cependant, au niveau de son attache et selon la direction, maintenant
oblique en bas et en arrière, de cette ligne d'insertion, une orientation des cellules
mésodermiques analogue à celle des arcs branchiaux primitifs et dessinant vaguement un cordon cylindrique, première trace de la pièce cartilagineuse coracoï-
dienne. Le moignon de la nageoire s'est étranglé et se détache plus nettement de la
paroi du corps. Le limbe s'est un peu allongé ; sa forme générale est plutôt ovalaire que demi-circulaire. Sur toute la surface de la nageoire, la peau est garnie de
grosses et abondantes cellules muqueuses.

Les longs détails dans lesquels nous sommes entrés à propos de la *pigmentation*, en
décrivant le stade L, nous dispensent d'insister beaucoup ici. Il n'y a à signaler que
des modifications d'importance secondaire. Le système de coloration s'est précisé, les
groupes chromatiques étant devenus plus distincts les uns des autres. Ils résultent
toujours du reste de la combinaison des mêmes éléments xanthique et mélanique,
avec prédominance marquée de ce dernier. Les chromoblastes sont pourvus de ramifications plus nombreuses, plus fines, formant des réseaux plus délicats et plus serrés,
comme on peut le remarquer sur les grandes taches marginales et sur les groupes
mélaniques de la tête. Il y a peut-être moins d'éléments isolés ponctiformes, surtout
sur les limbes de la nageoire primordiale, où la matière chromatique tend à se localiser de plus en plus dans le système des taches principales. Entre celles-ci, les parties
intermédiaires sont très faiblement pigmentées. Les quelques chromoblastes qu'on y
rencontre se montrent grêles et longuement ramifiés, participant plutôt du pigment
xanthique que du mélanique. C'est également le cas pour les taches marginales,
tandis qu'au contraire, comme au début, la mélanine constitue presque exclusivement la coloration dans la série des groupes de l'axe somatique, sur la tête et la
partie splanchnique (sac vitellin compris). La limitation plus parfaite des groupes
chromatiques permet, mieux qu'au début, d'en évaluer le nombre ; le limbe dorsal
de la nageoire compte de 6 à 8 taches principales, il y en a 2 ou 3 sur le limbe
ventral. Ordinairement l'espace prérectal est peu pigmenté et ne montre que
quelques petits chromoblastes, près de son bord libre, ou les ramifications d'éléments
voisins (surtout du groupe périrectal, toujours bien accusé). Sur le tronc, la série
dorsale compte de 10 à 15 (parfois 16 à 18) éléments chromatiques ; il en existe un
peu moins (8 à 12) dans la série ventrale. Le quart postérieur de la membrane marginale est toujours dépourvu de tout pigment et ne laisse voir que les lignes fines des
rayons primitifs.

Sur la figure 3 (pl. III), on distingue une série de très petits points mélaniques
échelonnés le long du profil dorsal de la gaine notochordale et dont chacun occupe,

presque régulièrement, une des divisions myomériques. Nous ne pouvons affirmer si cette disposition est constante.

Rappelons l'existence, à ce stade, sur les régions antérieures de la larve, du pigment *orange* ([1]) apparu depuis peu et localisé dans un nombre limité de petites taches arrondies et de points, soit disséminés, soit plus ou moins groupés.

A la lumière incidente, l'aspect est toujours celui de la figure 2. (pl. III).

A part les formations que nous aurons à examiner plus loin, à propos de la charpente hyomandibulaire et branchiale, et la différenciation signalée il y a un instant comme ébauche d'un coracoïde, le système squelettique de notre larve reste limité à *la corde dorsale,* non modifiée dans ses dispositions d'ensemble ni dans sa structure.

Le nombre des *somites musculaires* des lames latérales s'est accru : les premiers sont distincts en arrière de l'oreille, alors qu'ils commençaient seulement au niveau de la nageoire pectorale chez la larve du stade précédent. Quelques faisceaux striés appartiennent à la région céphalo-thoracique.

L'*encéphale* offre surtout à remarquer le notable développement en hauteur qu'il a pris et qu'accuse encore davantage le redressement général de l'extrémité céphalique. La saillie du mésencéphale ne forme plus une courbe surbaissée, comme chez la larve du stade L, mais un angle arrondi qui pointe directement en haut, surmonté de la proéminence cutanée du capuchon céphalique. L'*hypophyse,* d'abord située au-devant de l'œil, est remontée au-dessus de lui et sa première position est maintenant occupée par le cerveau antérieur (accompagné de l'ampoule olfactive) qui ressort en avant, et même au-dessus de l'œil, donnant à la tête cette forme en coin si caractéristique du présent stade. La *moelle allongée* participe dans sa moitié antérieure au mouvement de relèvement général. La figure 3, pl. III donnera au lecteur une notion suffisante des rapports que présentent entre elles les différentes parties de l'encéphale (vues partie en coupe optique et partie en projection).

Le *globe oculaire,* suivant le déplacement des organes voisins, a opéré sur lui-même une rotation de quelques degrés, de sorte que l'encoche colobomatique, qui regardait primitivement un peu en arrière, occupe maintenant, en avant, une position symétrique de la première (voir plus loin les schémas représentant les divers changements d'orientation des organes céphaliques). La choroïde, sans être complètement noire, est très fortement teintée et laisse encore ressortir en clair le champ de la pupille ; celle-ci cependant n'est pas incolore, comme au stade antérieur, mais d'un ton gris que le contraste fait paraître plus clair qu'il n'est réellement. Sur le champ sombre

---

([1]) Le lithographe n'a pas reproduit les tons respectifs du pigment jaune, qu'il a tous figurés avec la même couleur ; la teinte des points orangés n'est pas assez vive ni assez franche ; partout ailleurs, inversement, le pigment xanthique est représenté avec un ton beaucoup trop chaud ; il est en réalité d'une teinte plus rabattue, sépia ou bistre, sous l'éclairage qui a servi pour l'exécution de ces figures.

du pigment choroïdien et, sur le pourtour de la capsule scléroticale, se détachent toujours les petites cellules mélaniques superficielles apparues antérieurement aux éléments propres de la choroïde.

L'*oreille* occupe, par rapport à l'œil et à l'extrémité de la corde, à peu près la même position qu'auparavant. Elle s'est amplifiée ; son plus grand axe (mesuré extérieurement à ses parois) est passé de 0,12 ou 0,13 mill. à 0,18 ou 0,20 mill. Trois saillies peu élevées de la surface interne, coupes optiques de *crêtes acoustiques*, sont maintenant visibles, l'une en bas, qui est la première apparue et existait déjà à l'éclosion, les deux autres, nouvelles, en avant et en arrière. Aucun cloisonnement ne divise encore la cavité de l'otocyste ; mais, sur certains exemplaires, comme celui de la figure 3 (pl. III), on peut apercevoir, au milieu de la paroi interne, un petit bourrelet annulaire qui est le premier indice du cloisonnement devant aboutir à la formation des *canaux semi-circulaires*. Les deux *otolithes* se sont rapprochés de la paroi ventrale, placés de part et d'autre de la crête acoustique qui s'élève sur cette paroi.

Pas de modification digne de remarque du côté des *organes olfactifs*. Sur la figure 2 (pl. VIII) on aperçoit la coupe optique de l'un d'eux vers l'extrémité du rostre. Le diamètre de la lentille sensitive est toujours de 50 $\mu$ environ.

La réduction du *vitellus* est très sensible ; il en reste moins que la moitié de la quantité primitive. Cette réduction s'est opérée dans tous les sens, mais a porté surtout sur les parties postérieures et supérieures. Le contour est devenu moins régulier, la surface est un peu bossuée. La teinte de la masse vitelline, à peine marquée chez la toute jeune larve, est maintenant d'un jaune ambré beaucoup plus distinct. Il nous a même semblé que l'augmentation de coloration apparente des groupes de globules huileux, que nous trouvons signalée dans les descriptions antérieures, pouvait tenir simplement à un phénomène optique, à la transmission par la substance réfringente de ces sphérules de la teinte ambiante du vitellus [1]. Un fait moins douteux est la diminution du nombre des globules et l'augmentation de diamètre d'une partie d'entre eux, faisant penser, avec Cunningham, à un certain fusionnement survenu entre les globules primordiaux. Ce fait se montrera d'une manière encore plus nette vers la fin de ce stade. La disposition des groupes n'a pas notablement changé, comme on peut s'en rendre compte en comparant les figures 1 et 3 (pl. III) ; il existe toujours un groupe *antérieur,* un *postéro-supérieur,* un *postéro-inférieur.* Quelques lignes fines dessinent à la surface du vitellus des figures plus ou moins circulaires ou ovales, à contours souvent interrompus, de dimensions variables et généralement isolées, qui

---

[1] Nous n'avons, par exemple, rien observé de semblable à la transformation notée par Raffaele chez son espèce A. Il a vu qu'avec les progrès rapides de leur absorption, les gouttelettes huileuses devenaient toujours plus colorées, jusqu'à acquérir une teinte *jaune-orangé*. Il se demande s'il n'y aurait pas un rapport entre ce phénomène et l'apparition, à ce même moment, du 3e pigment orange (*l. c.*, p. 45).

représentent les restes des segments périvitellins ; de même qu'au stade précédent, on les observe dans la moitié inférieure du vitellus et plutôt en avant.

*L'appareil digestif* est, de tous, celui qui a subi les transformations les plus importantes. *La bouche est maintenant ouverte.* Elle constitue une sorte d'entonnoir, ou une fente plus ou moins vaste, toujours béants, par le fait de l'immobilité de la mandibule, qui est simplement ébauchée. Deux bourrelets transversaux plus étendus, formant les lèvres, la limitent en haut et en bas. Ses parois latérales, minces, sont garnies d'un épiderme fortement verruqueux.

La charpente squelettique de la mandibule est très rudimentaire, bien qu'indiquée dans ses grandes lignes ; mais la simplicité même de sa constitution lui donne un intérêt particulier en permettant de saisir à ses débuts et de mieux interpréter dans la suite l'évolution des parties qui la composent. Ce point de détail vaut surtout par l'importance attachée en embryologie générale à tout ce qui concerne la transformation de la région mandibulo-branchiale ; il fournit aussi, à titre spécifique, un précieux élément de diagnose et un repère utile pour l'estimation du degré de développement de la larve. Ces formations n'ont pas encore la valeur d'organes premiers entièrement individualisés et isolables ; elles ne possèdent pas la structure du cartilage embryonnaire ; mais elles sont suffisamment indiquées par la disposition sériée, déjà signalée dans les arcs branchiaux primaires, du tissu mésodermique qui leur donne naissance et, sur beaucoup de points même, une ligne fine trace nettement leurs contours.

Le premier arc, *l'arc maxillaire* (alias : *arc mandibulaire, arc de Meckel, suspensorium*) est complet, s'étendant de la partie latérale de la voûte pharyngée à la pointe du bourgeon mandibulaire, où il s'unit à son homologue du côté opposé pour former une ceinture complète entre les deux régions sous-otiques. De profil (comme il est représenté sur la figure 2, pl. VIII), il se montre sous l'aspect d'un cordon irrégulièrement cylindrique, orienté en bas et en avant, sous un angle de 45° environ, et décomposable optiquement en trois parties, dont deux tout au moins sont déjà bien distinctes. Ces trois segments se retrouveront bientôt, un peu transformés et à l'état d'unités cartilagineuses indépendantes, sur l'alevin de la période initiale du stade N. Nous leur conserverons, avec Pouchet (**43**), les noms de *temporal* ou *tympanique*, de *jugal* et de *maxillaire primordiaux* ([^1]). Le temporal (*hyo-mandibular d'Huxley* et, en général, des auteurs anglais) est le plus petit ; de forme conique, il est en continuité, par sa base, avec la masse de mésoderme située sous l'oreille et, par toute sa partie antérieure, accolé au jugal, dont le distingue seulement une ligne très

---

([^1]) Pouchet nomme *arc de Meckel* l'ensemble de ces trois segments, respectant en cela la raison étymologique de cette appellation. Dans la littérature, on trouve fréquemment l'expression de *cartilage de Meckel* appliquée exclusivement au segment distal de l'arc (le *cartilage maxillaire*). Nous adopterons la première manière de voir, qui nous paraît plus légitime.

fine. Le jugal (*quadrate* d'Huxley, *quadrato-jugal* de Stannius), lui, remonte moins haut ; il se termine un peu au-dessous de la base du tympanique et, en ce point tout proche du globe oculaire, son extrémité apparaît définie et assez nettement différenciée des tissus voisins. En bas, la distinction entre ce second segment et le suivant n'est pas bien tranchée ; elle est indiquée seulement par un tassement plus grand des quelques cellules voisines et par un coude, saillant en arrière, que forme l'arc à ce niveau. La portion distale de cet arc, que nous pouvons dès maintenant nommer le *maxillaire primordial*, est une tige de même structure et de même calibre que le jugal, un peu plus longue que ce dernier et offrant déjà à un degré léger la double arcature en bas et en dedans qu'on lui verra beaucoup plus nettement dans la suite. Dans ce trajet, il est contenu dans la paroi latérale de la bouche, qu'il soutient. A la pointe de la mandibule, il s'unit avec son homologue.

La cavité buccale est à ce moment peu profonde et fortement surbaissée ; elle n'est guère que virtuelle, n'ayant encore aucun usage. A une petite distance en arrière de l'orifice, un ressaut du plancher bucco-pharyngien établit la démarcation entre les portions orale et pharyngienne du canal digestif. Cette saille mousse, qui deviendra *la langue,* est située un peu en arrière du coude existant au niveau de l'union du jugal et du maxillaire. Derrière le tympanique, le pharynx se rétrécit pour devenir *l'œsophage.*

Ce dernier conduit présente dans son trajet les mêmes rapports que nous lui avons déjà décrits ; il est presque rectiligne, sa lumière est étroite ; sa paroi supérieure, épaisse, est accolée à la partie ventrale de la gaine notochordale. Derrière l'insertion de la nageoire pectorale, l'œsophage s'ouvre dans l'ampoule stomacale, indiquée seulement chez la larve du premier jour et devenue maintenant un réservoir oblong de 0,35 à 0,40 mill. de long, sur 0,25 à 0,30 de large. Cette dilatation est située sur le côté gauche du tube intestinal, plutôt qu'au-dessous de lui, maintenue dans cette position relevée par la masse du vitellus, sur laquelle elle repose sans s'y enfoncer. En haut, elle déborde encore un peu le contour ventral de la corde. Raffaele (l. c., p. 46, 47 et fig. 5, pl. III) compare très justement la forme du canal digestif, en ce moment, à celle de la lettre grecque *α*. La description qu'il donne pour sa larve de l'espèce B peut s'appliquer très exactement aux dispositions présentées par notre alevin : nous la citons textuellement, quoique doutant, comme Cunningham, qu'il s'agisse là de la S. *vulgaris* : « *la partie antérieure (l'œsophage) reste à gauche ;* « la lumière du canal s'agrandit beaucoup dans cette anse qui prend l'aspect d'un « sac (fig. 17) et constitue la partie la plus volumineuse de tout le tube digestif ; les « parois présentent en différents sens des plis qui sont l'origine des cryptes ; *cette* « *anse, morphologiquement, correspond à l'estomac ;* en avant et à sa gauche, il y a « le foie ; antérieurement elle est en libre communication avec l'œsophage (*dorsa-* « *lement est placée la vessie natatoire*) ; postérieurement elle se continue en un

« tractus intestinal élargi, avec des plis beaucoup moins accentués : au point où celui-
« ci commence *déborde dans sa lumière un repli circulaire qui le ferme presque com-*
« *plètement.* Cette portion ultime de l'intestin se dirige obliquement en arrière,
« et avec un calibre uniforme, vers le bord de la nageoire primordiale ; mais elle ne
« s'y ouvre pas ; elle en est au contraire séparée par un cumulus solide de cellules
« et se *termine en cul-de-sac* » ..... il existe « au point où se formera l'anus, une
« sorte de bouchon qui semble fermer l'intestin, bouchon formé par des cellules de
« l'épithélium beaucoup plus élevées en ce point ([1]). »

On voit sur notre figure (et plus nettement encore sur la suivante, fig. 4) le rétrécissement circulaire, formant *valvule pylorique*, signalé par Raffaele à l'insertion de
l'intestin sur l'ampoule stomacale. — *L'intestin terminal* (intestin et rectum) est large
et le coude qu'il décrit pour gagner le bord de la nageoire est moins accentué que
précédemment. L'espace libre qui le sépare de la partie supérieure du vitellus s'est
agrandi. Chez notre larve, comme chez celle de Raffaele, *l'anus n'est pas ouvert* ; le
rectum se termine en cul-de-sac à une petite distance du fond de l'encoche correspondante de la membrane marginale. C'est un fait d'autant plus digne d'être noté
qu'il implique une certaine variabilité dans l'ordre d'évolution des différentes parties
d'un même système organique. Nous avons en effet rapporté plus haut les observations autorisées de Cunningham, Holt et Canu, qui ont noté, chez des alevins manifestement moins avancés que celui dont nous nous occupons ici, l'occlusion de la
bouche coïncidant avec l'ouverture de l'anus, à l'inverse de nos propres constatations.
Avons-nous affaire, pour notre part, à un cas exceptionnel ? nous ne le pensons pas,
ayant eu sous les yeux d'autres exemples du même fait et nous sommes plutôt disposés à admettre que l'ouverture de l'anus peut se produire à une date un peu
variable du développement et précéder ou suivre de quelques heures celle de la
bouche ([2]). Nous regardons au contraire l'époque d'apparition de celle-ci comme assez
fixe, eu égard au perfectionnement relatif des autres organes, et cela non seulement
chez la Sole mais chez d'autres espèces dont nous avons pu suivre pas à pas l'évolution larvaire ; c'est la raison qui nous a engagés à choisir ce phénomène pour
caractériser le début de notre stade M.

---

([1]) Il y a lieu de remarquer que la larve de Raffaele, malgré la concordance des dispositions propres du tube
digestif, diffère notablement de la nôtre et présente, dans d'autres appareils, une perfection organique que nous
retrouverons seulement à la fin du stade M ou même un peu plus tard. Il en est ainsi, en particulier, pour la
vessie natatoire, dont l'auteur précité est le premier à signaler la présence, à cette période peu avancée du développement, dans le genre *Solea*.

([2]) Il est cependant admis, en ce qui concerne le développement du tube digestif des *Vertébrés*, que « dans la
plupart des cas la cloison qui sépare » l'invagination du proctodœum « du cloaque hypoblastique ne disparaît que
longtemps après la perforation du stomodœum » ; exception faite pour le Pétromyzon, où le contraire a lieu
normalement (Balfour, 23, t. II, p. 716). Notre observation serait conforme à la règle habituelle.

Le *foie* est une petite masse en forme d'amande, de 0,20 à 0,25 mill. dans sa plus grande dimension, de 0,08 à 0,10 mill. de hauteur max., hyaline et incolore, dont l'examen à fort grossissement décèle la structure glandulaire déjà complète. Au grossissement de la figure 3, apparaît, sous forme de triangles clairs, la coupe optique des premiers *espaces porte*, ceux-ci séparant des îlots cellulaires, les *lobules primordiaux* de la glande. Les îlots périphériques déterminent l'aspect légèrement mamelonné de la surface de l'organe. Tandis que l'ensemble du canal digestif reste au-dessus du contour supérieur du vitellus, le foie descend plus bas, sur la gauche de cette masse, dont il déprime la surface pour s'y former un berceau, comme c'est le cas pour l'intestin, au début. Par rapport à l'estomac, son niveau est un peu variable ; mais sa position la plus ordinaire est à la partie antéro-inférieure gauche de la poche gastrique (¹).

La *vessie natatoire* n'a pas encore fait son apparition. Tout au plus sa place est-elle indiquée par une faible dépression de la paroi œsophagienne supérieure, immédiatement en avant de l'orifice cardia de l'estomac. Cette dépression n'est pas, d'ailleurs, l'origine de la cavité du futur organe, car celui-ci, comme on le sait, résultera d'une délamination de la paroi épaissie de l'œsophage et sa lumière proviendra de l'extension de la fissure intercellulaire déterminée par ce processus, qu'il sera possible d'observer au prochain stade.

Au-dessous de l'oreille, les parois supérieure et inférieure du pharynx sont très peu distantes l'une de l'autre ; mais, de chaque côté, l'étroite cavité ainsi constituée sur la ligne médiane se dilate en une chambre plus vaste, dont le plafond confine à la paroi inférieure de la corde et de l'oreille et dont la partie postérieure forme le fond d'un cul-de-sac arrondi, un peu en arrière de ce dernier organe. En bas ce récessus pharyngo-branchial est beaucoup moins nettement délimité et son plancher descend peu au-dessous du niveau général de celui du pharynx. La paroi externe nous a paru encore ininterrompue et les épaississements columnaires qu'elle présente, les arcs hyo-branchiaux primitifs, encore unis dans toute leur hauteur par d'étroites cloisons. Ces arcs, dont les quatre premiers sont bien nettement individualisés, décroissent rapidement de hauteur d'avant en arrière, leurs extrémités supérieures atteignant le même niveau, parallèlement au plan horizontal du corps, tandis que leurs pieds suivent la direction, ascendante en arrière, du plancher pharyngien. L'arc antérieur, ou *arc hyoïdien*, est long (0,25 mill. env.), obliquement étendu de la partie moyenne de la région sous-otique à la base du pli lingual où il est difficile de bien distinguer l'aspect et les rapports de son extrémité (même remarque s'applique du reste aux extrémités correspondantes des arcs suivants ; leur image est confondue, en bas, avec la projection

---

(¹) Nous n'avons pas observé la disposition des voies biliaires extra-glandulaires (vésicule, canal cholédoque).

optique du plancher pharyngien). Aucune trace de division ne s'observe encore sur cet arc ; tout au plus est-il permis de considérer que sa partie supérieure, un peu infléchie en avant et fusionnée avec la base du tympanique, peut représenter le futur *cartilage styloïdien* (voir stade N). Les trois arcs suivants, qui sont les premiers *arcs branchiaux proprement dits*, ont une direction de moins en moins oblique et le dernier se rapproche de la verticale. Tous accusent le même aspect et la même structure, surtout visibles dans la tige hyoïdienne : les cellules axiales présentent la disposition de celles du précartilage embryonnaire et nous ont paru dépourvues d'exoplasme caractéristique.

L'arc hyoïdien et les trois arcs branchiaux sont, nous l'avons dit, encore intimement accolés dans toute leur hauteur. Mais il existe un assez large intervalle, en avant, entre l'arc maxillaire et l'arc hyoïdien, intervalle comblé du reste par la paroi pharyngienne. Vers le haut, cette fente *hyo-maxillaire* (correspondant, on le sait, à l'*évent* des Élasmobranches) est représentée par un pli très étroit de la muqueuse pharyngée, qui s'enfonce entre le tympanique et la portion voisine (styloïdienne) de l'arc hyoïdien. Nous avons observé aussi, sur l'échantillon ayant servi pour cette description, l'existence d'un enfoncement analogue de cette même muqueuse, en manière de petit cul-de-sac étroit, à coupe optique circulaire (fig. 2, pl. VIII) dans l'angle formé en haut par l'union du tympanique et du jugal. Cette dépression et la précédente sont transitoires ; il n'en subsistera plus trace au stade prochain, alors que les premières fentes branchiales permanentes se seront ouvertes en arrière.

La conformation de *l'ouverture operculaire* ne s'est pas beaucoup modifiée depuis le 2ᵉ jour. La lèvre antérieure (bord de l'opercule) descend seulement plus bas, au-dessous du plancher pharyngien. Le pli cutané qui formait à cette dépression, au stade précédent, une limite postérieure tranchée est devenu beaucoup moins marqué ; son extrémité antéro-inférieure finit d'une manière peu précise au-dessus de l'extrémité correspondante du pli antérieur, de sorte que l'angle formé précédemment par l'union de ces deux lèvres s'est effacé. Il n'y a pas encore communication entre le fond du recessus sous-operculaire et la cavité pharyngienne. L'ouverture de la fente hyo-branchiale (1ʳᵉ des fentes permanentes) établira bientôt cette communication.

Le retrait de la partie antérieure du vitellus, suivant les progrès de son absorption, a entraîné la formation, sous le plancher pharyngo-œsophagien, d'un large espace libre occupé tout entier par le *péricarde* et le grand *confluent veineux rétro-péricardique* ouvert dans l'oreillette. Le *cœur* est très librement suspendu dans la cavité du péricarde. Il ne présente plus qu'une très faible déviation à gauche, ses deux portions occupant à peu près le plan médian sagittal et son orientation générale se rapproche plus de l'horizontale que de la verticale ; il repose en partie sur la paroi ventrale du péricarde. Dans cette nouvelle situation, on voit très nettement, sur la larve observée de profil, la disposition de l'organe central de la circulation. Une ligne fine (*ppc*) représente la coupe optique de la paroi postérieure du péricarde, mince cloison, un peu bombée en avant, qui sépare cette dernière cavité du *sinus veineux rétro-péricardique* (aboutissant des canaux de Cuvier) qu'on voit ici, en coupe optique, comme un espace triangulaire (*sinv*), entre le plancher de l'œsophage et la saillie antéro-supérieure du vitellus. De l'angle inférieur de ce réservoir veineux part *l'oreillette* (*or*). Celle-ci se dirige obliquement vers la paroi ventrale du péricarde et forme avec le ventricule (*vtr*), relevé en sens inverse, un angle peu prononcé, ouvert en haut. L'orifice *auriculo-ventriculaire*, marqué par un étranglement jouant le rôle de valvule, n'est pas placé directement au

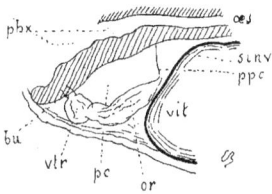

FIG. 1. — Loge péricardique et rapports du cœur.
Larve M. Spécimen de la figure 3, pl. III.
Long., 3,8 mill.

fond du cul-de-sac postérieur du ventricule, mais encore un peu sur la gauche. Le ventricule est beaucoup plus court que l'oreillette, presque globuleux ; il occupe l'angle antérieur de la cavité péricardique. Tout contre le plancher de la bouche, il se rétrécit brusquement en un *bulbe aortique* court, dont on voit l'amorce dans le croquis ci-contre. Les parois de l'oreillette sont presque aussi épaisses que celles du ventricule ; il y a de part et d'autre des plis longitudinaux recoupés eux-mêmes de plicatures transversales. Les cavités sont étroites. On y peut constater la présence de quelques éléments libres du sang ; mais il n'y a pas encore de *circulation*. La constitution du système *vasculaire périphérique* a commencé à s'effectuer à cette époque, en de nombreux points ; mais nous n'avons pas suivi son développement de manière à pouvoir en donner une description. Rappelons seulement la présence, sous la corde dorsale, du tronc de *l'aorte postérieure* et, à un niveau plus inférieur, sous la bande musculaire ventrale, du conduit afférent correspondant (*veine cardinale*), espace lacunaire beaucoup moins distinct que le premier.

Nous avons trouvé ici le *canal de Wolff* commençant par une extrémité aveugle au niveau de l'attache du bord antérieur de la nageoire pectorale. Jusqu'à une petite distance en arrière de cet organe, il occupe un niveau assez élevé, longeant la paroi latérale de la corde, au-dessus du tube digestif, puis, au niveau de l'estomac, descend au-dessous de la couche musculaire du tronc qu'il suit, selon un trajet à peu près rectiligne, jusqu'au-dessus du coude du rectum. En ce point, il se replie vers le bas, tandis que sa lumière se dilate notablement pour se continuer avec la cavité vésicale, dont il n'est séparé que par un faible étranglement ; à celui-ci répond intérieurement un pli valvulaire étroit et peu saillant. La structure du canal segmentaire est celle que nous avons déjà notée.

La *vessie urinaire* est mieux individualisée que précédemment ; sa forme est comparable à celle d'une allonge de chimiste à col recourbé. On peut suivre sa cavité jusqu'au niveau du cul-de-sac anal, point où elle finit contre le bouchon mésodermique séparant ce dernier de la peau.

Au point de vue fonctionnel, la larve n'est pas beaucoup plus parfaite que celle du stade L. Elle est cependant plus libre et plus agile dans ses mouvements ; moins dépendante de l'action hydrostatique de son vitellus, elle garde généralement, en se déplaçant, la position normale du poisson. Pour les individus bien développés et bien portants, les périodes d'immobilité sont courtes. L'appareil de propulsion est toujours la rame caudale ; il ne semble pas que les nageoires pectorales jouent encore un rôle appréciable dans les mouvements ou l'équilibration de la jeune larve. Ce qui frappe surtout dans ses allures, c'est le fait qu'elles paraissent plus intentionnelles, si l'on peut ainsi parler, et régies par un déterminisme autre que le simple exercice de la contractilité musculaire, seule ou du moins principale cause subjective des mouvements du début. Peut-être est-il légitime d'admettre l'intervention, dans cette manifestation physiologique, de l'organe visuel, que ses transformations ont rendu certainement sensible aux excitations lumineuses, sinon propre à de rudimentaires perceptions optiques. Rien à ajouter à ce que nous avons déjà dit des autres fonctions (nutrition par le vitellus ; respiration cutanée).

Canu a donné (**12**, fig. 8, pl. XII) la représentation d'une larve proche de celle que nous venons de décrire, mais plus avancée pourtant, sous certains rapports, que cette dernière, et qu'il convient de placer, par conséquent, entre les spécimens de nos figures 3 et 4. Cette figure d'ensemble de Canu est complétée par une autre (fig. 3, pl. XIII) qui montre, à un grossissement plus fort, le détail de la région antérieure d'un alevin de même âge. Ces deux dessins sont à consulter ; comme dans tous ceux du même auteur, on y remarque le souci d'une fidèle observation des dispositions anatomiques. Ils permettront au lecteur de combler certaines lacunes laissées dans les nôtres.

Dans l'ensemble, notre précédente description peut s'appliquer assez exactement à la larve de Canu ; l'aspect général, la forme de l'extrémité céphalique, la pigmentation, les rapports des différents organes sont les mêmes que chez notre alevin. L'œil occupe la même position relative entre le cerveau antérieur et l'oreille ; l'encoche du colobome affecte la même orientation ; peut-être seulement le pigment choroïdien y est-il un peu plus développé. L'état de l'appareil digestif semble identique ; mais on ne peut affirmer, d'après le dessin de l'auteur (fig. 8), si l'anus est ouvert ou fermé et l'absence, dans le texte, de tout commentaire laisse persister un doute sur ce point. Le degré d'évolution du reste de l'appareil, et surtout de son extrémité orale, suffit d'ailleurs à fixer le stade de cette larve. La *vésicule biliaire*, absente sur notre dessin, est figurée dans celui de Canu.

La conformation de l'*infundibulum branchial* (fig. 3, pl. XIII), dans lequel on aperçoit les extrémités supérieures de trois arcs (*b*2) est tout à fait analogue à ce que nous avons vu pour notre part et la conformation du cœur, comme aussi sa disposition dans la loge péricardique, sont telles que nous les avons décrites. Sur la figure de détail, on aperçoit la portion initiale du tronc commun des artères épibranchiales. Le développement du membre pectoral est plus avancé ici que chez notre alevin. Ainsi, la présence d'une pièce squelettique claviculaire déjà longue (bien nettement représentée dans la figure 3, pl. XIII, *cl.*), implique un degré de perfection non constaté dans notre cas. La nageoire, chez la larve de Canu, présente une ligne d'insertion beaucoup plus éloignée de l'horizontale, un moignon plus complètement détaché, un limbe plus ample que chez la nôtre. De même, du côté de l'oreille, la formation des canaux semi-circulaires est un peu plus en progrès chez le premier spécimen. Là aussi, enfin, la résorption du vitellus est plus avancée ; la larve de Canu se rapproche par ce fait (sujet du reste à variation) de l'individu dessiné dans notre figure 4.

*Fin du stade M. — Période M'*

Cette dernière larve nous servira de type pour l'appréciation des changements caractéristiques de la période terminale du stade M, désignée dans notre nomenclature par la lettre M'. Les travaux de nos prédécesseurs nous fourniront aussi des données soit confirmatives, soit complémentaires de nos observations.

L'aspect très particulier de la région céphalique, signalé chez la larve du commencement de ce stade, s'est encore accentué et s'offre, au point où nous sommes arrivés, avec son caractère le plus tranché ; les modifications subséquentes le feront rapidement perdre à la larve, dont l'habitus deviendra celui de beaucoup d'alevins pélagiques du même stade. La comparaison des figures 4 (pl. III) et 1 (pl. IV) fait saisir tout de suite la notable différence d'aspect de la jeune Sole entre la fin du stade M et le commencement du stade suivant, différence déterminée surtout par le développement de la bouche et de la mandibule.

Si on suit, sur une série de larves d'âges suffisamment rapprochés, les transformations subies par la *région céphalo-thoracique* depuis l'éclosion jusqu'à la fin du stade M, comme on le pourra faire sur les croquis ci-après ([1]), il apparaît clairement que ces

---

([1]) Ces croquis ne sont pas des schémas, mais l'exacte reproduction, au trait, d'épreuves photographiques exécutées à la même échelle sur le vivant. Le lecteur peut donc s'y référer comme à des figures complétant celles des planches ; nous y avons même corrigé certaines imperfections de ces dernières. Le croquis I se rapporte à une larve prise immédiatement à l'éclosion, un peu plus jeune que celle de la figure 1 (pl. III), celle-ci précédant à son tour de quelques heures l'alevin du croquis n° II. Le croquis n° III correspond à un individu du même âge que celui de la figure 3 (pl. III) et donne l'aspect le plus souvent observé à cette période (celui de la planche, nous l'avons dit, étant un peu exceptionnel). Le croquis n° IV a été pris sur le sujet même représenté dans la figure 4 (pl. III).

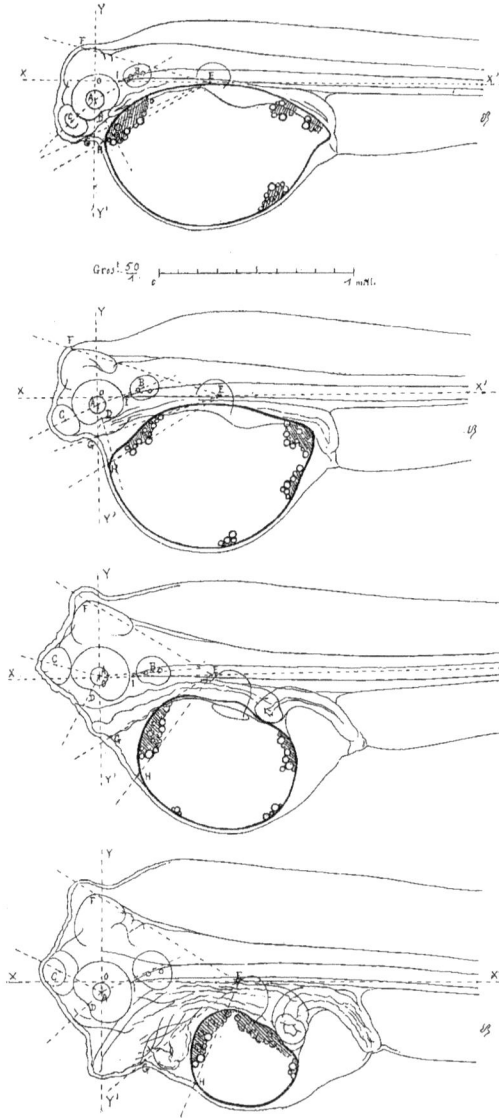

FIG. 2. — Croquis représentant quelques étapes du redressement et de l'évolution de la portion céphalique de la larve, aux stades L et M.

YY'. — Ligne de projection du plan frontal passant par les centres pupillaires.

| | | |
|---|---|---|
| Croquis | I. — | Larve récemment éclose (long., 3,2 mill.). — |
| — | II. — | Larve de la fin du stade L (première moitié du 2e jour. — Long., 3,6 mill.). |
| — | III. — | Larve de la première période du stade M (3e ou 4e jour. — Long., 3,6 mill.). |
| — | IV. — | Larve de la deuxième période du stade M (4e ou 5e jour. — Long., 4 mill.). |

Les quatre croquis sont à la même échelle de 50 diam.

A. — Centre de la pupille.
B. — Centre de la vésicule auditive.
C. — Centre du cerveau antérieur.
D. — Milieu du contour apparent de la dépression colobonmatique.
E. — Point de construction, situé à l'union du quart antérieur avec les trois quarts postérieur de la longueur totale.
F. — Point culminant du cerveau moyen.
G. — Sommet de l'angle antérieur du péricarde.
H. — Sommet de l'angle postérieur du péricarde.
I. — Pointe antérieure de la corde dorsale.
XX'. — Ligne de projection du plan horizontal passant par les extrémités de la corde (plan axial).

changements sont liés à un double processus : 1° accroissement de volume des parties, plus ou moins proportionnel aux progrès de la résorption vitelline et inégalement accusé pour chacune d'elles ; 2° évolution d'organes nouveaux prenant place entre les premiers apparus. Le double mouvement formatif se traduit à la vue par la rapide augmentation de hauteur de la tête et une sorte de relèvement, par rotation autour d'un point fixe, d'une partie de celle-ci. Les considérations suivantes en donnent une mesure approximative.

Les directrices XX', YY' placent les quatre figures dans une orientation à peu près identique pour toutes ; la ligne XX', qui passe par les deux pointes de la corde dorsale, répond à l'axe moyen de celle-ci et du corps en général et représente la projection du plan horizontal moyen contenant cet axe ; la ligne YY', perpendiculaire à la précédente, sera la projection d'un plan frontal passant par les centres des deux pupilles.

L'appréciation des hauteurs comparatives de la tête, aux quatre périodes choisies, est fournie par la mesure de l'angle FEG, les points constants qui fixent le tracé de cet angle étant arbitrairement placés, le sommet E à l'union du 1/4 antérieur et des 3/4 postérieurs de la longueur totale de la larve ('), le point F à la partie culminante du mésencéphale (apex crânien), le point G à l'angle antérieur du triangle péricardique, de telle sorte que la ligne EF est en quelque sorte tangente à la partie ventrale du plancher bucco-pharyngien et sépare les organes céphaliques placés au-dessus d'elle des organes thoraciques situés au-dessous. Un autre point, H, marque le sommet postéro-inférieur de la cavité péricardique et les variations d'ouverture de l'angle GEH mesurent *grosso modo* l'élargissement antéro-postérieur de cette cavité et l'extension de sa paroi pectorale. Ceci établi, nous voyons (colonne 2 du tableau

|  |  | 1 | 2 | 3 | 4 | 5 | 6 | 7 | 8 |
|---|---|---|---|---|---|---|---|---|---|
|  |  | FEH | FEG | GEH | FEX | BAY' | DAY' | CAY' | CAD |
| Stade L. | I | 44° | 38° | 6° | 15° | 120° | — 31° | 46° | 77° |
|  | II | 49 | 36 | 13 | 20 | 110 | — 20 | 70 | 90 |
| Stade M. | III | 86 | 61 | 25 | 34 | 93 | + 15 | 94 | 79 |
|  | IV | 103 | 74 | 29 | 33 | 112 | + 47 | 115 | 68 |

ci-contre) que la hauteur de la tête ne change pour ainsi dire pas pendant le stade

---

(') On remarquera que ce point est situé, chez tous les exemplaires, au niveau de la nageoire pectorale, et que la position de cet organe varie peu au cours du premier développement.

L ([1]) ; mais elle augmente rapidement au stade M, acquérant une valeur presque double pendant la période intercalaire, où se fait le développement de la bouche et de la mandibule. Elle a atteint son maximum à la fin de ce même stade et va diminuer sensiblement au suivant (fig. 1 et 2, pl. IV).

L'élargissement d'avant en arrière de la région péricardique (colonne 3 du tableau) suit une marche correspondante. Mais déjà, à la fin du stade L, le redressement de la tête et le recul du vitellus lui ont donné beaucoup plus d'importance. Le relèvement de la tête se traduit, sur nos graphiques, par l'ouverture de l'angle FEX (col. 4 du tableau) qui correspond à l'ascension de l'apex céphalique F au-dessus du plan horizontal (XX'). Ce mouvement, très accusé entre les stades L et M, semble s'arrêter dans la seconde moitié du stade M, où le changement de forme de la tête est dû surtout à l'augmentation d'épaisseur du plancher bucco-pharyngien et à la projection en avant et en bas de la pointe de la mandibule.

On peut apprécier assez justement la marche des modifications survenues dans la masse céphalique, et d'où proviennent les différences d'aspect de celle-ci, par l'examen des positions relatives prises successivement par le rostre, l'œil et l'oreille et des rapports variables de ces organes avec les plans directeurs choisis comme repères. Chacun de ces trois organes est représenté, pour la clarté de la démonstration, par un point de construction qui répond à peu près à son centre de figure. Le rostre étant formé par la proéminence du cerveau antérieur, c'est le centre G de cet organe qui a été pris pour point de repère antérieur.

L'examen des différents croquis montre d'abord la fixité de position de l'oreille (relation du point B avec le point O, ce dernier placé à l'intersection des directrices XX', YY', et le point I, marquant l'extrémité antérieure de la corde dorsale). La position du centre pupillaire A est aussi peu variable et ne suit que dans des limites assez peu étendues le mouvement de redressement signalé plus haut ; le point A oscille verticalement de part et d'autre du plan horizontal d'une quantité qui ne dépasse pas en totalité 1/10 de millim. Eu égard aux variations individuelles, on peut négliger cette quantité et regarder comme presque constant l'angle BAY' ; les chiffres de la colonne 5 du tableau n'attribuent du reste à cet angle qu'une variation de 27°, valeur peu considérable en raison de sa grande amplitude.

Un autre fait, qui frappe aussi à première vue, est l'union relativement fixe du cerveau antérieur et du pourtour orbitaire. Le profil de l'orbite dessine, dans son ensemble, un ovale peu allongé, déprimé sur une portion de son pourtour par l'encoche du colobome (D est le milieu de cette dernière). Le profil du cerveau antérieur

---

([1]) La faible différence des chiffres 38 et 36 est négligeable, étant donné que les croquis ne se rapportent pas au même alevin et elle reste même fort au-dessous de la limite des variations individuelles possibles. La même remarque s'applique à plusieurs des nombres figurant sur le tableau.

est ovalaire aussi, moins allongé encore que celui de l'orbite. Les deux images sont toujours plus ou moins tangentes l'une à l'autre, leurs grands axes demeurant perpendiculaires réciproquement, ou du moins peu s'en faut. Cette constance de position relative des deux organes est représentée d'autre part (voir colonne 8 du tableau) par le peu de variabilité de l'angle CAD, dont les mesures, sur les croquis, ne diffèrent que de quelques degrés (¹).

L'organe qui subit le plus grand déplacement est le cerveau antérieur. Situé d'abord très au-dessous du plan horizontal (croquis I), il passe au-dessus de lui (croquis III), accompagnant le redressement et l'élévation de toute la masse crânienne. Le rostre, qui était primitivement dirigé vers le bas (stade L), regarde en avant et en haut au stade M. L'amplitude de ce déplacement du cerveau antérieur est exprimé par les valeurs croissantes de l'angle CAY′ (colonne 7 du tableau) qui passe de 46 à 115°.

L'œil, de son côté, participe au même processus évolutif, mais il le fait par rotation sur lui-même, comme le montrent de la manière la plus évidente le cheminement de l'encoche colobomatique et, sur nos croquis, la rotation autour du centre pupillaire A de la ligne AD. Celle-ci fait avec la directrice YY′ un angle DAY′ (colonne 6), ouvert en arrière d'une trentaine de degrés, passe par une série de positions où elle se rapproche de AY′, puis se confond avec cette ligne et s'en éloigne ensuite, pour former avec elle, dans sa position extrême (croquis IV), un angle de plus de 45°. Dans les exemples choisis pour notre démonstration, la mesure angulaire de la rotation totale de l'œil, entre l'éclosion et la fin du stade M, est de 78°, de presque un quart de circonférence (²).

Cette rotation de l'œil et l'élévation correspondante du cerveau antérieur entraînent, dans la situation relative de ces deux organes et de l'oreille, des modifications que fait ressortir l'étude de nos croquis. Dans le croquis I, les lignes AC et AB, passant par les centres des trois organes, forment un angle très largement obtus (166°), ouvert en bas et en arrière. A la période II, les trois points sont sur un même ligne droite (c'est aussi le cas de la figure I de la planche III), et, aux deux périodes suivantes, ils déterminent un angle ouvert en haut, très obtus dans la figure III (172°), plus fermé dans la figure IV (133°).

La forme générale de la larve M′ est peu différente de celle de la larve précédente ; elle est plus allongée, surtout par suite du retrait de la poche vitelline. Le rap-

(¹) De 13° seulement, si l'on fait abstraction du croquis n° 4, où les dispositions échappent un peu à la règle évolutive que nous essayons de formuler ici. L'abaissement du centre pupillaire dans cette figure, d'où résulte l'écart numérique enregistré, peut tenir, en tout ou partie, à une conformation individuelle. On est amené à le penser en examinant d'autres exemplaires du même stade.

(²) Dans le tableau de la page 65 nous avons attribué aux nombres de la colonne 6 des valeurs négatives pour les positions postérieures, et positives pour les positions antérieures de la droite AD.

port $\dfrac{H}{L}$ n'est plus que $\dfrac{23}{100}$ $\left(\text{au lieu de } \dfrac{37}{100}\right)$. Le lobe caudal de la membrane marginale accuse une tendance à s'effiler, qu'on peut voir se poursuivre au stade N, et jusqu'à l'époque où va intervenir la transformation hétérocerque, au commencement du stade O. C'est le moment où le capuchon céphalique offre sa plus forte saillie et où il rappelle au plus haut degré l'aspect de la larve innomée de Holt.

Le *tronc* est toujours étroit dans ses 3/4 postérieurs, longuement acuminé ; cette portion du corps de la larve contraste avec la masse pyramidale, volumineuse, constituée par le 1/4 antérieur.

Quelques progrès se sont réalisés dans la constitution du *membre pectoral*. Sa surface proportionnelle s'est encore accrue (sur un individu long de 4,3 mill., il mesure, dans sa plus grande longueur, depuis le pli axillaire, 0,4 mill., et 0,3 mill., dans sa plus grande largeur). Il a acquis aussi une mobilité plus grande. Le moignon s'est circonscrit davantage, tout en restant épais (0,12 à 0,15 mill. au niveau de son attache ; sujet de 4,3 mill. de long). Sa base d'insertion continue à se rapprocher de la direction que nous verrons prendre à la ligne axillaire chez la larve du prochain stade, comme aussi chez l'adulte. Observée par ses faces, cette partie basale de la nageoire montre un contour semi-elliptique, parfois presque demi-circulaire. Sous le microscope, elle apparaît surtout formée de faisceaux de fibres musculaires striées provenant de la paroi thoracique et qui s'arrêtent à son pourtour. En dehors de celui-ci, s'étale un limbe déjà assez développé, lame plus mince et plus transparente, dont le contour général revêt à peu près la forme de celui du moignon, en décrivant souvent des sinuosités assez prononcées et qui peut être aussi « quadrangulaire » (Cunningham, **9**, p. 69). De fins *rayons primaires* se voient maintenant dans sa couche moyenne, nombreux et s'étendant dans toute sa largeur. La surface de la nageoire n'est pas plane : le limbe fait avec le moignon un angle obtus ou parfois presque droit, ouvert en avant ou en dedans, selon l'orientation de la nageoire, et, dans le même sens, la face antérieure est courbée en une cupule peu profonde. Dans la position de repos, la nageoire est dirigée en dehors et un peu en arrière ; mais on la trouve fréquemment dans la situation de nos croquis, fortement inclinée en avant et en bas. La considération de ces positions extrêmes donne le sens de son déplacement total ; mais celui-ci ne semble se produire que rarement, dans les conditions physiologiques ordinaires et, malgré la plus grande liberté de jeu assurée au moignon par la réduction sensible de son bord adhérent, les mouvements du membre, à cette période, sont généralement peu étendus.

Pas de changement très sensible à signaler dans la distribution générale de la *pigmentation*. On remarquera surtout la disposition spéciale de celle-ci au niveau du capuchon céphalique. Une grande *cellule de bordure* s'étale en éventail vers le bord de l'expansion cutanée et, par quelques ramifications de sa partie profonde, s'unit au premier chromoblaste de la série dorso-axiale, qui surmonte l'apex crânien. Par suite de ce fait, la saillie du capuchon céphalique paraît, sur la petite larve vue à l'œil nu, plus proéminente encore qu'elle n'est réellement et contribue pour beaucoup à produire le singulier aspect qui a frappé les observateurs. On notera aussi la condensation des cellules pigmentaires sur la poche vitelline. Le nombre de ces éléments ne paraît pas avoir beaucoup augmenté, si l'on compare les différentes périodes écoulées ; ils se sont seulement rapprochés les uns des autres, par suite du mouvement de rétraction de la paroi abdominale recouvrant le vitellus en voie de régression. Enfin, on commence à être frappé, à cette période, de la moindre abondance du *pigment opaque soufré* et, en sens inverse, de l'augmentation du *pigment orange* ou ocreux, celui-ci toujours réparti dans de petits chromoblastes arrondis et non répandu à l'état diffus ni dans le prolongement de cellules ramifiées.

Les tigelles *squelettiques* apparues précédemment dans la région oro-branchiale se sont individualisées et précisées dans leur forme d'une manière plus complète. La substance fondamentale du cartilage commence à constituer des *capsules* aux cellules propres sériées de ces tigelles. En avant de l'attache du membre pectoral, un étroit ruban conjonctif, homogène, en ce moment peu réfringent, représente la *clavicule*, pièce que nous avons trouvée figurée par Canu à une époque certainement plus précoce.

La division myomérique des *muscles latéraux* existe à partir de la limite antérieure de l'oreille, sensiblement plus serrée à ce niveau que dans la partie moyenne du tronc.

Les changements indiqués plus haut dans la forme de la tête impliquent ceux qui concernent les rapports principaux des centres nerveux encéphaliques et des organes des sens voisins.

L'aspect de l'*œil* s'est modifié d'une manière très appréciable. Le champ choroïdien est d'un noir profond ; la pupille, devenue foncée elle-même, se détache pourtant encore comme une partie un peu plus claire et, sous certaines incidences de la lumière, laisse passer des reflets brillants déterminés par la présence de la lentille cristallinienne. L'encoche du colobome, placée en avant, est moins profonde. Les mouvements propres de l'œil commencent à se manifester avec une fréquence et une amplitude suffisantes pour devenir aisément perceptibles, dénotant les progrès du développement de l'appareil oculo-moteur, progrès corrélatifs de ceux qu'accomplit sur tous les points la fonction motrice (mouvements de la nageoire pectorale, de la mandibule).

Du côté de l'*oreille*, on observe surtout une amplification du volume général de l'organe ; la structure interne s'est peu compliquée et diffère à peine de celle du début de ce même stade.

Le *vitellus* est maintenant fort réduit ; son volume est à peu près le 1/4 de ce qu'il était à l'éclosion. Il forme une masse irrégulièrement globuleuse, en rapport avec la paroi ventrale de l'intestin et ne détermine qu'une saillie peu prononcée de la région abdominale ; cette saillie, après avoir atteint, à la fin du stade M, où nous sommes, et au commencement du stade N, une valeur minimum, augmentera fortement ensuite par le fait de la grande extension de l'estomac, pour disparaître finalement au stade P et se fondre alors dans les contours généraux du corps parvenu à sa forme adulte. Comme nous l'avons déjà rapporté, la teinte citrine du vitellus a un peu augmenté. Les *globules huileux* ont beaucoup diminué de nombre et il semble ne rester que les plus volumineux, les plus petits ayant, en premier lieu, subi la résorption. Ainsi pourrait s'expliquer le fait déjà signalé de l'accroissement apparent des derniers globules ([1]). Comme les cellules pigmentaires, les groupes de globules se sont rapprochés, par suite de la réduction de la surface vitelline ; ils sont moins nettement circonscrits qu'auparavant ; de petits groupes secondaires ou des globules isolés, détachés de leur masse, se rencontrent entre eux, çà et là. Nous n'avons pu observer de trace des segments vitellins, sans doute absorbés, si l'on admet que le processus marche de la périphérie vers le centre du vitellus, ou fusionnés avec le reliquat de ce corps.

L'*appareil de la digestion* est celui qui continue à offrir les perfectionnements les plus complets, principalement dans sa portion orale. La bouche est largement ouverte. Elle forme un infundibulum à orifice vaste, mais peu profond (à peine de 0,2 mill.), plus ou moins complètement fermé, sous le plancher de l'orbite, par l'affrontement des parois du pharynx. Elle est limitée : en haut, par la saillie arrondie et peu prononcée de la mâchoire supérieure, en bas par la mandibule, devenue nettement proéminente. La saillie de celle-ci dépasse même d'une quantité très notable celle de l'autre mâchoire. Sa forme est celle d'un coin ; son attache se fait par une base étendue, entre le cercle orbitaire et l'angle antérieur de l'espace péricardique ; son sommet est dirigé en bas et en avant. Sur la coupe optique, la mandibule apparaît comme un triangle rectangle de 0,25 à 0,30 mill. de hauteur. Elle est soutenue par l'*arc de Meckel*, nettement distinct maintenant comme une tige arquée, de 50 à 60 $\mu$ de diamètre. Les joues sont encore épaisses ; elles s'étendent, sans plicature, d'une mâchoire à l'autre, maintenues en cet état d'extension par l'immobilité relative de la mandibule. Celle-ci ne présente pas encore, en effet, de mouvements de fermeture capables de modifier dans une mesure très appréciable les dimensions de l'orifice buccal ; on la voit seulement animée d'une sorte de trémulation intermittente, à oscillations d'amplitude variable, mais toujours très petites, premier indice de la faculté de *préhension* qu'elle va posséder bientôt. Aucune articulation ne permet une plus grande étendue à ses mouvements, qui mettent seulement en jeu la flexibilité de l'arc de soutènement. La commissure labiale est indiquée par une légère encoche de la paroi jugale. Une faible saillie située en avant du péricarde marque aussi l'angle mentonnier.

[1] Les plus gros de ces corpuscules mesurent de 30 à 40 $\mu$ de diamètre, qu'on les observe à n'importe quel stade, soit dans l'œuf, soit chez la larve. Nous ne trouvons donc pas suffisamment justifiée l'hypothèse d'une confluence progressive accompagnant leur disparition.

Entre la partie ventrale de l'orbite et la limite postérieure de l'oreille, s'étend la portion pharyngienne du tube digestif. La cavité en est large et fortement aplatie dans le sens vertical, selon la conformation habituelle de cette région. N'était la présence des espaces vides laissés entre les plis transversaux irréguliers de ses parois, cette cavité demeurerait constamment virtuelle, alors qu'elle n'est encore dilatée ni par les bols alimentaires, ni par le courant du liquide destiné aux branchies. Les rapports de la paroi supérieure avec l'orbite, la cavité crânienne, la paroi de l'otocyste, la gaine de la corde dorsale sont tels que nous les avons décrits précédemment et ne se modifieront guère jusqu'à l'époque de la transformation pleuronecte (stade P). Le plancher du pharynx, qui le sépare du péricarde, est épais ; les pièces cartilagineuses de l'appareil hyoïdien y sont en voie de formation. Sur ses parois latérales se voit la série des arcs branchiaux (très nettement distincts dans la fig. 4, pl. III) encore partiellement unis par les cloisons intercalaires (¹).

De l'origine de l'œsophage à l'extrémité anale, la disposition du tube digestif diffère peu de ce que nous l'avons vue à la première période de ce stade. L'œsophage va en s'élargissant de son extrémité pharyngienne jusqu'au point où il se coude en bas et à gauche pour devenir l'estomac, sans autre différenciation bien marquée que ce changement d'orientation ; l'augmentation de calibre se fait d'une manière progressive entre les deux organes, l'estomac ne constituant pas encore la panse qu'il formera dans la suite. Ce dernier organe continue de reposer par sa face ventrale sur le vitellus et l'accompagne dans son retrait ; par suite, l'anse stomacale n'est plus, comme à la période précédente, seulement latérale à l'ensemble du tractus digestif, mais elle est dirigée aussi vers le bas ; le fond, qui répond au sommet du coude, descend presque au niveau de l'anus, derrière le vitellus. Ces rapports s'accentueront beaucoup au stade prochain. Les plissements de la muqueuse sont plus étroits, plus serrés, plus régulièrement longitudinaux dans la portion œsophagienne, plus saillants et plus irréguliers dans la portion stomacale ; dans la partie intestino-rectale, ils sont longitudinaux, larges, onduleux. La valvule pylorique se montre sur toutes les larves de ce stade avec une netteté particulière, sous forme d'un anneau épais, aux bords légèrement plissés du côté de la lumière intestinale, à orifice presque circulaire, d'$1/10^e$ de mill. environ. Elle est placée latéralement à la partie inférieure de l'estomac. L'intestin et le rectum ne présentent rien de nouveau à signaler. *L'anus fait maintenant communiquer le rectum avec l'extérieur ;* mais il reste fermé par un sphincter, que l'on voit comme un bourrelet rétrécissant brusquement, à ce niveau, le tube digestif et formant une légère saillie au fond de la coupure qui lui correspond sur le

---

(¹) C'est du moins ce que nous avons cru reconnaître dans nos observations par transparence sur la larve intacte. Pour être absolument affirmatifs, il nous faudrait posséder des coupes horizontales de la région.

bord de la membrane marginale. Le pharynx et la moitié antérieure de l'œsophage sont maintenus fermés par l'effrontement de leurs parois ; dans le reste du tube digestif, la lumière reste largement béante ; elle est modifiée seulement d'une manière intermittente par les contractions péristaltiques des parois, contractions surtout sensibles sur le segment gastro-intestinal.

Le *foie* n'a que faiblement augmenté de volume. Sa forme et sa situation par rapport au tube digestif et au vitellus sont toujours les mêmes.

A la période que nous étudions, l'espace prérectal et la chambre péricardique offrent leur extension la plus grande. Le premier, comprenant le limbe prérectal de la nageoire ventrale primitive et le tissu conjonctif sous-péritonéal, entre l'estomac et le rectum, est particulièrement développé. Cela tient à ce que l'accroissement du tube digestif n'a pas marché aussi vite que le retrait du vitellus ; mais cet état va se modifier rapidement. La limite postérieure du péritoine confine à l'ampoule stomacale et à la partie ventrale de l'intestin.

A propos de l'*appareil respiratoire*, il suffit de signaler l'absence de tout perfectionnement fonctionnel. Nous avons noté plus haut ce qui concerne la charpente de l'appareil.

Les rapports du *cœur* avec le *péricarde* et les organes ambiants n'offrent ici rien de bien nouveau. A retenir seulement l'extension de l'oreillette, dont les parois sont fortement plissées en long, et la plus grande fréquence des battements cardiaques.

Pas de changements sensibles non plus du côté de l'*appareil urinaire*.

*Fonctions*. — Le perfectionnement physiologique de notre larve se manifeste dans ses systèmes organiques à des degrés divers. Mais la *motricité* est encore, durant ce stade, comme pendant le précédent, la fonction dont l'exercice se révèle de la manière la plus évidente et se montre le plus en progrès par l'activité, la puissance et la précision plus grandes des mouvements généraux, les légères trémulations qui commencent à animer les nageoires pectorales, la faculté de rotation des globes oculaires, les mouvements limités mais significatifs de la mandibule, les contractions péristaltiques du tube digestif, l'augmentation de fréquence et la régularisation du rythme des battements du cœur. Tous ces phénomènes donnent l'impression de l'éveil rapide d'une vitalité nouvelle chez le jeune poisson, que nous allons bientôt trouver transformé en un alevin très actif, aux fonctions bien développées, et fortement armé pour la lutte.

On peut observer que la larve se comporte de manière différente selon qu'elle est placée dans un vase à eau stagnante ou dans un bac de l'appareil à rotation. Dans le premier cas, elle se tient le plus souvent à proximité du fond, obliquement inclinée, la tête en bas, et se maintenant dans cette position par le jeu des mouvements natatoires, plus rarement dans une immobilité complète([1]). Par moments seulement, elle

---

([1]) M'Intosh et Prince (5, p. 861) ont noté les mêmes attitudes chez leur Sole du 7e jour, citée plus loin. Ils montrent les larves se tenant sur le fond du vase ou nageant obliquement, la tête en bas, « comme si elles son-

monte vers la surface ou nage en différents sens. Dans le second cas, elle demeure constamment suspendue dans la masse de l'eau, entraînée par le mouvement circulaire de celle-ci et par les courants qu'y détermine la rotation du disque oblique, non d'une manière passive habituellement, mais gardant son orientation normale par l'effet de ses contractions et de son activité propre. Elle se déplace alors plus ou moins rapidement dans des directions indépendantes de celle de la veine liquide qui l'entraîne et souvent à contre-courant. Essaie-t-on de la saisir à la pipette, elle s'échappe par un mouvement de translation brusque, comme font en général tous les alevins dans les mêmes circonstances. Chez la larve du 7ᵉ jour de M'Intosh et Prince (5) on peut admettre que les nageoires pectorales, par leur vibration rapide, participent dans une certaine mesure au maintien de l'équilibre et à la progression ([1]). L'observation *in vivo* de nos jeunes Soles ne nous a pas fourni de donnée précise sur cette question ; nous n'avons pas vu à la période M' les mouvements vibratoires signalés par les auteurs précités, mais nous n'en contestons pas l'action possible. Ils ne concourent, en tous cas, à cette époque, que pour une assez faible part aux déplacements généraux, qui s'effectuent surtout par l'action de la rame caudale, animée, elle aussi, de battements rapides, faciles à constater.

La constitution de l'appareil digestif indique que l'aptitude de la larve à demander une partie de sa nourriture au milieu extérieur est toute proche ; la réduction considérable de la réserve vitelline va rendre indispensable cet apport alimentaire. Mais il ne nous a jamais été possible de constater, chez les larves de cet âge, la présence de corps étrangers dans les voies digestives. Ce fait d'observation et la considération de l'état encore rudimentaire de la bouche nous font admettre que l'alimentation de source extérieure est encore impossible. Le courant d'eau qui peut pénétrer, sous certaines conditions, dans l'infundibulum buccal est très capable d'y apporter des organismes du plankton ambiant ; mais il doit en être de ceux-ci comme de ceux, souvent aperçus par nous chez d'autres espèces au même degré d'évolution : les corps entrés accidentellement ressortent presque aussitôt et ne provoquent aucun mouvement de déglutition, malgré leur contact avec la muqueuse.

La perfection de l'organe visuel permet de le regarder comme propre à fournir des perceptions sensorielles déterminées. Quant au sens de l'ouïe, ce que nous savons des conditions physiques de son exercice et de la structure élémentaire de ses organes chez beaucoup d'animaux, où ces appareils restent toujours à l'état d'otocystes, porte à le considérer comme s'établissant de très bonne heure, peut-être dès l'éclosion.

---

daient le fond ou les côtés » et parfois s'élançant d'un trait rapide à travers le vase ou d'une impulsion plus brève, « comme pour capturer une proie ».

([1]) « Les pectorales, disent ces auteurs, vibrent comme celles de l'Hippocampe ..... et la queue paraît se mouvoir avec rapidité » (p. 851). Cette larve, nous le faisons remarquer, doit être rapportée à la période intercalaire M N.

Au grand développement des organes de l'odorat doivent répondre des perceptions
utiles pour la larve ; mais aucun fait précis ne nous donne la mesure de leur importance. La faculté tactile appartient toujours à l'ensemble du revêtement cutané.

En ce qui concerne la physiologie du système circulatoire, nous n'avons aucune
observation nouvelle à ajouter à celle de M'Intosh et Prince signalant l'existence
d'éléments libres, en petit nombre, dans le liquide encore incolore qui remplit les
premières voies de ce système.

A citer enfin l'opinion des mêmes auteurs sur la possibilité d'un certain concours
prêté à l'acte respiratoire par l'entrée et la sortie de l'eau, qui se produisent dans l'infundibulum buccal, toujours béant, lors des déplacements incessants du corps, et
aussi par l'action de la mandibule, qui « se meut rapidement, comme pour respirer »
(5, p. 850). Les contractions du pharynx favoriseraient en outre, à notre avis, la
pénétration d'un tel courant dans la portion initiale du tube digestif et un échange
osmotique au niveau de la muqueuse de cette région. C'est évidemment là le premier
indice de l'établissement prochain de la respiration branchiale. Le fait, au reste, ne
nous semble pas avoir d'autre intérêt, car sa valeur comme facteur dans l'ensemble
des échanges respiratoires est bien faible, tout au moins, et son rôle encore très effacé,
en comparaison de celui de la surface cutanée.

La littérature ne nous offre la description d'aucune forme larvaire correspondant
exactement à celle dont il vient d'être question (alevin de notre figure 4, pl. III).
M'Intosh et Prince (5), Cunningham (9) ont observé des spécimens d'âge voisin,
mais certainement un peu plus avancés, que nous placerions, dans notre série évolutive, dans la période de transition MN ([1]), et cela en raison surtout du développement
assez avancé de la mandibule, qui les rapproche des formes du stade N.

M'Intosh et Prince (5, p. 851), continuant l'étude de la même série de larves de
Sole conservées depuis l'éclosion, les considèrent parvenues au 7° jour, mais surtout
au point de vue de leurs allures, et ne donnent que très peu de détails sur leur morphologie. Ils insistent sur l'intérêt du *déplacement en avant* du vitellus au cours de
sa résorption, déplacement inverse de celui qui se produit le plus souvent, « un des
caractères les plus communs chez les larves des différents groupes étant l'absorption
de la région antérieure et la présence consécutive du vitellus diminué à la partie postérieure ». Ces observateurs notent aussi la diminution du pigment opaque (semblable à de *la poudre de tripoli*) et l'augmentation correspondante du pigment ocre.

L'alevin de Cunningham (9, fig. 2, pl. III ; p. 69, 70) appartient à un moment

---

([1]) En général, cette période comprend des alevins de 5 à 6 jours et correspondrait, dans la majorité des cas,
à la première moitié du 6°.

La larve la plus jeune que nous avons pu étudier, après celle dont nous venons de rapporter les principaux traits,
appartient plutôt au début du stade N qu'à cette période transitoire. C'est l'individu qui a servi pour l'exécution
de notre figure 1 (pl. IV).

du développement très rapproché du stade N et pourrait être aussi justement rapporté au commencement de ce stade qu'à la fin du stade M. L'ensemble de ses caractères nous font lui assigner une position intermédiaire. A la période M′ il appartient encore, par la physionomie de la tête, au profil émoussé *bluntness*, avec proéminence toujours très accusée de l'angle correspondant au cerveau antérieur et la présence des deux lobations arrondies (y compris celle du capuchon céphalique), qu'offre en avant le limbe dorsal de la nageoire primitive ; par le développement médiocre de la nageoire pectorale ; par l'aspect de la choroïde, noire et opaque, mais non pourvue de son tapis à reflets métalliques ; par les dimensions de son vitellus, encore volumineux, faisant *sous l'intestin* une saillie très prononcée, tandis qu'au stade suivant le résidu vitellin, beaucoup plus réduit ordinairement, est rejeté en *avant de l'anse stomacale* ; par la disposition du tube digestif, l'estomac ne formant pas alors la panse très dilatable observée à la période prochaine. D'un autre côté, par l'état de la pince buccale, complètement développée et apte à la préhension, par la perfection de l'oreille (comparer la similitude des dispositions représentées dans la figure de l'auteur et dans notre figure 1, pl. IV), il se rapproche tout à fait des alevins du stade N. La disposition du cœur est aussi très analogue à ce qu'elle est chez ces derniers, comme on peut s'en rendre très bien compte sur la figure de Cunningham : le coude auriculo-ventriculaire s'est effacé et l'organe est couché sous le plancher pharyngien dans une position beaucoup plus voisine de l'horizontale que de la verticale. — « Le cerveau, dit l'auteur, est encore fort proéminent du côté dorsal » ; mais on le trouve encore tel pendant la première moitié du stade N. — « L'organe olfactif a la forme d'une capsule sphérique, située immédiatement sous la peau, s'ouvrant à l'extérieur par un orifice circulaire..... la division de chaque orifice en deux narines, qui existe de chaque côté chez l'adulte, se forme plus tard. » — La longueur de la larve était de 4,2 mill. — L'auteur ajoute : « Ce stade..... est le plus avancé que j'ai observé chez des larves élevées en captivité et provenant d'œufs artificiellement fécondés »..... toutes les autres larves « moururent longtemps avant d'avoir atteint ce stade ». Il précède de peu, en effet, la période critique où vient échouer tout élevage effectué sans l'intervention du mouvement ou, du moins, en dehors des conditions biologiques indispensables réalisées en tout ou partie par l'emploi de cet agent physique. Pour l'espèce qui nous occupe, un heureux concours de circonstances a permis à d'autres naturalistes (Raffaele, M'Intosh et Prince, Canu) de conduire leurs sujets plus loin que Cunningham ; mais aucun d'eux ne leur a fait franchir le cap difficile.

# DÉVELOPPEMENT. — STADE N.

D'après notre tableau général de l'évolution larvaire, les alevins de ce stade ont pour principale caractéristique d'avoir *la bouche préhensile et susceptible de se fermer*, par suite de la mobilité et de l'allongement de la mandibule, tandis que le squelette axial reste constitué, comme au stade précédent, uniquement par la corde dorsale et qu'aucune trace des nageoires impaires ne se montre encore dans la membrane natatoire primordiale. L'apparition de ces dernières (de la caudale en premier lieu) marquera le passage de la larve au stade suivant. Chez la Sole, le stade N est l'un des plus intéressants à étudier pour le pisciculteur ; c'est pendant ce temps du développement que la larve franchit la *période critique*, achevant de consommer le reste de sa réserve vitelline et commençant à chercher dans le milieu extérieur et à utiliser, grâce au perfectionnement corrélatif de son appareil digestif, des aliments propres à suppléer à la disparition de la masse nutritive embryonnaire. Parvenue à la fin de ce stade, la jeune Sole peut être regardée comme sauvée ; l'achèvement de ses métamorphoses se poursuit sans susciter de grandes difficultés techniques.

La durée du stade N peut être évaluée, en moyenne, d'après nos estimations, à une douzaine de jours ; il correspond donc surtout à la 2ᵉ *semaine* du développement. En s'appuyant sur des considérations physiologiques, plus encore que sur les changements d'ordre morphologique, il est possible d'y établir trois périodes :

1° Une *période initiale* (du 6ᵉ au 10ᵉ jour) ; la larve, encore pourvue de vitellus en quantité suffisante pour se nourrir sans le secours de l'alimentation externe, commence cependant, selon toutes probabilités, à emprunter un supplément de ration au milieu ambiant. L'exemplaire de notre figure 1 (pl. IV) se placerait à cette période. Il y a lieu, pensons-nous, d'en rapprocher deux autres décrits par Raffaele (2) et M'Intosh et Prince (5) ;

2° Une *période moyenne* (du 10ᵉ au 14ᵉ jour), qui est vraiment la *période critique* ; le vitellus achève de se résorber et l'alimentation externe s'impose. Les figures de Raffaele (2), Canu (12) et Ehrenbaum (15) sont complétées par nos croquis de détail ;

3° Une *période terminale* (¹) (du 14ᵉ au 16ᵉ jour) où les caractères propres au stade considéré sont pleinement acquis et où la jeune Sole révèle les instincts carnassiers de sa forme pélagique. C'est le cas de l'alevin représenté par nous dans la figure 2 de la planche IV et d'un autre antérieurement étudié par Holt (18).

La période de transition NO est assez difficile à délimiter ; mais on peut la considérer comme placée entre le 16ᵉ et le 19ᵉ jour. La première moitié de cette période pouvant légitimement être rattachée au stade N, on a pour celui-ci la durée totale de 12 jours que nous lui avons attribuée.

Si l'on se reporte au graphique de la page 203, on voit que la longueur moyenne des larves de ce stade varie, entre le début et la fin, de 4 à 6 mill. environ.

### 1ʳᵉ *Période.*

Notre larve de la figure 1 (pl. IV) est âgée de 7 à 8 jours. Sa longueur est de 4,5 mill. En la comparant à celle de la fin du stade M (fig. 4, pl. III), on est tout de suite frappé de la différence d'aspect de l'une et de l'autre : à l'allure franchement larvaire de la seconde a succédé celle de petit poisson pélagique, qui appartient à la plupart des formes ayant acquis un degré de développement analogue. Le stade N est certainement celui où la jeune Sole s'éloigne le plus complètement de l'habitus ordinaire du pleuronecte transformé. Ce fait s'accuse dès la période initiale. L'alevin à la mandibule puissante, à l'œil brillant et mobile, au corps relativement effilé, aux pectorales larges et actives, qui circule maintenant devant nous, semble fort éloigné, malgré l'assez faible écart des transformations anatomiques, de la larve à l'aspect étrange et encore rudimentaire qu'il était auparavant.

La tête n'a plus ici la forme singulière, en coin, caractéristique du stade précédent et son nouvel aspect donne à la larve une physionomie toute différente. Elle a perdu en grande partie son profil angulaire par l'effacement déjà marqué du capuchon céphalique et surtout la disparition de l'angle rostral (ou olfactif) si accusé auparavant. A la place de cette saillie étroite et de la surface fuyante (en arrière) que formait au-dessous d'elle la région orbito-maxillaire, existe maintenant un museau court, haut et large, légèrement convexe en avant ou partiellement aplati, dont on voit le con-

---

(¹) On peut, pour l'annotation de ces périodes, employer les signes N₁, N₂, N₃, dont les indices correspondront au rang de chacune d'elles, de même que nous aurons les périodes O₁, O₂, O₃ — P₁, P₂ ..... P₅. Lorsque nous employons seulement les lettres N et N', nous entendons comparer, sans démarcation bien nette, les phénomènes de la partie initiale à ceux de la partie terminale du stade.

tour apparent se continuer, en bas, avec la ligne courbe dessinée par le bord libre de la mâchoire supérieure et, en haut, avec la crête frontale, séparé de celle-ci par un faible ressaut. Tous les organes placés au-devant de l'orbite, cerveau antérieur et paroi crânienne sus-jacente, ampoules olfactives, mâchoire et lèvre supérieures, entrent dans la constitution de ce museau. D'un autre côté, le grand développement pris par la mandibule et sa mobilisation ont contribué pour une bonne part à transformer le facies de la tête. Le fait est surtout sensible dans l'état d'occlusion de la bouche (comme sur la figure), le maxillaire inférieur, devenu horizontal dans ces conditions, dépassant de sa pointe l'aplomb de la région préorbitaire. Alors que l'alevin semblait, à la période antérieure, être amputé au niveau de la région orale, il apparaît ici fortement prognathe ; la ligne droite tangente à la saillie du rostre en même temps qu'à l'extrémité antérieure de la mandibule se trouve actuellement oblique en bas et en avant, tandis que l'obliquité était de sens contraire chez la larve M′. Ce nouveau caractère ira en s'accentuant jusqu'au commencement du stade O, puis, de nouveau, fera place à la disposition inverse, avec le museau surplombant la mâchoire inférieure.

Chez notre présent exemplaire, l'application de la mandibule contre la mâchoire supérieure donne à la tête une hauteur proportionnelle beaucoup moins grande et à la larve une forme plus effilée, bien que, par ailleurs, la portion supérieure de la région céphalique ait peu changé. Le retrait de la poche vitelline, non encore compensé par la proéminence de la panse stomacale *qui est surtout marquée au stade O* et la réduction de hauteur du limbe ventral de la nageoire primaire concourent, d'autre part, à accuser davantage cette forme allongée de l'alevin, qui est propre surtout à la première partie du stade N et qui disparaîtra dans la suite. Le rapport $\frac{H}{L}$ a maintenant sa plus faible valeur : il est égal à $\frac{28}{100}$.

Pas de changement notable du côté du tronc ni dans la forme de l'extrémité caudale ; celle-ci a seulement une hauteur et une surface proportionnelle plus réduites, contribuant à produire l'aspect effilé signalé ci-dessus.

En dehors de sa réduction de hauteur, la membrane natatoire primordiale n'a subi que de légères modifications dans ses parties postérieures. Les fins rayons différenciés dans le lobe caudal ont toujours leur disposition et leur structure primitives, garnissant la même portion terminale de l'axe somatique (sur une long. de moins de 1/2 mill., dans le cas présent). En avant, il y a surtout lieu de remarquer la tendance de la membrane à se continuer régulièrement sur le crâne, sous forme de crête peu élevée ; déjà la saillie du capuchon céphalique est beaucoup plus émoussée et les encoches qui la limitent de part et d'autre sont très réduites en profondeur.

La *nageoire pectorale* a acquis une surface, une perfection et une mobilité en rapport avec l'activité rapidement croissante de la larve. Elle présente la forme *en éventail* qu'on lui connaît chez nombre d'alevins pélagiques et qu'elle va conserver jusqu'au stade P. La portion basale s'est aplatie ; la ligne d'insertion (ligne axillaire) a encore sensiblement diminué de longueur ; la direction de cette ligne, fortement oblique en bas et en arrière, correspond à celle du *cartilage coracoïde*, assez distinct maintenant vers l'angle supérieur de la cavité péricardique, sous forme d'une tigelle cylindrique, transparente, légèrement incurvée en arrière. Comme dans plusieurs autres pièces squelettiques, la structure du tissu cartilagineux embryonnaire y est reconnaissable. Son extrémité supérieure confine à la clavicule au niveau du coude décrit par celle-ci au-dessous de l'œsophage, en avant de l'attache de la pectorale. Dans le même point, passe le faisceau musculaire qui s'épanouit dans le pédicule de cette nageoire ; les fibres striées s'arrêtent à la limite du limbe selon une ligne courbe à peu près concentrique à celle du bord distal de la mince lame en question, ligne qui répond au léger ressaut produit par le passage brusque du pédicule plus épais au limbe tout à fait membraneux. Celui-ci n'est, en effet, constitué que par la peau, plus délicate, moins verruqueuse ici que chez la larve du précédent stade, et une très faible couche de tissu conjonctif, en majeure partie différenciée en rayons primaires. Le limbe est légèrement ondulé ; les plis affectent une direction perpendiculaire à son bord, qui est lui-même irrégulièrement sinueux. Sa largeur la plus grande est, chez le sujet que nous décrivons, de 0,12 à 0,15 mill.

Nous aurons achevé la description succincte des différentes parties de la *ceinture thoracique* en indiquant la disposition de la clavicule. Cette pièce squelettique est, à la présente période, complètement développée en étendue ; sa forme variera peu désormais jusqu'à l'apparition des os définitifs appelés à la transformer plus tard. Elle s'étend dans toute la hauteur du corps, entre le péricarde et l'abdomen, offrant l'aspect d'un étroit ruban. Dans son ensemble, elle a une direction un peu oblique en bas et en avant, sa moitié supérieure étant d'ordinaire à peu près verticale. Outre de légères sinuosités qu'elle présente irrégulièrement dans toute l'étendue de son trajet, on retrouve d'une manière constante une courbure principale qui infléchit en avant son quart moyen supérieur, déterminant la présence de deux coudes assez prononcés, à convexité postérieure, le premier vers la partie dorsale de la corde, le second, plus accusé encore, à la limite antérieure de l'attache de la pectorale. En ce dernier point, le ruban claviculaire offre en arrière un notable élargissement, en forme d'épaulement arrondi, vers le haut, et s'effaçant progressivement, vers le bas [1]. En dehors de cet épaulement, la portion la plus large est l'extrémité supérieure, qui

---

[1] Canu (**12**, pl. XIII, fig. 1) figure là une articulation que nous n'avons jamais constatée. Tout au plus, chez certains individus, avons-nous trouvé une fissure séparant sur une faible étendue la partie saillante de l'épaulement du corps de la tige claviculaire.

commence au-dessus du contour dorsal de la moelle allongée, au niveau du groupe
pigmentaire placé à la pointe du 4$^e$ ventricule. La partie inférieure est, au contraire,
assez effilée ; elle aboutit au milieu d'un noyau de tissu conjonctif dense, qui donne
d'autre part insertion à des faisceaux musculaires et où elle se termine par une extrémité irrégulièrement contournée. En haut, les deux clavicules sont séparées par un
certain intervalle ; mais les pointes ventrales sont immédiatement contiguës, réunies
par la même masse conjonctive dans l'espace triangulaire situé entre le cul-de-sac
postéro-inférieur du péricarde, le cul-de-sac opposé du péritoine (occupé par le reste
vitellin) et la peau de la région thoracique. Le ruban claviculaire donne l'impression des fibres du tissu lamineux ; sa substance est homogène, transparente,
très peu réfringente, sauf sur les bords où un double contour détache une ligne
brillante, surtout marquée en avant, qui correspond à la coupe optique d'une lame
de *matière ostéoïde* revêtant le substratum conjonctif de l'organe. C'est là le commencement d'une transformation que nous allons dès ce moment voir s'étendre à
différentes pièces squelettiques.

La *peau* a perdu en partie l'aspect grenu de sa surface. Les cellules muqueuses y
font une saillie beaucoup moins forte, même dans les pointes où elles sont particulièrement abondantes, comme le capuchon céphalique et le museau.

La *livrée pigmentaire* a conservé ses caractères sur la nageoire primitive, sur la portion axiale du corps et autour du rectum ; mais elle est, par ailleurs, moins systéma-
tisée qu'aux stades précédents. Les chromoblastes y sont moins ramifiés, plus isolés,
ne formant plus de groupements distincts en des régions déterminées, ou autour de
certains organes : les petits éléments pigmentaires en forme de taches plus ou moins
arrondies, ou de points, noirs, jaunes ou oranges, y sont, au contraire, plus abondants.
Ces changements sont particulièrement nets sur la tête.

La *corde dorsale* n'offre pas encore à noter de modification appréciable dans ses
rapports ni sa structure. On voit, comme auparavant, son extrémité antérieure derrière l'orbite, sous l'hypophyse et l'infundibulum encéphalique, qui reposent directement sur sa gaine. La corde reste le principal organe de soutien de la larve ; mais,
en dehors d'elle, se sont constituées d'autres formations de même ordre fonctionnel,
et, dès ce moment, le *système squelettique* a acquis une certaine complexité que nous
verrons croître désormais par segmentation et transformation des premières pièces
cartilagineuses apparues, en même temps que par addition de parties nouvelles, composées soit de cartilage, soit de *matière ostéoïde* ou *spiculaire* ([1]). Les progrès de ce système sont rapides, très marqués pendant le stade N. Au début du stade suivant, nous

---

([1]) Nous nous servirons indifféremment de ce dernier terme, emprunté à Pouchet, et des mots ostéoïde (Kölliker)
et osseux pour désigner les parties dures, non cartilagineuses, du squelette.

trouverons la charpente cartilagineuse constituée dans toutes ses parties essentielles et complétée déjà, sur de nombreux points, par l'ébauche des premières unités osseuses. Les changements ultérieurs consisteront surtout dans l'extension de ces formations secondaires de matière dure et dans les modifications de forme que la métamorphose pleuronecte imprimera à l'ensemble, essentiellement malléable, du moule cartilagineux primitif.

Les unités squelettiques présentes chez notre larve du début du stade N sont peu nombreuses et pourraient utilement être décrites en même temps que les appareils auxquels elles se rattachent plus ou moins directement (oreille et portion initiale du tube digestif). Mais il est intéressant d'autre part de donner, de l'ensemble de leur disposition, un aperçu isolé, de manière à bien fixer l'état du développement, à cette période, d'après un caractère morphologique important et assez facile à observer. Nous ne reviendrons pas sur la disposition des pièces de la ceinture thoracique, déjà décrites plus haut.

Les organes premiers que nous avons à signaler maintenant sont groupés autour de la bouche et du pharynx en deux séries appartenant l'une à la voûte, l'autre au plancher de ces cavités et se réunissant au niveau de l'oreille dans une masse commune qui forme la base de tout le squelette céphalique. Ces pièces sont paires ; elles se répètent symétriquement, de chaque côté du plan sagittal. Selon la loi évolutive établie par Pouchet (**43**) dans son très intéressant mémoire déjà cité, la paroi de la vésicule auditive, la *capsule de l'oreille*, a été le point de départ de la formation du *cartilage crânien primordial* ([1]). Chez notre larve, nous trouvons cette capsule partiellement transformée en tissu cartilagineux ([2]). Une mince lame de ce tissu (vue nettement en coupe optique dans la figure 3, pl. VIII) constitue la paroi inférieure, assez fortement renflée en son milieu, ainsi que les parois postérieure et interne, beaucoup

---

([1]) « Le crâne primordial ou cartilagineux a pour point de départ l'oreille » (**43**, 3e partie, conclusions, p. 145). — « Un fait d'une importance capitale frappe tout d'abord, quand on suit les premiers développements du squelette des poissons : c'est le rôle considérable que joue l'oreille dans l'évolution de la tête osseuse ; c'est encore plus l'analogie profonde que présente cet organe avec ce qu'on observe chez les Céphalopodes. » (*Ibid.*, 2e partie, p. 38.) Et plus loin (p. 39) : « Chez les poissons les deux capsules auditives, séparées dès le principe comme celles des Céphalopodes, et très analogue par certains côtés à celles-ci, restent distinctes de part et d'autre de la corde dorsale. C'est autour de ces capsules auditives que se groupent les premières masses cartilagineuses devant servir à la construction du squelette céphalique. »

([2]) La structure de ce dernier est facilement reconnaissable, malgré la faible proportion de la substance fondamentale ; c'est là le caractère commun à toutes les pièces squelettiques actuellement présentes. Les éléments cellulaires sont encore très rapprochés, séparés seulement par de minces cloisons de matière hyaline cartilagineuse et se distinguent des tissus ambiants (mésenchyme originel) autant par leur groupement caractéristique (chondroplastes discoïdes, sériation le plus souvent columnaire) que par la présence de cette matière homogène interposée. Selon la nomenclature adoptée dans certains travaux récents concernant l'histogénèse du tissu conjonctif et du tissu cartilagineux, le terme de *préartilages embryonnaires* conviendrait à ces organes premiers en voie de différenciation.

plus délicates, de l'ampoule otocystique ; dans ces dernières, le caractère cartilagineux devient vague et assez difficile à distinguer vers leur région supérieure. Il en est de même du prolongement foliacé émis en avant par la paroi interne. La lame continue qui circonscrit ainsi une grande partie de l'oreille est actuellement indépendante ; elle est simplement contiguë, en dedans, à la paroi de la corde, dont elle sera toujours parfaitement distincte ([1]). Le pont cartilagineux qui réunira bientôt les deux capsules auditives, par devant la corde, et fera de leur ensemble un organe unique, la *plaque nuchale* ([2]) de Vogt (**45**) et de Pouchet (**43**), n'est pas encore indiqué. La paroi postérieure de la bulle auditive donne attache aux premiers faisceaux des muscles latéraux du tronc ; elle prendra part en effet à la formation de la *région occipitale* du crâne. L'expansion antérieure de la lame cartilagineuse otique se distingue jusque sur la face externe de l'infundibulum cérébral, vers la partie postérieure et ventrale de cet organe. Mais, dans l'observation *in toto* que nous avons, seule, pu pratiquer sur notre échantillon, la présence de la masse opaque de l'œil ne permet pas de suivre plus loin l'examen de ces parties. Nous ne pouvons donc affirmer s'il y a, dès ce moment, continuité de tissu entre l'expansion antérieure de la capsule auditive et la masse cartilagineuse très distinctement visible au-devant de l'orbite, la future *plaque faciale* de Vogt ; autrement dit, s'il existe déjà une ébauche des prolongements cylindriques appelés à réunir les deux noyaux cartilagineux, prolongements désignés par les anatomistes sous le nom de *trabécules* ([3]). Cette union est, en tous cas, très prochaine et, si déjà elle n'est réalisée par la continuité même du tissu cartilagineux, du moins est-elle nettement indiquée par l'orientation des éléments cellulaires qui formeront les deux tractus, en devenant, *in situ*, éléments du cartilage.

Quoi qu'il en soit des rapports réels des noyaux extrêmes, celui qu'on aperçoit en avant se présente sous la forme d'une tige à chondroplastes discoïdes, émergeant au niveau de l'équateur de l'œil, dont le disque sombre dissimule sa partie postérieure, surmontée en avant de l'orbite par l'image de l'ampoule olfactive et s'incurvant un peu du côté ventral, à partir de ce point, pour se terminer sous la peau et la muqueuse de la lèvre supérieure, qu'elle contribue à former. Dans cette

---

([1]) On sait que la gaine notochordale donnera exclusivement et directement naissance à des formations ostéoïdes. « L'extrémité antérieure de la corde n'est le centre d'aucun organe cartilagineux » (Pouchet, **43**, II, p. 42).

([2]) Dite encore *plaque basilaire* par certains auteurs, cette plaque étant formée par l'union des *plaques parachordales*, apparues primitivement de chaque côté de l'extrémité de la corde. Dans notre cas, les plaques parachordales se confondent avec la paroi interne de la capsule auditive cartilagineuse.

([3]) Vogt (**45**) a rapproché ces prolongements des *anses latérales* décrites par Rathke dans l'embryon de la couleuvre. Pouchet a adopté ce terme. Pour lui, les anses latérales sont, originellement, en continuité avec la plaque nuchale ; elles se soudent ensuite par leurs extrémités antérieures, avant d'atteindre la plaque faciale, en une *tige médiane*. Parker (**42**) considère ces mêmes branches cartilagineuses (constituant ensemble le *forceps*) comme indépendantes de la plaque en question.

portion antérieure, sous-jacente aux téguments, elle se dirige, après un coude brusque, en bas et en dehors. Le noyau cartilagineux signalé ici formera, en s'unissant à la partie similaire de l'autre côté, la *plaque faciale*, qui ne tardera pas à se compliquer elle-même pour prendre une part importante dans la composition du squelette facial. Au cartilage facial est surajoutée une pièce spiculaire n'ayant avec le premier aucun lien d'origine ni aucune connexion immédiate. Nous citons ici cette pièce comme prenant part, elle aussi, à la constitution du squelette céphalique, dans la série supérieure des organes qui entourent la cavité buccale. Elle consiste en une longue épine ostéoïde, analogue par son aspect aux lames de revêtement de la clavicule, épaisse d'une dizaine de $\mu$ seulement, présentant sur son trajet, comme l'autre organe spiculaire que nous venons de citer, des ondulations irrégulières, et parcourant dans toute sa longueur le bord de la lèvre supérieure, dont les couches sous-épithéliales lui ont donné naissance. Comme ce bord, elle décrit un arc ouvert en haut et en arrière. Son extrémité antérieure dépasse un peu, vers le haut, le coude du cartilage facial. Son extrémité postérieure se voit au niveau de la commissure labiale, à l'aplomb du milieu de la pupille ; l'une et l'autre sont finement appointies. Cette tigelle est la première trace du futur *os maxillaire* (¹). Son existence, dès la période actuelle, prouve que, contrairement à l'opinion de Pouchet, le développement de la mâchoire supérieure n'est pas, dans tous les cas, « relativement tardif » ; chez la Sole, on le voit, elle apparaît avec les premiers rudiments de la charpente squelettique.

La paroi inférieure de la capsule otique, partie la plus épaisse de cette coque cartilagineuse, est en rapport par sa face ventrale avec l'extrémité supérieure de l'arc maxillaire, assez complètement différencié déjà chez notre larve. La même remarque faite plus haut au sujet de l'union de la lame préotique avec le cartilage facial peut s'appliquer ici. L'étude des préparations en notre possession n'autorise pas à considérer comme établie dès ce moment la continuité de tissu entre le noyau cartilagineux de l'oreille et les cartilages de l'arc sous-jacent ; nous trouvons encore, entre le premier et les seconds, une masse unitive de mésenchyme (future *apophyse ptérotique* de quelques auteurs), non plus complètement indifférent, mais toujours dépourvu des caractères optiques du cartilage (absence d'exoplasme) et à éléments simplement orientés. Les pièces de l'arc ne se montrent individualisées comme organes cartilagineux distincts qu'à une certaine distance au-dessous de l'oreille, au niveau de la paroi supérieure du pharynx. Fait de nature à infirmer dans une certaine mesure la tendance de Pouchet à voir toujours dans la première pièce du suspensorium un « prolonge-

---

(¹) Qui n'est jamais constitué, à l'origine, par du tissu cartilagineux, non plus que l'*intermaxillaire* formant avec lui la mâchoire supérieure.

ment vertical » direct du cartilage otique. Cet auteur n'a pas eu à sa disposition des alevins convenables pour fixer ce point d'histogenèse. Par contre, la description qu'il a donnée du squelette primitif de la mandibule est corroborée dans tous ses détails, pour la Sole, par notre observation. Avec lui, nous avons constaté l'apparition très précoce de cette ceinture maxillaire, que nous avons trouvée, dès la période M, représentée à l'état cellulaire par ses trois composantes originelles. Ces pièces, le *tympanique* ou *temporal*, le *jugal* et le *maxillaire primordiaux* existent ici, un peu transformés, à l'état d'*unités cartilagineuses* indépendantes. Le temporal et le jugal forment ensemble, accolés l'un à l'autre selon leur longueur, la portion supérieure du suspensorium. Ce sont maintenant deux tiges cylindro-coniques, assez courtes, descendant obliquement en avant et étendues de la voûte du pharynx à la face péricardique du plancher buccal. Le temporal est le plus volumineux, surtout par son extrémité supérieure, renflée en massue, et remonte un peu plus haut que son acolyte, pour se confondre avec la masse cellulaire sous-otique, réalisant ainsi la suspension de tout l'arc mandibulaire. Son extrémité inférieure, plus effilée et libre de toute articulation, est seulement accolée à la face postérieure du jugal. Celui-ci, par une disposition inverse, finit en pointe supérieurement, contre la tête du tympanique et, par son extrémité ventrale, plus épaisse, dépasse d'une certaine quantité la pointe de l'autre cartilage. A ce niveau, au voisinage du bulbe aortique, il est en rapport (seul) avec l'extrémité postérieure du maxillaire primordial. L'état de la préparation dans cet endroit nous a laissés indécis au sujet du mode d'union (articulation par condyle?) des deux cartilages ; nous savons seulement qu'ils constituent deux pièces distinctes et non une tige unique. Le cartilage maxillaire, pièce terminale de la chaîne ventrale du squelette céphalique, est constitué, comme les précédents, par une tige cylindrique à éléments discoïdes, unisériés, très aplatis à exoplasme peu abondant. De profil, il se présente avec une double courbure en S renversé et retourné et, de face, comme un arc infléchi en dedans. Au niveau de la pointe du menton, il s'unit à son homologue du côté opposé.

Il est très difficile de se rendre un compte exact, sur la préparation qui nous a servi, de l'état de développement et des véritables rapports de *l'arc hyoïdien* chez la larve de la présente période. La partie principale de cet arc ne semble être encore constituée que par des cellules mésoblastiques orientées, ainsi qu'il en était chez la larve M (fig. 2, pl. VIII). Mais on observe, en outre, la présence d'une petite pièce cartilagineuse, que ses rapports anatomiques doivent faire considérer comme un *styloïde primordial*, autrement dit comme la première division (du côté dorsal) de l'arc hyoïdien. Ce cartilage est nettement en relation par son extrémité supérieure, un peu appointie, avec la base du tympanique et le noyau mésenchymateux voisin. Dans son ensemble, il constitue une courte tige de cartilage cylindrique descendant obliquement derrière l'arc maxillaire. En bas, son image devient indistincte, confondue dans la masse sombre du plancher pharyngien, et il est impossible de préciser la forme et les connexions de son extrémité distale ([^1]).

Derrière l'hyoïde viennent les *arcs branchiaux* proprement dits. On n'en distingue nettement que quatre, déjà partiellement séparés par les fentes branchiales, mais ne paraissant pas encore pourvus d'un axe cartilagineux bien différencié. Nous reviendrons sur leurs dispositions à propos de l'appareil respiratoire.

Il existe enfin, sur le bord de la *membrane operculaire*, au-dessus de l'orifice auriculo-ventriculaire, un fin ruban sinueux, peu étendu, de faible réfringence (comme la portion centrale de la clavicule), qui est l'indication du premier point d'ossification de l'opercule définitif, formation ostéoïde *ab origine*. On n'aperçoit pas encore les rayons branchiostèges ([^2]).

Tel est, décrit dans ses grandes lignes, le squelette céphalique primitif. Son intérêt principal est, pour nous, de bien caractériser l'une des plus importantes périodes de transformation de la jeune Sole et, à ce titre, il nous a semblé mériter une attention spéciale ; d'où la place que nous lui avons accordée dans notre description, place assurément disproportionnée, eu égard au plan d'ensemble de ce travail.

Il en est du *système musculaire* comme du précédent ; fibres striées et fibres lisses, muscles de la vie de relation et muscles splanchniques sont maintenant largement représentés et prennent une extension que traduisent immédiatement à l'œil de l'observateur les contractions variées du corps et des différents organes. Nous passons sur les détails de leurs dispositions. Nous nous contenterons de signaler, dans la suite, quand il nous paraîtra utile de le faire, certains groupements striés ou lisses plus spécialement désignés à l'attention de par leur intérêt morphologique ou l'importance de leur rôle.

La disposition des *centres nerveux* a peu varié, ce qui s'explique par la perfection relativement grande acquise dès les premiers stades par ce système. La saillie du cerveau moyen est toujours très marquée, comme dans la première période du stade M (comparer les figures 3, pl. III, 1, pl. IV) ; mais, par l'extension de la partie orale de la tête, qui tend à l'emporter sur la portion crânienne (cas de l'adulte), celle-ci semble déjà s'effacer et a perdu de son importance comme caractéristique physionomique de la petite Sole. Le volume relatif de l'encéphale est sensiblement moindre qu'aux stades antérieurs ; il ne cessera de diminuer, avec les progrès de la croissance, jusqu'à l'état adulte, où il atteint son minimum. Son carac-

[^1]: A propos de cette pièce styloïdienne, nous devons faire remarquer que les faits observés chez la Sole diffèrent de ceux notés chez le Saumon par Parker (**42**), qui considère l'hyoïde comme issu, par scission longitudinale, de l'arc maxillaire. Dans notre cas, l'un et l'autre sont déjà morphologiquement distincts, dans leur état de simples cordons mésoblastiques, et existent immédiatement à titre d'unités distinctes, lors de leur transformation en tissu cartilagineux.

[^2]: C'est par erreur que ceux-ci ont été indiqués sur la figure 1, pl. IV.

tère le plus saillant, chez notre alevin actuel, réside dans l'élévation du cerveau antérieur, qui est remonté au-dessus de l'axe de la corde et s'est en même temps fusionné d'une manière plus complète avec les centres voisins, donnant à l'ensemble un aspect plus compact. Ce changement a laissé place, en avant de l'œil, à l'extension de la mâchoire supérieure.

Jusqu'à maintenant, le diamètre maximum de l'*œil* a conservé une valeur à peu près constante par rapport à la longueur totale du corps $\left(\text{d'env. } \dfrac{7}{100}\right)$. Nous retrouvons encore la même proportion dans le cas présent. Mais à la fin du stade N, cette proportion sera différente et, dès lors, l'œil deviendra, comme le cerveau, de plus en plus petit, au fur et à mesure qu'on avancera vers la phase adulte, où sa plus grande dimension est inférieure à $\dfrac{3}{100}$ de la longueur totale. Chez l'individu figuré par nous (fig. 1, pl. IV), il apparaît presque circulaire et l'on voit à peine la trace du colobome, sur son pourtour. Mais ce n'est pas là un fait constant ; comme le montrent les figures suivantes (2, 3, 4, pl. IV et 1, pl. V) on retrouve plus tardivement, et jusqu'à la fin du stade O, une indication de l'encoche primitive. La choroïde a maintenant acquis sa pigmentation définitive ; le champ pupillaire est d'un noir profond et tranche fortement sur la teinte de l'iris, grise, avec reflets métalliques.

Du côté de la *vésicule auditive*, la structure s'est beaucoup compliquée. Sa cavité n'est plus simple ; une prolifération de la paroi, dont on voyait l'amorce au stade M, sous forme d'un bourrelet circulaire signalé dans la description de la larve de la figure 3 (pl. III), s'est étendue de haut en bas et de dedans en dehors, traversant toute la cavité et constituant une sorte de pilier hyalin, bifurqué en haut, en forme d'Y, renflé dans la partie moyenne de sa branche inférieure, dont l'extrémité ventrale est fixée au niveau de la crête acoustique apparue précédemment (la première) dans cette région de la vésicule. Ce pilier est constitué par du cartilage à éléments non orientés, arrondis ou ovalaires, avec substance fondamentale très réduite. Sa disposition transforme la chambre otocystique, précédemment simple, en une cavité complexe comprenant un large canal circulaire, autour du pied de l'Y, et une ouverture en arche, entre les branches supérieures de ce pilier bifide. Les espaces vides ainsi réservés deviendront, à la suite de modifications nouvelles, le système des cavités définitives de l'oreille ([1]). Les deux otolithes sont placées dans la partie moyenne de l'oreille, au voisinage du renflement de la grande branche du pilier en Y.

---

([1]) Sur les vues latérales de la tête (comme dans la figure 1, pl. IV), une telle structure est difficile à bien faire saisir par le dessin, en raison de la transparence et de la superposition des parties ; bientôt même la complication croissante de l'organe auditif en rendra impossible l'exacte compréhension, sans l'aide de coupes appropriées, que la faible quantité de nos matériaux ne nous a pas permis de faire.

Les dimensions proportionnelles et la situation de l'oreille sont les mêmes qu'à la période M′ ; la position relative des centres pupillaire et otique et de la pointe de la corde dorsale ont peu varié.

L'*organe olfactif* se fait surtout remarquer par un notable accroissement de volume et par l'élargissement de son orifice ; mais il a conservé une très grande simplicité de structure. On observera quelques changements en ce qui concerne ses rapports. Toujours en relation avec le cerveau antérieur, il a suivi le recul de celui-ci. Son enveloppe conjonctive se confond, vers sa limite postérieure, avec le tissu fibreux péri-orbitaire, tandis que son pourtour antérieur est plus distant de l'extrémité du museau, région qu'il occupait au stade M. D'autre part, il est resté, par rapport au plan d'orientation horizontal, à peu près au même niveau ; par suite de l'ascension du cerveau antérieur, il est placé maintenant non au-devant, mais à la partie inféro-latérale de ce lobe de l'encéphale. Cette situation de la capsule olfactive, amenée, après quelques fluctuations, par les dernières transformations survenues dans la tête pendant le court laps de temps qui sépare les périodes M′ et N₁, sera désormais conservée chez l'alevin symétrique et, après la métamorphose pleuronecte, se retrouvera encore pour l'œil et la narine droits, toujours placés en face l'un de l'autre.

L'adaptation des différentes portions de l'*appareil digestif* aux opérations physiologiques inhérentes à sa fonction, qui débute chez notre larve, est le plus intéressant des phénomènes évolutifs de ce stade et nous sert à le caractériser. Les principales modifications portent sur la partie antérieure de l'appareil. Les deux mâchoires sont maintenant bien développées ; elles forment, grâce à l'extension et à la mobilisation de la mandibule, une pince capable de se fermer, apte par conséquent à la préhension. Les détails donnés plus haut sur certaines modifications de la région préorbito-maxillaire (aspect général, squelette) nous dispensent d'insister ici longuement. Il est nécessaire toutefois d'ajouter quelques détails concernant la conformation de la mandibule et de la bouche.

En avant, la mâchoire inférieure offre un peu l'aspect d'un bec de cuiller dont les bords seraient garnis d'un prolongement en lame mince, verticalement dirigé et s'engageant, dans la position de fermeture de la bouche, entre les lames latérales, descendantes, de la mâchoire supérieure. Puis ses branches (formées essentiellement par les *arcs de Meckel*) s'écartent, en dessinant un fer à cheval assez ouvert, jusqu'au niveau de l'angle obtus qu'elles présentent en arrière, vers l'union du maxillaire et du jugal (angle maxillaire, encore peu prononcé). Lorsque la bouche est fermée (fig. 1, pl. IV), le sommet de l'angle est situé à l'aplomb de la pupille. Dans les mêmes conditions, la pointe de la mandibule dépasse un peu l'extrémité du museau. La flèche de l'arc mandibulaire, mesurée de la pointe à la corde sous-tendue entre les deux angles, est un peu plus courte que cette corde elle-même ; chez notre larve

de la figure précitée, la différence est inférieure à $\frac{1}{10}$ de mill., la première dimension étant de 0,42 mill. La mobilité de la mâchoire inférieure est maintenant
telle que l'organe peut exécuter des oscillations d'assez grande amplitude. L'orifice buccal, qui regarde directement en avant (celui de l'infundibulum regardait
en avant et en bas), peut être complètement fermé ou s'ouvrir plus ou moins, et
cela dans des limites d'autant plus étendues que les commissures buccales sont
situées assez loin en arrière, laissant libre une notable portion de l'arc antérieur
de la mâchoire, et que celle-ci n'est plus bridée, comme au début, par les parois latérales de la bouche ; alors relativement épaisses, sans replis, ces parois maintenaient
un écartement constant entre les deux mâchoires ; elles sont devenues de minces et
souples membranes qui se plissent ou s'étendent dans les mouvements de fermeture
et d'ouverture de la bouche. La voûte de celle-ci est très peu profonde. Après le
rebord assez marqué de la lèvre supérieure, on trouve une surface palatine regardant
en bas, mais plus encore en avant, garnie jusqu'au-dessous de l'œil de grosses émi-
nences papillaires et se continuant, plus loin, contre le pourtour postéro-inférieur de
l'orbite, avec la voûte de la cavité pharyngienne. Cette conformation du palais réduit
de beaucoup actuellement la capacité maximum de la bouche, en dépit de l'ampliation assez considérable que permettent à celle-ci la souplesse et la mobilité des parties
qui la circonscrivent sur les côtés et en bas. L'extension de la langue, fortement
saillante sur le plancher oral, à la pointe bien détachée et portée maintenant beaucoup plus loin en avant, contribue à cette réduction de capacité.

La région pharyngée du tube digestif est surtout intéressante comme voie d'accès
aux organes de la respiration ; nous l'étudierons plus loin, en même temps que ces
derniers.

Depuis le stade M, l'œsophage présente les dispositions et les rapports qu'il conservera désormais ; sa longueur augmentera proportionnellement à la croissance générale,
son calibre relatif étant au contraire de plus en plus faible. Nous n'aurons plus à
revenir sur ce point à chacun des différents stades qu'il nous reste à examiner.

On peut considérer la période initiale du stade N comme l'époque de formation
de l'estomac vrai, c'est-à-dire de l'organe physiologiquement digne de ce nom.
L'anse intestinale qui en était, au stade précédent, la représentation morphologique
s'est individualisée, sous forme d'une poche nettement distincte. C'est même pendant
ce stade que l'estomac acquiert son autonomie la plus grande, au point de vue anatomique ; aux stades suivants, nous le verrons reprendre sa forme d'anse, différenciée
seulement des portions voisines du tube digestif par son diamètre un peu plus grand
et sa structure histologique. Il est constitué actuellement par une ampoule assez
volumineuse qui, sur une vue latérale de la larve intacte, semble appendue sous le
conduit œsophago-intestinal, plutôt qu'interposée sur son trajet ; cette apparence

(plus accusée encore sur l'individu de la figure 2, pl. IV) tient au rapprochement, vers la partie supérieure de la poche, et à la superposition des images des orifices cardia et pylore. Pour se rendre exactement compte de la forme et des rapports des parties en ce point, il faut faire tourner la larve autour de son axe longitudinal ou mieux encore isoler par dissection le tractus digestif tout entier. Les figures (24 A, 24 B, p. 189) ont été faites d'après une pièce préparée par ce dernier procédé, mais appartenant à une larve un peu plus avancée que celle dont nous nous occupons ; le vitellus est en effet complètement résorbé et l'ensemble des caractères permettent de rapporter ce spécimen à la période moyenne ([1]) ou au début de la période terminale du stade N. Malgré cela, il nous paraît utile de décrire à cette place son appareil digestif, comme type des dispositions caractéristiques du stade en question ; entre le début et la fin de celui-ci, il n'y a en effet à noter, de ce côté, que des différences d'importance secondaire.

L'œsophage s'ouvre dans l'estomac par un large orifice (cardia) qui intéresse toute la voûte de cette poche, dans son état de vacuité ; à l'état de réplétion, l'ensemble des deux organes figure assez bien une de ces cornues de grès à panse rebondie et à col court employées dans certaines opérations de chimie. Les différentes dimensions de l'ampoule stomacale varient un peu l'une par rapport à l'autre ; tantôt elle est plus longue, tantôt plus aplatie latéralement. A l'état de dilatation complète, elle devient globuleuse, l'orifice cardia se trouve alors plus limité et n'occupe que la partie supéro-antérieure de cette ampoule, dont la portion postéro-inférieure forme un vaste cul-de-sac. L'orifice pylorique est généralement plus petit que le cardia ; mais ce n'est pas là une règle absolue. Cet orifice s'ouvre sur le côté droit de l'estomac, en avant, et tantôt vers le milieu de sa hauteur, tantôt et plus souvent au-dessus de ce niveau. Il n'existe là aucun rétrécissement ni aucun repli valvulaire ; la cavité de l'estomac communique librement avec celle de l'intestin.

De son point d'insertion antérieur, ce dernier conduit remonte obliquement vers le haut, appliqué contre la paroi de l'estomac, et se termine au niveau de la partie supérieure du grand cul-de-sac, ou un peu en arrière, à l'opposé de l'orifice œsophagien. Dans ce trajet, il ne décrit souvent qu'une courbe légère, à convexité dorsale ; mais on peut le voir aussi, lorsque son insertion pylorique se trouve reportée plus en arrière, se couder brusquement sur lui-même au niveau du cul-de-sac antérieur de l'estomac, après un court trajet ascendant en avant, pour reprendre ensuite la direction indiquée ci-dessus ; c'est le cas dans la figure 24 (p. 189). Le calibre de l'intestin est assez variable selon les individus et selon le moment physiologique où on l'apprécie. Il est plus large vers l'extrémité pylorique et toujours plus ou moins aplati latéralement, pour se loger entre l'estomac et la paroi abdominale.

---

([1]) Nous n'avons pas de figure d'ensemble correspondant à cette période.

La démarcation entre l'intestin et le rectum est beaucoup plus tranchée que celle qui existe au niveau de l'estomac. Tandis que l'extrémité rectale de l'intestin est rétrécie en une sorte de col court, l'extrémité correspondante du rectum est large, régulièrement arrondie ou un peu froncée, constituant un cul-de-sac au centre duquel se présente l'ouverture intestinale, petite et susceptible, nous a-t-il semblé, de se fermer en bourse par la coarctation de l'anneau qui l'entoure, véritable valvule formée par la paroi rectale. La portion terminale du tube digestif constitue un réservoir ampullaire plutôt qu'un conduit à proprement parler. Du moins la voit-on se dilater, dans certains cas, au point d'acquérir la capacité de l'estomac; sa hauteur n'est pas alors beaucoup moindre que sa longueur (fig. 24, p. 189); mais elle reste toujours, comme l'intestin, un peu aplatie latéralement, avec les deux extrémités plus renflées que la partie moyenne. L'extrémité anale forme, comme l'opposée, un large cul-de-sac au centre duquel l'anus reproduit les dispositions de l'orifice intestinal. Le segment rectal n'a pas toujours une capacité aussi considérable; mais, même dans le cas d'un minimum, il se montre beaucoup plus ample que l'intestin et surtout plus dilatable. Sa longueur est à peu près équivalente à celle de ce dernier conduit et il affecte la même forme générale, dans une position symétriquement opposée, l'anus se trouvant au même niveau que l'orifice pylorique. La disposition en boucle d'α du tube digestif fait que cette symétrie n'existe pas par rapport au plan de symétrie générale du corps (plan sagittal); la panse stomacale est rejetée à gauche et les deux segments œsophago-stomacal et intestino-rectal, parallèles, ont une direction oblique en arrière et à gauche.

Les variations de texture des différentes portions du tractus digestif se traduisent à première vue et sans le secours de l'analyse histologique par celles qu'affectent dans leur disposition les plis de la muqueuse. Comme nous l'avons déjà vu sur de plus jeunes individus, ces plis sont longitudinaux dans l'œsophage, l'intestin et le rectum, plus espacés, plus irréguliers et moins ondulés dans le second de ces organes que dans les deux autres, où leur importance est précisément en rapport avec la grande dilatabilité des parois; ils sont plutôt entrecroisés, souvent recoupés en différents sens dans l'estomac et leurs ondulations serrées donnent une surface irrégulièrement gaufrée. L'épaisseur des parois est plus grande dans l'œsophage et l'estomac que dans l'intestin et le rectum. Le premier de ces organes est muni d'une gaine continue de fibres lisses circulaires (fig. 3, pl. VIII), propre à lui assurer un pouvoir contractile assez énergique, dont on comprend aisément l'utilité pour la larve; celle-ci recherchera bientôt en effet pour son alimentation, comme nous allons le voir plus loin, les proies agiles, relativement très volumineuses et fortes, trop longues le plus souvent pour être dégluties au premier effort et que sa bouche inerme et encore molle ne lui permettrait guère de retenir. L'œsophage est pour elle un organe de contention, en même temps que de déglutition; il devra maintenir la proie, tant que celle-ci conservera assez de vitalité pour chercher à se dégager, et la pousser vers l'estomac, en dépit de mouvements de défense parfois violents et prolongés. Cela est si vrai qu'on voit ordinairement les proies s'échapper, quand elles n'ont pas été assez profondément happées pour se trouver aussitôt enserrées dans les anneaux constricteurs de l'œsophage. Un tel rôle n'est dévolu à ce canal que pendant les premiers temps ; la pince buccale, en se perfectionnant, devient bientôt pour l'alevin un instrument suffisant de préhension et, dès lors, l'œsophage se trouve réduit à sa fonction de simple conduit transmetteur du bol alimentaire ; il perd de la puissance, en augmentant de longueur proportionnelle.

La description que nous venons de donner du canal digestif s'applique, dans son ensemble, à notre larve de la première période du stade N (fig. 1, pl. IV). Dans la préparation, la superposition des parties ne laisse pas juger très nettement de leur agencement ; on y voit mal, en particulier, la disposition des orifices de l'estomac. Les parois sont relativement plus épaisses que chez des individus plus avancés.

Le *foie* occupe toujours la même situation, dans l'angle œsophago-stomacal, adossé à la face postérieure du vitellus. Mais, après la résorption de celui-ci, il va se trouver en contact, en avant, avec la cloison péricardique, ses rapports avec le canal digestif variant peu par ailleurs. Pendant la durée de l'alimentation vitelline, il est resté peu développé par rapport aux autres portions de l'appareil et nous le trouvons encore tel à la période actuelle ; il va désormais acquérir un volume plus considérable et sans doute une importance physiologique nouvelle, liée aux conditions bio-chimiques de l'alimentation par voie externe.

La résorption du *vitellus* se poursuit avec une rapidité quelque peu variable ; elle ne se présente pas toujours en effet au même degré chez des larves morphologiquement semblables. Néanmoins, nous avons communément observé, à la période que nous étudions ici, un résidu vitellin de volume encore très appréciable. Chez la larve représentée dans notre figure, cette masse a plus d'1 millimètre cube. Si l'on compare ses rapports aux différentes étapes parcourues jusqu'à ce moment, on voit que le vitellus occupe en réalité une position presque constante selon la direction longitudinale, comme les nageoires pectorales qui peuvent nous servir de point de repère. Le plan frontal passant par le milieu de leur insertion coupe toujours la masse vitelline en deux portions dont les volumes ne diffèrent pas beaucoup chez les divers individus ni aux étapes successives de la résorption. Celle-ci s'effectue par toute la périphérie du vitellus et les déplacements qu'il semble offrir dans tel ou tel sens ne sont qu'une apparence due aux changements de forme ou de dispositions survenus dans les parties voisines. Si le centre du vitellus ne semble guère se déplacer dans le plan horizontal, il subit d'autre part une légère élévation, au fur et à mesure de sa diminution de volume ; aussi voit-on sa portion ventrale s'effacer plus rapidement que la dorsale, celle-ci demeurant toujours tangente à la paroi inférieure de l'intestin et ne s'éloignant de la corde dorsale que d'une faible quantité, qui correspond à l'augmentation de calibre du tube digestif. La matière molle du vitellus, non maintenue par une poche à parois rigides, a une forme assez variable ; en général, elle se rapproche, au début, de celle d'un ellipsoïde à grand axe horizontal, puis tend à devenir irrégulièrement globuleuse et, à la fin, offre plutôt l'aspect d'un corps ovoïde à grand axe vertical ou un peu oblique de haut en bas et d'avant en arrière, comme c'est le cas pour l'individu examiné ici. Sa surface est à peu près unie au premier stade ; elle se montre ondulée et se mamelonne en avançant vers la résorption. On ne voit plus à sa surface aucun globule huileux.

L'ordonnance de la *portion respiratoire du pharynx* est demeurée conforme, dans ses grandes lignes, au type décrit chez l'alevin du stade M ; les diverticules latéraux ont la même étendue proportionnelle ; les arcs conservent une structure élémentaire et ne présentent encore aucune trace des lames branchiales. Les principaux progrès réalisés de ce côté consistent en l'ouverture partielle des premières fentes branchiales mettant en communication la cavité pharyngée avec l'extérieur et dans l'accroissement du nombre des arcs, maintenant presque au complet. Le plus profondément modifié, nous l'avons vu dans un précédent paragraphe, est l'*arc hyoïdien* ; encore à l'état d'arc primitif au commencement de l'autre stade, il apparaît déjà fortement différencié dans le sens de son rôle définitif, bien distinct des arcs suivants, en connexion plus immédiate au contraire par les rapports de son segment supérieur, ou styloïdien, avec l'arc maxillaire qui le précède ; en outre, la disparition de la fossette hyo-branchiale [1] et du petit cul-de-sac signalé vers l'union supérieure du jugal et du tympanique a contribué à former de ces différentes parties un ensemble plus complètement individualisé, que l'apparition d'une perforation entre l'hyoïde et l'arc suivant *(1<sup>re</sup> fente branchiale permanente)* a séparé nettement, d'autre part, du système des arcs respiratoires. De ceux-ci, les quatre premiers sont bien distincts (trois seulement l'étaient au stade M) et l'on commence à soupçonner la formation du cinquième et dernier vers le fond du cul-de-sac postérieur de la cavité pharyngo-branchiale. Il nous a paru, sur le sujet qui fait l'objet de notre présente étude, que trois fentes branchiales seulement étaient ouvertes ; encore la première seule *(fente hyo-branchiale)* offre-t-elle une certaine étendue et, vers son extrémité dorsale, derrière le point d'attache du styloïde au tympanique, une largeur appréciable ; les deux autres (entre les 1<sup>er</sup> et 2<sup>e</sup>, 2<sup>e</sup> et 3<sup>e</sup> arcs branchiaux définitifs) se montrent comme de simples fissures limitées à la partie supérieure des cloisons. Nous n'avons pas trouvé d'indication des deux dernières fentes.

L'*opercule* s'est assez notablement étendu, surtout vers le bas ; il finit, de ce côté, sous l'angle de la mandibule. Sa commissure supérieure s'observe toujours à la même

---

[1] Il n'existe jamais ici de *fente hyo-branchiale ouverte.*

place, au niveau du plafond de la cavité pharyngienne, immédiatement sous la partie postérieure de l'oreille. Son bord décrit une ligne courbe, convexe en arrière, un peu sinueuse. Au-dessus du point où il croise le bulbe aortique, on aperçoit dans son épaisseur le fin ruban conjonctif déjà signalé comme la trace d'un premier point d'ossification. Le volet recouvre les deux premiers arcs branchiaux et les deux premières fentes, qui s'ouvrent ainsi dans l'espace sous-operculaire, devenu beaucoup plus profond et s'étendant jusqu'à l'hyoïde ; son bord croise la troisième fente et le troisième arc, laissant, en dehors, libre, le quatrième arc. La lèvre postérieure de l'ouverture operculaire primitive a été remplacée par le ressaut du cul-de-sac pharyngo-branchial.

Le retrait du vitellus, beaucoup plus que les transformations du plancher bucco-pharyngien, a entraîné des changements corrélatifs du côté de la *région cardiaque*. La conformation de cette dernière est du reste sans cesse modifiée par les déplacements de la mandibule et son aspect varie notablement selon que la bouche est ouverte (fig. 3, pl. VIII) ou fermée (fig. 1, pl. IV). Dans le premier cas, le maximum d'emplacement est donné au péricarde. Comme toutes les parties avoisinantes, il a perdu de sa hauteur depuis le commencement du stade M, mais, par contre, en gagnant beaucoup de place en arrière, où sa paroi arrive au niveau des clavicules ; son angle antérieur reste à l'aplomb du bord postérieur de l'orbite. Le cœur y est très librement suspendu, symétriquement placé dans le plan sagittal ; la torsion sur son axe et la déviation à gauche qu'offrait d'abord cet organe ont disparu et le coude auriculo-ventriculaire est moins accusé. Les deux cavités se sont dilatées. L'oreillette, en particulier, est grande ; en haut, à une petite distance au-dessous de l'œsophage, ses parois se confondent avec la mince cloison formée par l'union du péricarde et de la paroi voisine du *sinus veineux périvitellin* (origine du confluent médian des *sinus de Cuvier*) qui s'abouche dans sa cavité. Ses parois ont encore la même épaisseur que celles du ventricule ; mais, tandis que, dans ces dernières, la couche des *cellules* du myocarde est uniformément développée et en constitue la plus grande partie, cette même couche va s'amincissant en arrière de la valvule méso-cardiaque et manque encore dans le tiers supérieur de l'oreillette. Le ventricule est irrégulièrement globuleux. Le bulbe aortique se détache de sa partie antéro-supérieure, pour se perdre aussitôt sous le plancher buccal, en formant avec l'axe du cœur un angle plus ou moins ouvert en haut, quand la mandibule est abaissée. Lorsque la mandibule se relève pour fermer la bouche, toute la région cardiaque et le cœur s'étirent fortement ; l'angle antérieur du péricarde est reporté assez loin en avant, jusqu'à l'aplomb du contour antérieur de l'orbite ; les cavités successives du centre circulatoire s'alignent suivant le même axe, dans une direction peu éloignée de l'horizontale, et immédiatement appliquées contre la face ventrale des premières voies digestives (¹).

---

(¹) Nous n'avons aucune donnée sur la formation du système vasculaire et du sang pendant le stade N.

De l'*appareil urinaire* la portion antérieure seule mérite de retenir notre attention. Il existe maintenant un *glomérule rénal* (glomérule primitif, *pronéphros*) à l'extrémité de chacun des canaux de *Wolff* et ceux-ci décrivent à ce niveau quelques circonvolutions, au lieu de présenter, comme au commencement du stade M, un trajet direct. La position du glomérule est constante : il est placé sur le côté de la corde, tantôt un peu plus haut, tantôt un peu plus bas, au-dessus de la partie postérieure de l'œsophage, toujours en arrière de la clavicule. Sa forme et ses dimensions sont variables ; c'est ordinairement une masse à contour arrondi ou ovalaire, mamelonnée, dont la parfaite transparence ne permet pas toujours de saisir facilement les limites et qu'il conviendrait d'étudier au moyen d'une technique appropriée, pour en donner la description exacte. Nous nous contentons d'en signaler l'existence et les gros rapports. Au delà du glomérule, le canal segmentaire se porte en avant, dépasse la clavicule, décrit une boucle dans l'espace compris entre ce dernier organe et l'oreille, puis revient en arrière se placer sous la portion ventrale du tronc, qu'il suit jusqu'à sa terminaison dans la vessie. La boucle antérieure est toujours unique à ce moment, mais sa forme est variable et plus ou moins modifiée par des ondulations secondaires. La portion du canal de *Wolff* située en arrière du glomérule ne nous offre rien de nouveau à décrire. Il en est de même de la vessie, toujours terminée en cul-de-sac vers l'extrémité du rectum.

Aucun des alevins décrits et figurés dans les mémoires ne nous paraît appartenir nettement à cette période ; il nous semble plus juste de les rapporter à la suivante, dont nous allons maintenant nous occuper.

### Deuxième période.

*Période critique.* — Nous n'aurons pas à nous étendre aussi longuement sur cette période que nous l'avons fait sur celle du début ; les progrès de la larve n'y ont pas en effet apporté, dans l'anatomie des différents systèmes, des modifications assez importantes pour nous arrêter et certains points seulement seront à noter. Il ne nous a pas paru utile de figurer l'aspect d'ensemble alors offert par la jeune Sole ; il diffère trop peu de celui des périodes voisines (fig. 1 et 2, pl. IV). La figure de détail (fig. 3, pl. VIII) servira à compléter nos remarques touchant les modifications survenues depuis la précédente période dans les caractères morphologiques. D'autre part, de bonnes représentations de la même larve et nombre de détails descriptifs existent dans les mémoires de Raffaele (2), M'Intosh et Prince (5), Canu (12) et Ehrenbaum (15), que nous analyserons plus loin.

La durée de la période critique est difficile à préciser ; nous estimons que l'alevin la traverse, en moyenne, entre le 9e et le 14e jour.

Les transformations anatomiques les plus importantes de cette période sont offertes par le *système squelettique,* exception faite pour la corde dorsale. Du cartilage proprement dit a remplacé, sur la plupart des points, le tissu mésoblastique à éléments orientés ou le précartilage ; tout en gardant l'aspect particulier du cartilage embryonnaire, il se distingue maintenant par l'abondance plus grande de la matière fondamentale, isolant d'une manière beaucoup plus nette les chondroplastes arrondies ou discoïdes. De plus, les trois premiers points d'ossification indiqués précédemment de chaque côté, à l'état de matière collagène, offrent les caractères optiques de la substance ostéoïde et constituent autant de formations spiculaires très caractéristiques (tigelle du bord du maxillaire supérieur, point operculaire et clavicule).

L'ébauche cartilagineuse du crâne s'est complétée par l'union des deux capsules auditives, entre les parois internes desquelles s'étend un pont de même tissu (*lame basilaire*), au-devant de la pointe de la corde dorsale. Celle-ci, en effet, se termine, non plus vers le pourtour postérieur de l'orbite, mais derrière l'oreille, à peu de distance au-devant de la clavicule. Il existe même, à ce moment, un certain intervalle entre l'extrémité de la corde et la lame basilaire. Cette lame est située au niveau de la partie moyenne de l'oreille. Assez épaisse, elle présente en arrière un bord mousse nettement dessiné, sur lequel s'insèrent les faisceaux antérieurs de la bande musculaire sous-notochordale. En avant, nous n'avons pu saisir ses rapports avec les cartilages de la face, rapports toujours masqués par l'infundibulum cérébral et l'œil ('). La moelle allongée repose directement sur sa face dorsale.

La paroi inférieure de la capsule otique s'est encore épaissie et elle est directement unie maintenant à la base élargie du temporal par du tissu cartilagineux qui a remplacé la masse de mésoblaste interposée à la période précédente. Il y a là, de ce fait, un noyau de cartilage assez volumineux, dont le temporal semble n'être qu'un prolongement apparu secondairement. Dans ces conditions, la plaque nuchale (constituée par la lame basilaire, les capsules auditives et leurs prolongements) offre l'aspect que lui ont décrit Vogt (45) et Pouchet (43). Mais nous avons vu plus haut comment le temporal primordial apparaissait à l'état de noyau distinct, indépendant, au début, du cartilage de l'oreille ; c'est sa soudure à ce dernier qui est un phénomène secondaire.

Le segment supérieur, fixe, de l'arc maxillaire, formé par la réunion du temporal et du jugal, a peu changé ; mais chacun des cartilages composants se montre mieux délimité, sous sa couche serrée de périchondre. Seule, nous venons de le voir, la base du temporal se confond avec la masse sous-otique. La disposition du cartilage

---

(') Le peu qu'on aperçoit de la plaque faciale, en avant de l'organe olfactif, ne permet aucune appréciation sur ses dispositions actuelles.

maxillaire s'est modifiée davantage. Il n'apparaît plus comme une continuation directe de la ligne générale de l'arc, nettement brisée au niveau de son attache au jugal ; l'union des deux pièces se fait par une articulation condylienne, qui intéresse non l'extrémité postérieure de la tige maxillaire, libre et saillante sous l'angle de la mandibule, mais un point de sa face dorsale situé à une petite distance en avant ; là, l'extrémité finement arrondie du jugal s'emboîte dans une petite dépression cupuliforme de la pièce sous-jacente. La bouche étant entr'ouverte, la mâchoire inférieure horizontalement étendue, le cartilage maxillaire se présente, de profil, comme une tige cylindroïde, un peu moins épaisse en avant qu'en arrière et décrivant une courbe légère, unique (au lieu de la double courbe en S notée antérieurement), convexe en haut ; la corde sous-tendant cet arc forme alors, avec l'axe moyen du segment temporo-jugal, un angle à peu près droit. Dans le plan horizontal, l'ensemble des deux maxillaires primordiaux affecte toujours la même disposition en fer à cheval. Les quelques changements survenus dans l'appareil de soutien de la mandibule assurent à celle-ci, devenue en même temps plus robuste, une mobilité nouvelle.

L'arc hyoïdien est ici facile à suivre dans la plus grande partie de son étendue, depuis la région sous-otique jusqu'à la base de la langue (où l'image de son extrémité inférieure devient indécise sur notre préparation). Entièrement composé de cartilage vrai, il paraît encore continu d'un bout à l'autre ; le coude brusque qu'il décrit en arrière et un peu au-dessus du niveau du condyle jugo-maxillaire et une différence de calibre distinguent seulement ses deux portions ; aucune séparation nette ne se montre entre elles. Le segment supérieur, décrit déjà comme *cartilage styloïdien*, s'est un peu allongé et son articulation avec le temporal est mieux définie qu'à la période précédente. Notons que cette attache a lieu sur une petite éminence située à la partie postérieure et vers la base du temporal et que celui-ci s'étrangle légèrement au-dessus de la saillie en question, présentant là une sorte de col court et large ; la portion supra-styloïdienne du temporal, ainsi étroitement délimitée, est appelée à s'allonger fortement dans la suite et à reporter beaucoup plus bas l'insertion du styloïde. Le segment inférieur, ou distal, *cartilage hyoïdien* proprement dit, forme avec l'autre segment un angle presque droit ; sa limite postérieure répond au sommet de l'angle. A partir de ce point, il se porte en avant et un peu en bas, croise le segment temporo-jugal au voisinage du condyle maxillaire, puis se loge dans le plancher buccal, à côté du cartilage mandibulaire. Son calibre est déjà supérieur à celui du styloïde ; sa longueur est beaucoup plus grande ; cette différence de dimensions ira en s'accentuant beaucoup aux périodes ultérieures.

Les trois premiers arcs branchiaux sont pourvus de leurs axes cartilagineux, tiges grêles, de calibre uniforme et reproduisant, dans leur ensemble, la disposition de l'arc hyoïdien. Comme celui-ci, chacune d'elles présente, en arrière, un coude qui la sépare en deux portions (continues d'ailleurs), l'une supérieure, de beaucoup la plus courte, comprise dans la paroi latérale de la chambre pharyngo-branchiale et affectant la même orientation que le styloïde, auquel elle correspond (future *pièce épibranchiale*); l'autre antérieure et inférieure, obliquement descendante en dedans, comme le cartilage hyoïdien, son homologue. On voit bien, sur la préparation, cette série de tigelles coudées s'échelonnant de bas en haut, en se débordant l'une l'autre en arrière, depuis l'arc hyoïdien jusqu'au troisième arc branchial. Les extrémités dorsales des cartilages branchiaux sont libres([1]).

Rien de particulier à signaler du côté du coracoïde primordial.

Tous les organes premiers que nous venons de passer en revue sont formés de tissu cartilagineux à substance fondamentale plus ou moins abondante, mais partout très distinctement interposée entre les éléments cellulaires. Ceux-ci sont généralement discoïdes et affectent la disposition sériale connue, soit sur une seule file (comme dans les tigelles grêles des arcs branchiaux, le styloïde ou aux extrémités amincies du temporal et du jugal) soit sur deux ou plusieurs rangs, parallèles ou intriqués (temporal, maxillaire, hyoïde, cartilage facial); ailleurs (base du temporal et diverses portions de la plaque nuchale) les chondroblastes sont arrondis ou ellipsoïdes, en même temps que diversement orientés([2]) dans une substance fondamentale plus abondante.

La présence des trois formations spiculaires déjà citées est un caractère assez précis et, d'après nos constatations, assez constant pour fixer, à lui seul, la place évolutive des larves de cette période; leur parfait isolement, leur réfringence spéciale, leur situation superficielle en rendent de plus la constatation très facile. Le fin ruban étendu le long du bord de la mâchoire supérieure, de la commissure buccale au cartilage facial, est devenu une grêle arête ostéoïde, bien nettement délimitée. La forme ne s'en est modifiée qu'à l'extrémité voisine de la commissure; là, l'aiguille osseuse présente une tête mousse, au lieu de finir en une pointe vaguement dessinée, comme précédemment.

Le point d'ossification de la membrane operculaire (première trace du futur opercule) n'est plus situé au voisinage du bord de cette membrane, par suite de l'extension qu'elle a prise en arrière et des connexions que lui-même a nouées en avant avec l'appareil hyo-mandibulaire. Il constitue une courte([3]) et étroite lame, un peu arquée dans le sens du bord operculaire, ondulée, terminée en pointe en bas et parfois pourvue, à son extrémité opposée, d'une tête articulaire, qu'un col plus ou moins mar-

---

([1]) Comme pour l'arc hyoïdien, il nous a été impossible d'observer les rapports de leurs extrémités inférieures, cachées par les organes voisins.

([2]) Dans les points où la masse cartilagineuse se prépare à une scission, ces éléments sont plus tassés et la direction de leurs lignes indique le sens de la future coupure. Il en est de même des portions de cartilage qui doivent subir un allongement particulièrement prononcé; les files cellulaires sont alors serrées dans le sens de la ligne d'extension. Tel est le cas pour la partie supra-styloïdienne du temporal.

([3]) Sur notre exemplaire de la figure 3 (pl. VIII), sa longueur est seulement de 0,13 mill.

qué sépare de la portion principale ; cette tête s'insère à la base du temporal, sur la saillie arrondie que présente cette portion du cartilage au-dessus de l'étranglement surmontant l'articulation du styloïde. Ailleurs, la lamelle ostéoïde est aiguë à ses deux extrémités, falciforme (fig. 3, pl. VIII). Un pli très léger de la surface operculaire s'étend entre la pointe de la lame ostéoïde et la commissure operculo-mandibulaire, marquant la place qu'occupera le bord postérieur du préopercule. Sur la partie supérieure de cette même lame s'insèrent deux faisceaux musculaires attachés d'autre part à la coque cartilagineuse de l'oreille.

Comme les deux pièces que nous venons de décrire, la clavicule a subi surtout une transformation dans sa substance ; elle n'est plus seulement encroûtée, mais est entièrement composée de matière ostéoïde. Aussi est-elle très visible sur le flanc de la larve. Ses rapports sont ceux de son ébauche conjonctive ; sa forme n'est pas beaucoup modifiée non plus. De même qu'à son état primitif, cette pièce spiculaire s'étend du profil dorsal du tronc à la partie ventrale de la région thoracique, comme une arête déliée, arquée et convexe en arrière, renflée dans sa partie moyenne (ou un peu au-dessous) vers le point d'attache inférieur de la nageoire pectorale, effilée vers ses extrémités, noueuse, avec des crêtes, des fissures et parfois des vides irréguliers dans sa substance. Son aspect rappelle très exactement celui d'un arc à lancer des flèches. Les pointes, qui sont le plus souvent contournées dans plusieurs sens, apparaissent, à fort grossissement, composées de grains ostéoïdes, plus ou moins libres ou soudés ensemble (tels les grains de certaines formations élastiques).

Les progrès du squelette constituent certainement le point le plus digne d'intérêt de cette étape de l'évolution ; mais quelques autres détails morphologiques méritent aussi une mention.

Les dimensions proportionnelles de l'*oreille* ont augmenté sensiblement depuis le stade M, en hauteur surtout ; par suite, sa limite supérieure tend à se rapprocher du profil dorsal de la région de la nuque, qu'elle atteindra et même dépassera un peu (stade O), tandis que sa base conserve toujours à peu près le même niveau. D'abord allongée d'avant en arrière, l'oreille devient ainsi un peu plus étendue dans le sens de sa hauteur. La structure interne est dès ce moment trop complexe pour être étudiée convenablement sur nos pièces ; elle ne pourrait faire l'objet d'une description sommaire. On remarquera seulement, dans la région inférieure de l'organe, en avant du pilier central, les deux otolithes placés l'un près de l'autre ; ils sont en forme de petites masses grenues, mûriformes, grisâtres, moins régulières et moins réfringentes qu'au début.

Le *foie* a accompli des progrès marqués depuis la dernière période ; son volume relatif est devenu notablement plus grand. Il se rapproche aussi plus complètement, par l'ensemble de ses caractères anatomiques, de la conformation définitive qu'il doit acquérir. Dans une gouttière de sa partie supérieure, sous l'œsophage, on aperçoit (fig. 3, pl. VIII) la vésicule biliaire, poche à parois très minces, allongée (0,15 mill. env.), piriforme, avec le fond regardant en bas et en avant, vers le sommet de l'ovoïde vitellin, au contact duquel elle arrive sur notre exemplaire. L'extension et le perfectionnement rapides de la glande hépatique sont, comme d'autres phénomènes évolutifs du stade N, en corrélation visible avec l'instauration des fonctions digestives.

L'état du *vitellus,* à cette période, est assez variable selon les individus observés (voir *fonctions,* p. 108); mais, en général, on le trouve très réduit, tout proche de sa complète disparition ou même déjà résorbé. Chez un de nos sujets, il n'en subsiste qu'un faible résidu, sous la partie antéro-inférieure du foie, dans le cul-de-sac péritonéal rétro-péricardique. Cette petite masse (mesurant dans ses plus grandes dimensions 0,2 sur 0,1 mill.) a une teinte pâle, une forme quelque peu indécise, un aspect floconneux dus à la fragmentation des dernières portions de substance vitelline, qu'on aperçoit mêlées à une matière plus finement granuleuse provenant évidemment de la désintégration avancée de la première. Le système sanguin doit concourir maintenant au processus de résorption; on aperçoit un double tractus vasculaire en voie de formation qui unit, en arrière, le résidu vitellin à la partie sous-jacente du péritoine. — Chez l'individu de la figure 3 (pl. VIII), un peu moins avancé que l'autre, nous trouvons le vitellus encore homogène et bien délimité, formant au-devant du foie une masse ovoïde, aussi grosse que ce dernier organe.

Sur aucune de nos larves de cet âge nous n'avons observé d'ébauche nettement dessinée de la *vessie natatoire,* moins heureux en cela que Raffaele et Canu (v. plus loin, p. 102). Le sujet qui nous a servi pour l'exécution de la figure 3 (pl. VIII) présente seulement sur le côté droit de l'œsophage, vers la partie dorsale de ce conduit et tout au voisinage de l'orifice cardia, un petit corps arrondi, sombre, après fixation et éclaircissement consécutif, semblant en rapport immédiat avec la paroi œsophagienne. Nous pensons qu'il s'agit là du bourgeon d'origine de la vessie natatoire; mais l'image microscopique de ce corps n'est pas assez précise, sur la préparation, pour que nous puissions légitimement émettre, touchant sa véritable nature, une affirmation plus catégorique. Notre observation n'a de valeur que par son rapprochement avec celles des deux auteurs précités.

Entre les arcs branchiaux, dont nous avons décrit le squelette cartilagineux, les *fentes branchiales antérieures* se sont prolongées, en bas, jusqu'au voisinage du plancher buccal et la circulation de l'eau peut se faire largement entre la cavité pharyngienne et l'extérieur. Mais il n'y a pas encore de fonction respiratoire branchiale; les lamelles propres, organes de cette fonction, sont encore absentes.

L'extrémité antérieure du *canal de Wolff* n'a pas sensiblement varié dans ses rapports avec le glomérule primordial et les organes voisins; elle nous a toujours montré, à ce moment, une disposition que sa fixité doit faire retenir, à titre de caractère déterminatif. Le canal segmentaire, parti du glomérule, se porte directement en avant, croise la clavicule et, tout de suite après, se coude pour revenir en arrière ; dans ce trajet rétrograde, il ne reste pas ici horizontal, mais descend sur le côté externe de l'œsophage, sans toutefois dépasser le niveau de la lumière de ce conduit, en décrivant une courbe plus ou moins régulière ou sinueuse et remonte derrière le glomérule, à la place qu'il occupe pendant tout le reste de son parcours, sous la face ventrale du tronc, entre le péritoine pariétal et les somites musculaires. — Un fin canal débouchant directement derrière l'anus, dans la même encoche marginale, fait communiquer le bas-fond de la vessie avec l'extérieur. La longueur de ce conduit varie selon l'état de réplétion du réservoir (nous l'avons trouvée de 50 à 150 $\mu$).

Parmi les mémoires consacrés à l'histoire de la Sole larvaire, ceux de Raffaele, de M' Intosh et Prince, de Canu et d'Ehrenbaum contiennent des indications concernant des alevins dont l'état de développement paraît concorder avec celui de nos sujets examinés en dernier lieu.

Raffaele (1) a représenté assez sommairement (fig. 19, pl. IV) une larve de la forme B « après l'épuisement du vitellus... ». En admettant que l'on eût affaire à la Solea vulgaris, il y aurait lieu de rapporter cette larve à la période moyenne du stade N, en raison de sa conformation générale.

L'autre figure du même auteur (fig. 17, pl. III) concernant un alevin d'âge équivalent et aussi les détails descriptifs contenus dans le mémoire (pp. 46-48) concordent parfaitement, sur la plupart des points, avec nos propres constatations (¹). Le faciès de l'alevin de Raffaele et ses dispositions anatomiques d'ensemble sont très semblables à ceux de nos sujets, comme on peut le reconnaître tout de suite en comparant les figures. La présence dans la mâchoire supérieure d'un « grêle stylet osseux » ; l'état de développement des arcs branchiaux ; la conformation du tube digestif, dont nous avons déjà cité la très exacte description et que représente aussi fidèlement la figure ; celle des organes centraux de la circulation, des otocystes, « amples », où « les canaux semi-circulaires membraneux sont déjà indiqués mais non complètement formés » ; l'aspect de la pigmentation « toujours caractéristique par la série longitudinale de taches étoilées » ; tous ces détails anatomiques classent nettement à côté de nos larves de la période N, celles de l'auteur italien. Celui-ci a bien noté aussi la disposition de l'appareil urinaire et, en particulier, de la portion antérieure des canaux de Wolff ; ces canaux « commencent un peu en avant de la vessie natatoire, en rapport avec deux glomérules, remontent presque jusque sous les otocystes, puis reviennent en faisant une anse sur eux-mêmes d'une manière un

---

(¹) Si l'espèce observée par Raffaele n'est pas celle que nous étudions ici, du moins y a-t-il entre elles deux la plus frappante analogie ; celle-ci apparaît surtout quand on considère la figure. L'identité étant admise, les divergences observées pourraient s'expliquer par la différence de rapidité du développement, sensiblement plus grande dans le cas de la Sole de Naples.

peu sinueuse et se rapprochant l'un de l'autre ». Sur la figure 17 (pl. III), il a représenté, au-dessus de l'ampoule stomacale, un glomérule avec l'anse correspondante
du canal segmentaire. Il mentionne enfin la présence des « boutons sensoriels sur
la tête et le long de la ligne latérale ; ces derniers... au nombre de 5-6 par côté ». —
Quant à l'existence des 5-6 rayons grêles aperçus par Raffaele dans la membrane
branchiostège, nous ne l'avons pu constater sur nos exemplaires, sans doute moins
avancés, à ce point de vue, que ceux de l'observateur de Naples. Un tel caractère
rapprocherait ces derniers des larves de la période terminale du stade N, ou même de
la période NO.

Mⁱ Intosh et Prince (5, p. 851-852) s'arrêtent assez longuement à propos de leur
larve de Sole examinée au 9ᵉ et au 10ᵉ jour (âge le plus avancé qu'elle ait atteint) ;
mais ils en décrivent surtout la pigmentation, insistant sur le fait de la substitution,
très avancée à ce moment, de la coloration ocreuse au pigment blanc jaunâtre opaque
« qui disparaît ». Ils signalent aussi « la tache pigmentaire de l'occiput, si caractéristique des stades suivants » ; la disposition nouvelle des yeux « dirigés plus ou
moins en avant (en avant et de côté) » ; la rétraction prononcée du vitellus, réduit à
« une faible masse sous le foie » et « pas facile à distinguer ».

Pour placer ici la larve de Canu (12, fig. 1, pl. XIII), nous avons égard surtout à
l'absence du vitellus et à l'état de développement de l'appareil digestif coïncidant avec
la conservation d'autres caractères, par lesquels cette forme se rattache encore à la
période initiale de ce même stade. Par exemple, elle présente, de la forme plus jeune
qui nous a servi de type, l'allure générale, le corps allongé, avec les limbes de la
nageoire primitive peu élevés, le lobe caudal effilé, à rayons mous et régulièrement
divergents autour de l'extrémité de la corde dorsale, la persistance du capuchon
céphalique, la disposition de la région buccale, avec la mandibule mobile, grande,
dépassant le museau, la position de l'anus, encore reculée en arrière, l'effacement du
colobome, le degré de cloisonnement interne de l'oreille, la forme et la position
encore élevée de la nageoire pectorale, la constitution de l'appareil branchial et celle
du cœur. Par contre, l'état de l'appareil digestif est évidemment celui d'une larve
plus âgée. Le foie est relativement volumineux ; à sa partie supérieure est figurée la
vésicule biliaire. Un point intéressant de la morphologie de cette larve est la présence,
à la partie dorsale de l'œsophage et vers son extrémité dorsale, d'un petit bourgeon
creux émané de la paroi de ce conduit et représentant le rudiment de la vessie natatoire. L'observation de Canu, venant après celle de Raffaele et complétée par les
nôtres, permet de fixer d'une manière suffisamment précise l'époque d'apparition de
cet organe transitoire, caractéristique des derniers stades larvaires et destiné à disparaître peu de temps après l'achèvement de la métamorphose pleuronecte. Eu égard
aux variations introduites dans la marche du développement par les conditions plus
ou moins anormales des milieux d'élevage, on peut placer la première différenciation

de la vessie natatoire à la période initiale du stade N, ou, au plus tard, pendant le courant de ce stade.

Il est assez difficile de préciser l'âge de l'alevin dont Canu a représenté, à fort grossissement (fig. 5, pl. XIII), les viscères thoraco-abdominaux. Cet alevin est désigné seulement comme « larve très âgée », de même que celui de la figure 1 (même pl.). Ces deux figures se rapportent-elles au même spécimen ou à des individus très voisins dans leur évolution ? En tous cas les dispositions anatomiques y sont entièrement comparables. — On consultera avec avantage, au sujet de la splanchnologie de la Sole larvaire de ce stade, la figure à grande échelle, qui montre de la manière la plus claire la forme et les rapports des organes (cœur, ceinture thoracique, appareils digestif et urinaire). Il est utile de faire remarquer ici que la portion du canal digestif désignée par l'auteur comme l'*estomac* est, pour nous, l'extrémité postérieure de l'*œsophage*, celui-ci comprenant tout le segment rectiligne, horizontalement orienté, qui fait suite au pharynx, en arrière de la région branchiale ; l'estomac proprement dit correspond, à notre estimation, à l'anse comprise entre les deux premières coudures du canal ; le calibre plus grand que celui-ci présente en ce point, sa dilatabilité, qui peut le transformer momentanément en un réservoir spacieux (¹), les analogies morphologiques fournies par l'examen des modifications successives de l'appareil entier, enfin la position de la vessie natatoire, décrite par tous les embryologistes comme issue de la *paroi dorsale de l'œsophage*, nous semblent justifier notre interprétation.

Sur la même figure, on peut se rendre exactement compte du point d'insertion de la vessie natatoire, de l'aspect piriforme de cet organe, de l'épaisseur de sa paroi, contrastant avec la petitesse de sa cavité, qui communique par un étroit canal avec celle de l'œsophage et ne contient pas encore d'air. — La représentation du pronéphros et du *canal de Wolff* répond à la description de Raffaele et à celle que nous-mêmes en avons donnée précédemment.

La même planche XIII de Canu contient une image à grande échelle d'un *organe sensoriel latéral*, avec son *nerf propre (usl)* l'unissant au *nerf latéral commun (ul)* et dans ses rapports avec les myotomes sous-jacents et la corde dorsale. L'âge de la larve à laquelle a été emprunté ce détail n'est pas donné ; mais il s'agit certainement de l'un des spécimens les plus âgés qu'a examinés l'auteur, c'est-à-dire d'une larve au décours de la période moyenne. Nous avons vu ci-dessus les mêmes formations signalées à cet âge par Raffaele (v. p. 101). Les données concordantes des deux observateurs fixent un point de l'organogénie du stade dont nous nous occupons ici.

---

(¹) Dans le cas de Canu, il n'existe pas véritablement d'*ampoule stomacale*, comme chez nos larves. L'estomac est coarcté, peut-être par suite de son état de vacuité et de l'inanition du jeune poisson ; dans de telles conditions, il ressemble beaucoup à celui de la larve plus avancée (du stade O, par exemple).

La larve dessinée et décrite par Ehrenbaum (**15**, fig. 3o, pl. V ; p. 3o9-31o) peut se placer à côté de celle de Canu, vers la période moyenne du stade N, bien que, par son aspect et sous certains rapports, elle rappelle tout à fait les alevins de la période terminale (dont notre figure 2, pl. IV, donne un exemple). L'auteur déclare l'avoir choisie pour représenter la jeune Sole au « terme de processus de résorption vitelline » ; celle-ci est donc accomplie depuis peu (¹). Ce fait, rapproché de l'âge de la larve (8 jours) et de sa longueur (4,24 mill.), dispose à la considérer comme moins avancée que si l'on a égard à d'autres caractères : effacement notable de la crête céphalique, situation élevée et grand développement de l'oreille, position avancée de l'anus jusqu'au tiers antérieur de la longueur totale (²) et au voisinage du sommet de l'anse gastrique. L'auteur insiste sur la vivacité du coloris pigmentaire où on peut, dit-il, « distinguer au moins quatre tons différents entre le jaune pâle et le rouge orangé, abstraction faite du pigment noir existant dans de délicats prolongements ramifiés ». Il note le grand volume de l'intestin et surtout du rectum — « l'intestin terminal (Enddarm) paraît, dans la règle, singulièrement dilaté » — la petitesse relative du foie, la moindre proéminence du cerveau moyen et la possibilité de variations individuelles assez considérables affectant ce dernier et la partie voisine du limbe de la nageoire.

### Troisième période.

La période terminale du stade N comprendrait, d'après nos estimations, les alevins âgés de 12 à 16 jours, en moyenne. Pas plus que la précédente, elle ne nous donnera matière à de longs détails descriptifs, les progrès du développement, depuis la résorption vitelline, portant bien plus sur la croissance des organes que sur leurs transformations. En outre, la perte accidentelle (après fixation et montage en préparation) du seul individu que nous possédions comme représentant de cette période nous a privés de toute pièce de contrôle pour la revue détaillée et la reproduction par le dessin de certains dispositifs dignes d'intérêt. Nous ne pourrons donner de l'alevin en question qu'une image d'ensemble (fig. 2, pl. IV). Elle suffira d'ailleurs, avec les remarques dont nous l'accompagnons, pour établir le lien entre cette forme larvaire et la suivante (de la période de transition NO). Ne jugeant

---

(¹) Comme nous le verrons plus loin, la date de la disparition complète du vitellus, un peu difficile à constater du reste, ne constitue pas à elle seule un point de repère suffisamment précis pour fixer le moment évolutif d'une larve donnée. L'ensemble des caractères morphologiques doit surtout être pris en considération.

(²) Le rapport à la longueur totale de la distance qui sépare l'extrémité du museau de l'anus est ici de $\frac{33}{100}$, d'après Ehrenbaum, tandis que nous l'avons trouvé égal à $\frac{40}{100}$ au commencement du stade.

pas à propos de consacrer à cette dernière un chapitre spécial, nous nous réservons d'emprunter à l'examen de ses caractères des indications utiles pour éclairer notre exposé, tant en ce qui concerne la période terminale du stade N qu'en ce qui revient à la période initiale du stade O.

Au point de vue de l'aspect général et des principales dispositions morphologiques, il n'y a pas de différences essentielles entre les deux larves des figures 1 et 2, prises aux deux périodes extrêmes du stade, tandis qu'il en existe d'évidentes entre la larve 2 et la larve 3, celle-ci appartenant au commencement du stade suivant. La coupure de convention introduite par nous sous l'étiquette de stade N correspond donc à un ensemble de formes assez homogène à première vue ; elle ne s'appuie pas seulement sur des considérations d'anatomie interne.

Un des caractères les plus frappants de la *physionomie* de la larve N, consiste dans l'accroissement prédominant pris, surtout en hauteur, par l'extrémité antérieure du corps (régions céphalique, thoracique et abdominale), pendant que la région caudale est demeurée assez effilée. Celle-ci est divisée en deux portions de hauteur à peu près égale par l'axe somatique, toujours arrondi et étroit. Le rapport $\frac{H}{L}$, de $\frac{28}{100}$ (chez l'alevin de la figure 1, pl. IV), est remonté à $\frac{31}{100}$. En avant, ce sont les parties sous-pharyngées et abdominales qui ont acquis la plus grande importance ; la masse crânienne a un volume relativement moindre. L'angle mésencéphalique est moins saillant ; la ligne fronto-nasale tend à devenir moins abrupte et la crête terminale de la nageoire dorsale primitive ne présente plus, en général, qu'une sinuosité peu prononcée à la place du capuchon céphalique[1]. Celui-ci paraît, au premier abord, beaucoup plus saillant qu'il ne l'est en réalité, par suite de la présence de cette tache pigmentaire très constante, la première de la série marginale dorsale, dont nous avons déjà signalé l'existence et la forme particulière ; l'ensemble de son fin réseau, étalé au bord de la membrane, de son pédicule, constitué par les quelques ramifications plus grosses qui l'unissent au large groupe pigmentaire coiffant le vertex crânien (première tache de la série somatique dorsale), et de ce dernier groupe figure une sorte de casque dont elle serait le cimier. Son isolement sur le champ transparent et incolore de la crête céphalique lui donne un relief encore plus frappant. Ce simple détail imprime à la physionomie de l'alevin un cachet spécial qui attire tout de suite l'attention de l'observateur.

La *livrée* est encore nettement post-embryonnaire, du moins sous le rapport de la distribution des éléments chromatiques. Il y a cependant des différences entre les

---

[1] Il existe, à ce point de vue, de sensibles différences individuelles. On peut constater, chez certains alevins du commencement du stade O, une saillie encore assez marquée du capuchon céphalique.

alevins $N_1$ et $N_2$. L'individualisation des taches marginales, toujours en progrès depuis le début, est beaucoup plus tranchée chez le second alevin, où le réseau anastoma-tique et les petits éléments intermédiaires aux grandes taches ont disparu pour la majeure partie. On compte très facilement ici 10 groupes pigmentaires sur le limbe dorsal et 3 sur le limbe ventral. Par exception, les deux groupes postérieurs de chaque série sont toujours reliés entre eux et aux chromoblastes intermédiaires des séries somatiques par des ramifications plus ou moins nombreuses; à l'œil nu, le jeune poisson semble encore barré transversalement au commencement de son tiers postérieur, et cela même d'une manière plus tranchée qu'aux périodes précédentes ; dans toute cette région, le limbe marginal est complètement dépourvu de pigmenta-tion propre. Ces dispositions vont bientôt se modifier profondément. Nous ferons remarquer aussi la part de plus en plus grande prise dans le système de coloration par les chromoblastes punctiformes, soit mélaniques, soit de la gamme xanthique (du jaune paille à l'orange). En général, la proportion du pigment noir augmente beaucoup. Sur la paroi abdominale, en avant de l'estomac, on pourra observer ordi-nairement un certain nombre de cellules étoilées marquant la place occupée précé-demment par le vitellus. A signaler enfin les longues et fines arborisations qui sillonnent la voûte postérieure de la cavité péritonéale, au-dessus de l'intestin terminal et de l'estomac, ramifications émanées des derniers chromoblastes de la série soma-tique ventrale.

La *nageoire pectorale* a maintenant acquis une plus grande surface relative ; c'est le moment où, inversement, la rame caudale a son étendue proportionnelle la plus faible. Aux périodes terminales du développement larvaire, celle-ci se sera fortement élargie et perfectionnée, pendant que la première aura perdu de son importance fonc-tionnelle. Ce sont là faits communs de balancement organique. La ligne d'attache de la pectorale est un peu en arrière de la limite postérieure de l'oreille, au-dessous de l'axe somatique([1]). Au repos, son limbe couvre les parties latérales de l'abdomen.

La *membrane natatoire périphérique* ne présente nulle part trace de la formation des nageoires impaires, caractère nettement distinctif entre les alevins du stade N et ceux du stade O. Le lobe caudal de cette membrane est symétriquement arrondi, comme chez la larve de la période initiale, et ne montre, autour de l'extrémité de la corde, que les fins rayons conjonctifs déjà connus. Il est réduit à son minimum de hauteur (0,35 à 0,40 mill.).

A défaut d'observation directe pratiquée sur la larve de cet âge, nous avons, pour apprécier au moins approximativement l'état de son *squelette*, l'indication donnée

---

([1]) Elle paraît beaucoup plus élevée dans la figure de Canu ; cela tient à l'inclinaison du corps de la larve, dont le côté droit est tourné un peu vers le haut. On se rend bien compte de ce fait d'après la position occupée, sur la même figure, par l'œil et l'oreille.

par l'examen de ce système chez la larve de la période suivante (NO), dont elle diffère en somme assez peu. Les progrès constatés chez la seconde sont certainement en voie d'apparition ou de développement chez l'autre. Ainsi l'ébauche des premiers rayons branchiostèges, celle de plusieurs points d'ossification de l'arc mandibulaire et de l'appareil operculaire, le développement du cartilage palato-carré, partie annexe du jugal primordial, et les groupements cellulaires précurseurs de la formation des pièces interépineuses peuvent être regardés comme des caractères habituels de la période terminale du stade N. Pendant cette période, la partie postérieure de la corde dorsale conserve sa rectitude ; le relèvement de l'extrémité du cordon axial est un des faits marquants du commencement du stade suivant.

L'accroissement de la tête a modifié les positions relatives de certains organes. Par rapport à l'axe de la corde, ainsi qu'à la ligne naso-pupillaire, qui a conservé son niveau et son orientation, l'oreille occupe une situation plus élevée, comme chez les alevins du stade O, ce fait résultant de l'extension en hauteur de la région pharyngo-branchiale. L'élargissement de la tête fait aussi que l'*œil,* toujours également rapproché du profil frontal, ne regarde plus aussi directement de côté, mais présente son axe optique un peu incliné en avant, dans sa position de repos. Il jouit d'ailleurs d'une mobilité suffisante pour modifier dans des limites très appréciables l'étendue du champ visuel. Le museau est moins émoussé, moins obtus que précédemment et tend à proéminer davantage ; l'espace orbito-nasal est plus étendu ; l'*ampoule olfactive* n'est plus immédiatement contiguë au pourtour antérieur de l'orbite et son orifice se voit à une petite distance en avant de cette limite.

Nous avons déjà noté l'ampliation du volume de l'*oreille.* Cet organe atteint ici ses plus grandes dimensions proportionnelles (sa hauteur mesure 0,40 mill. chez le spécimen de la figure 2, pl. IV). Les otolithes ont presque doublé de volume depuis le commencement du stade.

La description donnée plus haut de l'*appareil digestif* s'applique, nous l'avons dit, d'une manière plus spéciale à la larve de la présente période (N$_3$) ; nous n'avons donc que peu de choses à en dire ; seules, les portions bucco-pharyngée et rectale donnent lieu à quelques remarques de détail.

L'arc de la mâchoire supérieure est plus incliné en arrière, de sorte que l'ouverture buccale regarde un peu en bas. La voûte palatine est plus étroite. Les parois supéro-latérales de la bouche (membraneuses et soutenues seulement par le mince stylet ostéoïde du maxillaire) recouvrent encore largement les côtés de la mandibule, la bouche étant fermée, et, dans la position contraire de celle-ci, permettent à l'ouverture buccale une ample dilatation, dont nous verrons l'utilité pour la vorace petite larve. La mandibule est épaisse, la lèvre bien détachée, au-devant de la région hyoïdienne, dont on voit la saillie assez prononcée sous la langue. L'angle de la mandibule est carré. L'arc est moins ouvert en arrière, obéissant à la tendance générale

en vertu de laquelle l'aplatissement du corps augmente. Chez l'individu représenté sur notre dessin, le trajet de l'œsophage est clairement indiqué par le corps
d'une jeune larve de Sprat partiellement déglutie, dont la portion caudale reste hors
de la bouche et dont l'extrémité antérieure, décelée par le pigment noir des yeux,
remplit la poche gastrique, assez fortement dilatée ([1]). Dans cet état d'expansion, la
paroi postérieure de l'estomac arrive au contact du rectum, effaçant presque complètement l'espace prérectal. Une sorte de tassement s'est produit dans toute la masse
des viscères abdominaux et la cavité péritonéale est sensiblement moins étendue en
longueur que chez l'alevin de la période $N_1$. Comme on le voit, le coude rectal est déjà
plus accusé, l'anus s'ouvre plus en avant, presque à la limite du tiers antérieur de la
longueur du corps. Cette transformation de la région abdominale nous achemine vers
la disposition si condensée des stades suivants.

Il n'existe plus maintenant *aucune trace du vitellus*.

Étant donné l'état de développement de la *vessie natatoire* au moment du passage
au stade O, cet organe doit être encore très rudimentaire chez la larve qui nous
occupe ; mais sa présence est, sans nul doute, un caractère constant de la larve en
question.

Il en est de l'*appareil respiratoire* comme du squelette et de la vessie natatoire ;
nous jugeons de ses progrès d'après ceux qu'il présente tout au début du stade O.
L'apparition, sur le bord postérieur des arcs branchiaux, des premiers bourgeons des
lames respiratoires peut être regardée comme un phénomène contemporain des
modifications évolutives de la période $N_1$.

Cette période ultime du stade N a été peu étudiée par les auteurs, et pour cause :
l'alevin élevé en captivité dans des conditions insuffisantes, n'a pu, faute d'une alimentation de source externe, résister à l'épreuve de la période critique et sa mort
prématurée a coupé court aux observations in vitro. D'autre part, la technique des
pêches pélagiques est aussi bien imparfaite pour procurer dans un état de conservation qui les laisse reconnaissables ces larves encore si délicates ; leur rencontre
dans le produit des filets à plankton est, en tous cas, fort aléatoire, puisque, en fait,
les naturalistes n'ont guère eu la bonne fortune d'en obtenir par ce moyen.

Holt a fait connaître et a figuré (**18**, p. 84 ; pl. V, fig. 52) un alevin dont il
n'indique pas la provenance (pêche, culture ?) mais qu'il dit avoir représenté « quelques jours après la disparition du vitellus ». Par son aspect et ses principaux caractères, cet alevin nous paraît appartenir au moins à la seconde moitié du stade N, sinon
au commencement de la dernière période de ce stade. La mandibule est forte ; l'œil
regarde un peu en avant : l'oreille est grande et élevée ; la pointe de la corde dorsale

---

([1]) La possibilité pour l'alevin d'avaler une proie de ce volume dénote l'extrême dilatabilité des voies digestives.

aboutit vers la partie moyenne de ce dernier organe et à une notable distance en
arrière de l'œil ; l'attache de la nageoire pectorale est au-dessous de l'œsophage ; le
coude intestino-rectal est bien accusé et la position de l'anus proche du point de
jonction des deux tiers antérieurs de la longueur totale, l'espace pré-rectal ne subsis-
tant que dans l'état de rétraction et de plissement de l'ampoule stomacale (cas de la
figure). Il y a cependant encore un très petit limbe préanal (comme chez le sujet de
notre figure 2, pl. IV), nettement distinct, avec sa surface ponctuée, sous la ligne à
double contour qui figure la coupe optique de la paroi abdominale. Le cœur est couché sous le plancher pharyngien, presque horizontal. La longueur est de 3,93 mill.,
longueur faible, mais non tout à fait exceptionnelle pour un alevin de cet âge. —
On peut reprocher à la coloration de cette figure de donner une importance exagérée
au pigment xanthique (teinte ocre et sépia).

A partir de ce point, l'histoire du développement de la Sole larvaire est très peu
documentée. Jusqu'à la fin de sa métamorphose, le jeune poisson parcourt un cycle de
plusieurs semaines, dont quelques rares étapes seulement ont été reconnues grâce à
d'heureux hasards de pêche (M'Intosh, **3**. — Cunningham, **9**).

*Fonctions.* — Au point de vue des manifestations biologiques, l'alevin du stade N
est certainement l'un des plus intéressants à observer. Toutes les fonctions primordiales, sauf celle de reproduction ([1]), qui appartient à une tout autre phase de la vie
du poisson, sont dès lors en pleine activité, quand, quelques jours seulement avant
cette époque, nous assistions à peine, chez la larve du stade M, aux premiers signes
annonçant l'éveil de ces fonctions. Les différents systèmes organiques, plus ou moins
rudimentaires jusque-là, ont acquis rapidement, pendant le court laps de temps qui
comprend les périodes contiguës des deux stades, un degré de perfection suffisant
pour entrer en ligne comme facteurs nécessaires des actes vitaux du jeune être, chacun d'eux commençant à jouer le rôle qui lui revient en propre dans le partage du
travail physiologique. C'est donc à dater du stade N que l'alevin quitte en quelque sorte
le domaine des organismes inférieurs pour se classer parmi les formes plus parfaites
de son groupe zoologique. Il n'a pas ses caractères spécifiques ; mais il a déjà ceux
d'un véritable poisson. Ce n'est plus l'être hybride des premiers stades, aux mouvements indécis, aux besoins limités servis par des organes encore rudimentaires pour
la plupart, aux réactions apparentes peu variées, flottant inerte parmi les contingences
diverses du milieu ambiant. Avec le déterminisme des actes apparaissent aussi les
manifestations de l'instinct, cause efficiente d'un degré plus élevé que les impulsions
ou répulsions élémentaires qui traduisaient aux yeux de l'observateur, comme seuls
phénomènes immédiatement saisissables, les modifications intimes produites chez la
larve plus jeune par l'effet des agents physiques ou chimiques.

---

([1]) La respiration cutanée suffisant jusqu'à l'établissement de la respiration branchiale.

De telles considérations pourraient expliquer, sans cependant la légitimer complètement, la démarcation tranchée établie, comme nous l'avons vu plus haut, par certains
naturalistes entre les stades antérieurs et les stades postérieurs à la résorption vitelline,
les premiers seuls méritant l'épithète de *larvaires,* selon cette manière de voir, et le
terme de *post-larvaires* servant à désigner les suivants.

Pour se bien rendre compte de la manière d'être des larves, il convient de les
observer dans les bacs de l'appareil à rotation. Elles y trouvent des conditions
assez analogues, sans doute, à celles de leur habitat naturel et il n'est pas téméraire de
regarder comme une reproduction réduite de leur existence normale celle que nous
les condamnons à mener dans nos vases d'expérience. Il n'est pas non plus inutile,
d'un autre côté, d'étudier leurs allures dans des conditions différentes, plus ou moins
éloignées de celles de l'état de vie libre ; il ressort de la comparaison des résultats
obtenus par ces épreuves variées des notions plus nettes sur les besoins réels des larves
et sur leur degré de résistance aux circonstances contraires.

Le *mouvement* a été la première forme objective de l'activité fonctionnelle de la
larve. Dès la seconde moitié du stade M, nous avons pu noter les progrès accomplis,
sous ce rapport, dans tous les organes où intervient d'une manière visible l'action
musculaire. Les mouvements généraux, en particulier, avaient acquis déjà une précision et une continuité d'effort que les larves plus jeunes étaient loin de posséder au
même degré et qui donnaient à leur aînée une allure toute nouvelle annonçant la
prochaine transformation, mais bien différente encore de la vivacité si remarquable
de l'alevin du stade N. Ici, en effet, comme au stade suivant, ce qui frappe tout de
suite l'observateur mis un instant en présence d'un tonneau d'élevage, c'est l'activité
extrême des jeunes Soles ; elles la déploient au maximum pendant ces deux époques
de leur vie, où leur adaptation aux conditions de l'état pélagique est la plus parfaite.
Pas un instant on ne les voit s'arrêter ; tout au plus, quand les courants ou les entraî-
nements de la chasse les ont portées contre la paroi du vase, y demeurent-elles
appuyées, immobiles, pendant un temps très court. Mais c'est là un fait tout exceptionnel, inhérent aux dispositifs de leur habitat artificiel ; libres, elles doivent,
comme tous les poissons pélagiques, se maintenir en équilibre par un effort natatoire
ininterrompu, soit dans la translation, soit dans les moments de repos relatif. Cet
effort, du reste, n'est pas considérable, en raison du peu de différence existant alors
entre la densité du corps et celle de l'eau de mer. Il est surtout faible avant la résorption du vitellus ; aussi, tant que la présence de ce corps concourt à maintenir la flot-
tabilité de la larve, la musculature du tronc demeure-t-elle peu développée, de même
que les organes spéciaux de la natation (¹). Le progrès de ces derniers et le renfor-

---

(¹) Ce fait est en corrélation non seulement avec la statique de la larve, mais aussi avec l'absence, chez elle,
du besoin d'alimentation externe.

cement de la première suivent en sens inverse la disparition progressive de la masse vitelline. Celle-ci terminée, l'action musculaire est encore soutenue par une disposition anatomique nouvelle ; l'apparition d'une vessie natatoire coïncide, en effet, avec ce moment de l'évolution et l'intervention de ce flotteur, qui maintient, sans doute, dans une large mesure ([1]) l'équilibre hydrostatique, laisse à l'alevin le libre emploi de sa faculté motrice.

Une constante mobilité est déjà le fait de la petite Sole dès la période initiale du stade N. Bien que pourvue encore d'une certaine réserve vitelline, elle a toutes les attitudes de l'alevin chasseur qu'elle va être prochainement — si même elle ne l'est à ce moment. Le mouvement de progression n'est pas très rapide, en général; il se fait avec une vitesse assez uniforme, presque toujours dans la même direction que le courant rotatif de la masse liquide, mais avec de continuels changements de marche opérés dans l'aire même de la route suivie, avec des reconnaissances poussées plus ou moins loin, à droite, à gauche, parfois à contre-courant, comme ferait un animal quêtant autour de lui les proies qui peuvent passer à proximité. Les brusques échappées, les pointes piquées droit en avant, les mouvements de fuite souvent notés chez la jeune larve sont rares ici; il nous a paru que de telles fugues se produisaient seulement sous l'influence d'un stimulus extérieur exceptionnel, comme l'approche subite d'un corps étranger ou la propagation d'un choc assez sonore porté contre la paroi du vase. L'allure habituelle de l'alevin est plutôt, pourrait-on dire, un peu guindée, en même temps qu'attentive et fureteuse. Toujours dans la position verticale, qu'il ne quittera pas même pour faciliter la saisie d'une proie mal placée ou cherchant à se dérober, il avance d'un mouvement automatique, à petits coups, par séries de battements intermittents et très rapprochés de sa rame caudale ([2]), tandis que les nageoires pectorales demeurent continuellement animées de ce tremblement rapide que M'Intosh et Prince ont comparé à la vibration des nageoires de l'Hippocampe (5, p. 851). Pendant la progression, les yeux sont en éveil et leurs légers mouvements de rotation, aidés au besoin de quelques flexions longitudinales du corps, permettent à la larve d'inspecter sans cesse un assez vaste champ des couches d'eau avoisinantes.

Plus tard, lorsque l'alimentation externe est nettement établie, les mouvements sont tous régis, ou peu s'en faut, par les nécessités de la chasse; toute l'activité de

---

([1]) Pour apprécier justement le faible écart de densité existant entre le corps de la larve et le milieu et, par conséquent, le minime effort qu'elle a à déployer pour se maintenir en suspension, il suffit de voir comment se comporte un individu dont l'estomac contient accidentellement un peu d'air ; la moindre bulle porte la larve vers la surface et l'oblige à agir musculairement pour plonger ; la chose lui devient même impossible, et elle se trouve maintenue invinciblement à la surface, le ventre en haut, si la bulle est un peu plus grosse. Devant ces faits, on s'explique sans peine que l'action de la vessie natatoire soit suffisante, malgré les petites dimensions de cet organe.

([2]) Ces battements, quoique de faible amplitude et assez rapprochés, sont très faciles à voir.

l'alevin est employée à rechercher et à capter ces proies vivantes qu'il lui faut en abondance et rarement peut-on le soupçonner d'obéir à un autre mobile que ce besoin. Son habitus n'en est du reste pas sensiblement modifié ; il conserve ces allures de chasseur attentif et posé qui sont, à cette époque, un de ses caractères les plus originaux et lui assurent un facies à part parmi tous les alevins du même âge ([1]).

*Alimentation.* — Toutes les expériences antérieures ont démontré l'existence, nécessaire à un moment donné de la vie de la larve, d'un cumul fonctionnel ajoutant à l'absorption vitelline, alors à son déclin, la coopération de l'alimentation par voie externe réalisée par l'intermédiaire de l'appareil digestif. Ce cumul doit commencer quelque temps avant la disparition de la réserve vitelline, de telle sorte qu'au moment de cette disparition la larve, déjà faite à son nouveau mode d'alimentation, auquel le développement de ses organes spéciaux l'avait préalablement préparée, ne souffre pas de la transition. Celle-ci passe inaperçue dans de telles conditions, assurément conformes à l'état normal. Si, au contraire, le chevauchement des deux modes d'alimentation ne peut se produire pendant le laps de temps voulu, la larve, affaiblie par l'insuffisance de l'apport nutritif provenant de la consommation exclusive de son reste vitellin, est incapable de résister à l'épreuve et succombe à bref délai. La période critique lui a été fatale. Pour la Sole, nous avons pu vérifier de la manière la plus nette l'exactitude de ces faits.

A quel moment de l'évolution peut-on constater, chez cette espèce, l'alimentation mixte et combien de temps dure-t-elle ? Ce sont questions auxquelles il est difficile de répondre avec quelque précision. Pour ce faire, il eût été nécessaire de constater, d'une part, l'époque exacte à laquelle la larve *commence à manger* et, d'autre part, celle où *la résorption du vitellus vient de s'achever,* deux points sur lesquels nos observations sont demeurées douteuses. Tout ce que nous pouvons affirmer, c'est que la date de la disparition du vitellus varie, par rapport aux différents moments du stade évolutif avec lequel elle coïncide, dans d'assez larges limites, selon les prédispositions individuelles de chaque larve et surtout selon les conditions de l'élevage ; c'est aussi, en second lieu, qu'à l'état normal, l'alevin commence à se nourrir par la voie buccale plusieurs jours avant le terme de la résorption. Notre conviction sur ce dernier point était déjà faite avant le début de nos expériences sur la Sole ; elle a toujours été la principale directrice de notre technique et les résultats obtenus n'ont pu que la corroborer ([2]).

---

([1]) Les remarques précédentes ont trait à la larve élevée dans l'appareil à rotation, c'est-à-dire à peu près normale. Comme nous l'avons montré en étudiant celle du stade M, l'élevage en eau stagnante, dans un cristallisoir par exemple, imprime aux allures de cette larve un cachet très différent. Nous allons revenir sur ce point à propos des mouvements propres de chasse et de préhension.

([2]) Contrairement à l'affirmation de Cunningham, qui a écrit : « La bouche est développée avant que le vitellus

En ce qui concerne la date de la disparition des derniers restes vitellins — du moins celle où ils cessent de constituer une masse homogène, facilement visible au microscope — nous estimons que, dans la moyenne des cas, elle est placée aux environs du 11ᵉ ou 12ᵉ jour de la vie larvaire (¹) et coïncide avec la période moyenne du stade N, période définie d'après l'ensemble des caractères morphologiques de l'alevin et pas seulement en considération du fait, trop variable et trop mal connu, de la résorption elle-même. La date assignée par nous à ce phénomène évolutif est, on le remarquera, sensiblement plus tardive que celle donnée par certains des auteurs qui nous ont précédés. L'*absorption totale* du vitellus est tenue pour terminée « 7 à 8 jours après la sortie de l'œuf » par Raffaele (**2**, p. 46) (²), après 8 jours par Ehrenbaum (**15**, p. 309) (³). D'autres observateurs n'ont pas exprimé d'opinion formelle à ce sujet ; mais il est encore possible, dans quelques cas, de s'en former une d'après l'ensemble de leurs données et de fixer, pour ces cas, la date approximative du terme de la résorption. Ainsi, chez la larve du 9ᵉ jour de Mᶜ Intosh et Prince (**5**, p. 851), où le vitellus constitue encore « une petite masse sous le foie... pas facile à distinguer », l'absorption totale de ce résidu sera très vraisemblablement faite au 11ᵉ jour. Ce cas concorde avec nos moyennes. Un spécimen de Cunningham (**9**, fig. 2, pl. III et p. 69) âgé de 6 jours offre « un reste de vitellus... non encore absorbé » et assez volumineux pour persister, à notre estimation, jusqu'au 10ᵉ jour au moins ; autre cas comparable aux exemples que nous avons eus le plus communément sous les yeux (⁴).

Si on n'avait égard qu'à la valeur absolue de tous ces résultats numériques, on en pourrait tirer des conclusions fort discutables touchant la marche plus ou moins normale de l'absorption vitelline chez les alevins en cause. A notre avis, la question est complexe et réclame, pour être tirée au clair, de nouvelles observations. Nous manquons, par exemple, d'éléments suffisants pour décider si, dans l'état de nature, la durée moyenne de l'absorption est la même que celle que nous avons trouvée chez les larves des bacs à rotation, quelle est l'influence du coefficient individuel, de l'état de santé, des causes extérieures (agents physiques, composition du milieu) sur la rapidité

---

soit absorbé, mais jusqu'à ce que l'absorption soit complète, le jeune poisson ne commence pas à manger » (**6**, p. 123).

(¹) Nous avons toujours trouvé du vitellus avant le 10ᵉ jour ; nous n'en avons jamais constaté de trace après le 14ᵉ.

(²) « Les deux espèces susdites — A et B — atteignent après l'absorption totale du vitellus (7 à 8 jours après la sortie de l'œuf), à peu près le même stade du développement... »

(³) « La résorption du vitellus marche assez lentement et prenait dans mes aquariums, au milieu de juin (à une température de l'eau relativement assez élevée) environ 8 jours. » Cet observateur est, on le voit, très affirmatif.

(⁴) Les faits de Canu (**12**, fig. 1, pl. XIII : « larve très âgée après la résorption complète du jaune ») et de Holt (**18**, pl. V, fig. 52 et p. 83 : « alevin quelques jours après la disparition du vitellus ») ne permettent aucun aperçu de cet ordre.

de ce phénomène, quelle est l'étendue de la variabilité normale : autant de points douteux qui commandent la réserve. Toutefois, nous sommes autorisés à nous demander si, dans beaucoup de cas, les mauvaises conditions inhérentes aux procédés d'élevage de l'alevin, n'influent pas d'une manière très efficace sur la rapidité de l'absorption du vitellus. En particulier, nous serions volontiers disposés à admettre que la privation de nourriture externe, en temps voulu, entraîne une consommation plus grande de la réserve originelle et précipite la disparition de celle-ci. Cette hypothèse peut très bien se concilier avec ce fait, en apparence contradictoire, que cette consommation exagérée du vitellus ne semble pas déplacer d'une manière appréciable, le long de l'échelle évolutive, l'époque de la résorption dernière, ainsi qu'en témoignent les constatations des auteurs et les nôtres ; l'écart en recul, qui devrait se produire entre cette époque et l'époque habituellement notée, se trouve réduit, jusqu'à devenir insensible, à côté des variations normales, par l'effet d'une perturbation physiologique agissant dans le même sens sur le développement général de l'alevin, autrement dit en augmentant sa rapidité et en maintenant par là les concordances observées à chaque période entre l'état du vitellus et le degré de l'évolution organique, le facteur temps constituant alors la seule variable.

Malgré notre désir, nous n'avons pu surprendre chez nos élèves le début de l'alimentation par voie externe ; leurs premières tentatives devaient échapper assez facilement à notre attention, en raison de la grande variété d'âge des sujets réunis dans les mêmes récipients. Il y a là, dans la série de nos observations sur la biologie de la jeune Sole, une lacune que nous regrettons vivement et qu'il importera de combler au premier jour. Mais, tout en ignorant à quel moment précis du développement et de la résorption vitelline la larve commence à manger — si tant est que ce moment puisse être fixé avec une rigueur le plus souvent étrangère aux processus évolutifs en général — nous sommes absolument sûrs qu'elle s'alimente de bonne heure, au moins dès le début de la période moyenne du stade N et peut-être même à dater de la première période de ce stade. Dans les tonneaux à rotation, pourvus de plankton varié, nos alevins ont tous franchi sans peine la période critique (milieu du stade N, environs du 12e jour) et ont dû manger assez tôt pour entrer sans à-coup dans les périodes de chasse proprement dites comprenant la période terminale du stade N et, par excellence, le stade O. C'est, dans tous les cas, un fait d'observation facile à vérifier que, dès les premiers jours qui suivent la résorption, lorsqu'elles sont maintenues dans un milieu suffisamment riche en proies vivantes, on trouve leur estomac largement rempli ; car nous avons affaire à une espèce éminemment vorace à cet âge, et qui réclame une alimentation aussi abondante que continue.

Sur la nature des proies constituant la première alimentation, nous ne sommes pas non plus absolument fixés. L'exemple de ce que nous avons vu se passer chez d'autres espèces nous conduit à penser que cette alimentation se compose, pendant les premiers jours, d'organismes divers de très petites dimensions et à regarder la présence en abondance de ces organismes comme une condition *sine qua non* de la survie des alevins. De fait, si le bac d'élevage n'en contient pas une certaine proportion, si le plankton est d'une composition trop uniforme, à éléments de taille moyenne ou grosse, l'épreuve de la période critique n'est marquée que par des échecs, en dépit de la vigueur et de la résistance bien prouvées des larves de Sole. Il n'y a pas encore, au début, ces mouvements de recherche, ces habitudes de chasse en règle qu'on observera plus tard (au stade O surtout). La saisie de la nourriture doit se faire alors un peu au hasard des rencontres — comme on le voit pour les larves moins bien douées que celles de la Sole — et dépendre beaucoup de sa concentration dans le milieu, tandis que plus tard (dès la 3ᵉ période du stade N) la larve, pourvue de moyens plus puissants, recherchera dans la masse environnante les proies qui lui conviennent plus spécialement [1]. Ainsi que nous avons pu le voir pour d'autres espèces plus délicates, ce qui constitue une des grandes difficultés de l'alimentation pendant les quelques jours de la période critique, c'est la nécessité de maintenir la larve en contact avec une quantité et une qualité de nourriture vivante [2] telles qu'il en vienne toujours à sa portée. La solution nous a été donnée par l'emploi de l'agitation, agent efficace autant que simple des rencontres indispensables entre les larves et leurs proies. Seul, ce procédé nous a assuré d'une manière constante le développement normal et complet de nos élèves; jusqu'à présent, il nous paraît aussi le seul susceptible d'applications pratiques.

On peut cependant, sans recourir nécessairement à un tel moyen, se rendre compte de beaucoup de faits intéressants relatifs à la première alimentation des larves et nous-mêmes avons retiré de très utiles indications d'une expérience de contrôle conduite au moyen du dispositif le plus élémentaire. Dans de petits cristallisoirs (de 8 à 10 centimètres de diamètre), contenant quelques dizaines de centimètres cubes d'eau, nous avons placé des larves de Soles ayant depuis peu franchi, dans le tonneau à rotation, la période critique. Deux ou trois individus seulement occupaient chacun des vases, en présence de quelques alevins plus

---

[1] Ici, comme pour toutes les espèces, se pose toujours, au début, la même question : les larves ont-elles réellement des préférences alimentaires bien marquées? autrement dit, dans leur milieu naturel, parmi les éléments si variés du plankton fin, choisissent-elles toujours les mêmes ou ceux de telle catégorie plutôt que de telle autre? ou, au contraire, plus indifférentes au point de vue de la nature même de ces éléments, sont-elles uniquement guidées par les caractères, communs à un très grand nombre, de taille, d'aspect, de couleur, d'inertie ou de mobilité? Cette dernière manière de voir nous paraît être la vraie pour la majorité des cas ; mais nos données sur ce point sont encore trop restreintes pour nous autoriser à généraliser. Certains faits particuliers sembleraient même prouver qu'il y aurait à une telle loi, si elle est démontrée, plus d'une exception. Ainsi seulement pourraient s'expliquer les insuccès invariablement enregistrés dans l'élevage de quelques espèces, en dépit de la réalisation la plus parfaite des conditions reconnues comme suffisantes, voire même comme favorables pour d'autres formes. — Les larves de Sole se classent parmi les espèces les plus tolérantes.

[2] Pour la Sole, nous n'avons pas expérimenté d'autre nourriture que des proies vivantes.

jeunes d'autres espèces, d'infusoires et surtout d'une quantité assez notable de Flagellés verts qui, presque tous mobiles les premiers jours et donnant par leur
dissémination une teinte verdâtre au liquide, perdaient bientôt leurs mouvements et
se déposaient en une mince couche sur le fond et les côtés. Les cristallisoirs restaient
exposés à la lumière diffuse, condition nécessaire à la vie des organismes verts dont
nous voulions plus particulièrement étudier la valeur comme aliments des larves.
Ces corps contribuaient, en outre, à assurer l'oxygénation du milieu et, pendant la
courte durée de l'expérience, dispensaient de tout renouvellement de l'eau. Les jeunes
Soles ont vécu ainsi pendant plusieurs jours (une huitaine au maximum) s'alimentant
presque exclusivement des Flagellés, comme nous le démontraient les examens fréquemment pratiqués, sous le microscope, du contenu de leur estomac. Disons tout de
suite que cette expérience comparative, à laquelle ses conditions manifestement
défectueuses ne nous permettraient de demander que des renseignements de détail et
purement documentaires, nous a confirmé la nécessité, pour l'élevage *in vitro* des
alevins de Sole, même au delà de la période critique, du concours des circonstances
favorables réunies dans l'appareil à rotation ; les larves des cristallisoirs allaient péri-
clitant, s'émaciaient, s'affaiblissaient rapidement, bien que mangeant, à l'inverse de
celles des bacs, qu'on voyait prospérer et grandir. Toutefois, malgré l'heureuse
influence de l'agitation (considérée en elle-même) sur les Soles de l'un des lots, nous
devons attribuer en partie à la différence d'alimentation le retard de croissance des
Soles de l'autre lot [1].

L'examen, sous le microscope, d'alevins pris de part et d'autre nous a presque toujours montré dans leur estomac, à l'époque voisine de la résorption du vitellus (fin
de la 2e ou commencement de la 3e période du stade N) des amas plus ou moins
volumineux de ces Flagellés signalés plus haut. Leur présence n'était pas un fait
accidentel, comme celle de tel infusoire ou de telle diatomée, qu'on y observait aussi
fortuitement. Si, dans les cristallisoirs, ces éléments verts constituaient pour les
Soles presque l'unique ressource alimentaire, il en était tout autrement dans les
bacs, toujours approvisionnés du plankton le plus varié ; dans ce dernier cas pourtant, les mêmes organismes faisaient le plus ordinairement partie intégrante du
magma stomacal et souvent le constituaient à eux seuls. Étant donnée leur dispersion dans la masse de l'eau, les Soles devaient les choisir entre beaucoup d'autres
proies rencontrées en même temps ; on peut donc les regarder comme l'objet d'une
certaine prédilection pour nos alevins [2] et comme capables d'assurer, au moins au

---

[1] Les larves affaiblies des cristallisoirs, reportées dans l'appareil rotatif, parurent avoir quelque peine à se
remettre Nous ne pouvons affirmer qu'il n'en disparut pas plusieurs, à notre insu.
[2] Ces Flagellés sont aussi captés avec une préférence marquée, peut-être avec une facilité spéciale, par plusieurs espèces d'alevins examinés par nous (Sprat, Targeur, Flet...).

début, l'alimentation de ces derniers. Le même rôle serait sans doute dévolu à tout organisme analogue. Il conviendrait, dans les applications pratiques, d'en avoir à sa disposition un ou plusieurs, assez faciles à se procurer en abondance, par récolte ou culture, pour fournir aux premiers besoins des larves pendant et après la période critique.

La quantité de ces corps verts rencontrée dans les examens variait beaucoup. L'estomac se montrait parfois complètement vide, ou il ne contenait que quelques Flagellés isolés ou groupés en petits amas dans les replis de sa cavité. Souvent il y en avait de véritables agglomérations, une partie pouvant avoir conservé leur couleur et leur aspect normal, quelques-uns même présentant encore quelques mouvements de giration ou de translation, le reste, altéré à des degrés divers par la digestion, formant dans bien des cas un magma granuleux verdâtre ou vert noirâtre. Il était assez commun de rencontrer des individus — nous en avons même observé de très avancés, dans ces conditions — dont l'estomac ou le rectum, ou ces deux organes ensemble, contenaient seulement un magma analogue, foncé, d'origine indéterminable ; nous l'avons toujours regardé comme le résidu de la digestion de ces Flagellés. Dans les cristallisoirs de l'expérience rapportée ci-dessus, ils formaient bientôt un tapis sur le fond et un peu sur les côtés. Il était facile de voir les jeunes Soles, inclinées sur le fond, tête en bas, se promener sur la couche verte formée par ces organismes ou frôler en tâtonnant la paroi verticale, prélevant çà et là quelque corpuscule favorablement disposé. Dans les bacs, la rencontre s'effectuait en pleine eau ; en aucune circonstance nous n'avons pu en être témoins, en raison de la petitesse des corps en question ; mais l'examen microscopique (chez le vivant) de l'appareil digestif nous renseignait suffisamment sur les goûts de nos élèves.

Chez les alevins dont nous venons de parler, pendant les quelques jours d'accoutumance à l'alimentation externe, nous n'avons guère trouvé, dans nos examens du tube digestif, que ces corps verts. Des proies d'une autre nature ont certainement été utilisées, au moins dans les bacs ; mais nous n'en avons presque pas rencontré de traces. Ce fait implique, ou bien leur faible importance dans le menu habituel de nos élèves ou une composition spéciale entraînant leur digestion très rapide, sans ou presque sans résidu. La couche verte des petits cristallisoirs servait d'habitat à de nombreux infusoires ; il n'est pas douteux qu'il y en ait eu d'absorbés par les larves. Dans ce cas, la disparition par diffluence rapide de ces protozoaires expliquerait aisément leur absence dans l'intestin au moment de nos observations. De toutes manières, ils ne constituaient qu'une ressource accessoire pour les pensionnaires des cristallisoirs et manquaient à ceux des bacs. — Les jeunes larves (Nauplius) de Copépodes, si communément recherchées par d'autres alevins, ne sont assurément pas ici un aliment de choix, à en juger par l'extrême rareté de leurs débris dans les bols intestinaux. Nous pouvons en dire autant des diatomées.

Les alevins de Sole ne restent pas longtemps à ce régime. Quand les progrès de l'âge et leur bon état de santé leur donnent la vigueur nécessaire, ils ne tardent guère à révéler les instincts carnassiers qui caractérisent leur espèce à cette époque de son existence. Leur voracité n'est pas un trait moins saillant de leur biologie que l'activité dont nous les voyons doués, celle-ci n'étant du reste que la conséquence de celle-là ([1]). La grande extension de la bouche et de tout l'appareil digestif permet à la larve de s'attaquer à des proies volumineuses. Aussi la verrons-nous désormais mépriser les petits organismes, dont elle se contentait auparavant, et changer complètement de régime, quand elle sera à même de satisfaire ses appétits nouveaux. Les larves des autres poissons deviennent sa nourriture courante. Nul doute possible sur ses préférences ; il suffit de rester quelques minutes spectateur de la vie d'un des bacs tournants pour être édifié. Ses choix sont presque exclusifs. Non seulement elle ne s'attache qu'aux jeunes larves de poissons, mais elle recherche très nettement telle espèce plutôt que telle autre ; pour nos élèves, les Sprats constituaient ce gibier de choix. Il nous était, au surplus, facile de les contenter, et, dès maintenant, nous pouvons affirmer que l'élevage de la Sole des stades N et O sera l'opération la plus aisée du monde dans les régions où abonde le Sprat. Sur notre côte, on rencontre précisément les œufs de cette espèce de janvier à mai, avec prédominance marquée en mars, c'est-à-dire à l'époque la plus favorable du développement larvaire de la Sole elle-même. Ils sont alors, en temps habituel, les plus abondants des œufs recueillis par le filet pélagique et les pêches effectuées à petite distance de terre en ramènent journellement des centaines et souvent des milliers ([2]). Pendant tout notre élevage de Soles, de Février à Avril 1901, nous avons eu dans l'apport régulier de ces œufs la plus précieuse ressource alimentaire. Les larves éclosent au bout de très peu de temps ; leur fragilité et l'état rudimentaire de leur constitution en font, jusqu'au delà de la période critique, pendant une huitaine de jours, un aliment facile à renouveler, autant que délicat pour les voraces petites Soles.

Celles-ci acceptent volontiers, il faut le reconnaître, toutes les autres larves de poissons appropriées à leur taille ; ainsi doivent se passer les choses dans l'état de nature.

---

([1]) Ces caractères ne sont pas spéciaux à la Sole ; ils nous paraissent appartenir en propre aux périodes où nous les voyons se manifester avec la plus grande intensité chez cette espèce et être communs aux alevins de toutes les formes. Ils sont l'expression des besoins impérieux, créés alors par les conditions de l'accroissement.

([2]) Nous avons pu évaluer approximativement à une dizaine de mille le nombre d'œufs de Sprat fournis par certaines pêches. Exceptionnelles sont les années, comme l'année 1903, où leur proportion dans le plankton tombe à un taux très bas. L'année 1903 s'est signalée par une diminution tout à fait inusitée de tous les œufs faisant habituellement partie de notre faune pélagique littorale. Nos pêches du printemps dernier étaient, à ce point de vue, d'une pauvreté très digne d'attention. A peine avons-nous pu récolter quelques œufs de Sardine et une petite quantité d'œufs de Sprat, pour ne citer que ces formes courantes, quand, les autres années, nous avons toujours obtenu facilement les uns et les autres. Même pénurie s'est manifestée dans les rendements de la pêche des espèces correspondantes, au grand préjudice des industries qui en vivent.

Souvent nous les avons vues, dans nos vases, capter des alevins de Motelle *(Motella tri et quinque-cirrata)*, de Tacaud *(Gadus luscus)*, de Targeur *(Pleuronectes hirtus)*, de Flet *(Flesus vulgaris)*, de Plie microcéphale *(Pleuronectes microcephalus)* et même, lorsqu'elles ont atteint le stade O, des alevins de leur propre espèce, d'une longueur inférieure à la leur. Quand la Sole est encore de faible taille, elle paraît s'attaquer assez volontiers aux très jeunes larves de Motelle, petites et peu vigoureuses, bien que la tête relativement volumineuse de ces dernières lui crée parfois de sérieuses difficultés de déglutition ; on voit assez fréquemment une de ces larves saisie par une Sole refuser de franchir le canal œsophagien, partie la plus étroite des voies digestives, et, après des efforts plus ou moins énergiques et prolongés (ils ont duré devant nous jusqu'à une demi-heure) être finalement rejetée au dehors, encore animée de quelques mouvements. Fait, du reste, digne de remarque, la Sole s'adresse presque toujours à la proie la plus volumineuse qu'elle se sent capable d'attaquer et il n'est même pas rare de voir deux individus de taille à peu près égale chercher mutuellement à se dévorer (¹).

De temps à autre aussi, on voit un des alevins happer un Copépode qui passe auprès de lui ; mais le fait est rare et, bien que ces petits crustacés soient abondamment répandus dans le milieu, il est clair pour l'observateur que ce ne sont pas eux qui constituent la nourriture habituelle de l'espèce, à ce stade ; bien loin, ils sont peu recherchés. La chose est d'autant plus intéressante à noter que nous verrons plus tard la Sole métamorphosée rechercher avec avidité ces mêmes crustacés.

Signalons enfin la présence assez fréquente, dans l'estomac, de petites bulles de gaz (air ou oxygène) ; l'alevin, emporté par sa voracité, les a happées au passage, par erreur, les prenant pour des proies vivantes, ou bien les a absorbées en même temps que les corps verts à chlorophylle auxquels elles étaient adhérentes. Ce dernier cas était surtout celui des Soles élevées dans les petits cristallisoirs, lorsqu'elles fouillaient la couche des Flagellés où perlaient partout de fines bulles d'oxygène. La figure 7 (pl. VII) montre un alevin ayant ainsi dans l'estomac une bulle gazeuse ; on voit que le diamètre du corps étranger est déjà assez notable ; mais il peut être plus gros. L'estomac peut aussi contenir à la fois plusieurs bulles gazeuses ; un sujet observé par nous en présentait trois. Les Soles ainsi lestées perdent le plus souvent le pouvoir de rester immergées ; elles flottent à la surface, le ventre en l'air, ou obliquement inclinées, faisant de multiples efforts pour nager dans la position verticale et pour plonger, fort gênées, semble-t-il, de leur situation anormale. Plus ou moins vite,

---

(¹) Cette observation est à rapprocher de celle de H. M. Smith *(Man. of F. cult.*, p. 52) sur le *Stizostedion vitreum*, sorte de Perche américaine, dont des alevins de taille identique sont figurés par l'auteur s'entre-dévorant. Mais, dans ce cas, la saisie de la victime semble s'effectuer par l'extrémité postérieure, ce que nous n'avons jamais vu chez la Sole.

selon la nature du gaz dégluti, les bulles disparaissent. Mais il arrive que l'alevin ne redevienne maître de ses mouvements qu'après plus d'un jour de vaines tentatives.

C'est un spectacle toujours intéressant que celui réservé au naturaliste par l'observation d'un tonneau contenant de jeunes Soles en présence d'alevins d'espèces variées. Les manœuvres auxquelles se livrent les larves carnassières, dans leurs chasses, dénotent chez elle une perfection de l'instinct que l'on rencontre rarement au même degré chez les autres poissons de cet âge ; leurs mouvements sont coordonnés avec une précision, leurs tentatives renouvelées contre le même but avec une patience qui surprennent. Il leur faut souvent une tactique assez compliquée pour se rendre maîtresses de la proie convoitée. Trop faibles, au commencement, pour lutter efficacement contre le courant qui les entraîne, elles s'abandonnent alors au fil de l'eau, se contentant de maintenir leur position d'équilibre, sans s'écarter beaucoup par leurs mouvements propres de la direction passivement suivie, mais ne laissent pas que de profiter des rencontres qui mettent à leur portée une proie de taille appropriée. La Sole devenue plus vigoureuse, vers la fin du stade N, par exemple, se montrera plus active ; elle sera continuellement en quête, pourchassera sans répit les jeunes larves, dans toutes les directions et à tous les niveaux, sans toutefois se porter encore à de grandes distances en dehors de la veine liquide, au transport régulier de laquelle elle ne cesse à aucun moment d'obéir.

Que le hasard ou leur propre activité mette les alevins en présence d'une proie convenable, on les voit alors s'arrêter — on pourrait presque dire *tomber en arrêt* — s'orienter par de légers déplacements ou une simple inclinaison du corps, manœuvrer, en un mot, de manière à faire tête à la proie, qu'elles happent ensuite dans un élancement brusque et court, dès qu'elles se trouvent à bonne portée. La première tentative a-t-elle échoué, la larve visée s'est-elle dérobée, le chasseur revient à la charge une, deux, plusieurs fois, ou abandonne son objectif, pour se porter à la rencontre d'un autre organisme. Ce manège se répète sans cesse de la part des individus de petite taille ; mais, peu à peu, les échecs deviennent moins fréquents, puis exceptionnels ; la Sole d'un certain âge manque rarement son but. — Dans les premiers temps, la proie, qui est habituellement un alevin assez volumineux et surtout assez long par rapport au chasseur, ne disparaît jamais entièrement du premier coup dans les cavités digestives : on en voit l'extrémité caudale s'agiter vivement hors de la bouche pendant quelque temps, en imprimant même au ravisseur des secousses désordonnées, tandis qu'à travers les parois transparentes de ce dernier s'aperçoit l'extrémité céphalique engagée dans l'œsophage ou dans l'estomac. Parfois, la victime, mal saisie ou trop forte[1], parvient à se dégager ; parfois aussi, comme nous l'avons dit à

---

[1] Au sujet de la taille des proies, nous trouvons dans nos notes : « 6 mars 1901. — Une Sole de l'un des « petits cristallisoirs a avalé un Targeur d'assez grandes dimensions ; le corps et la tête de ce dernier sont repliés

propos des Motelles, la Sole ne peut la déglutir entièrement et se voit contrainte de
la rejeter après quelques moments de vains efforts.

Cette issue de la lutte engagée est cependant la moins fréquente de beaucoup ; le
plus ordinairement, après un temps variable selon la puissance musculaire et la résistance des tissus de la victime, les protestations de celle-ci s'apaisent et la Sole poursuit en paix son opération. La déglutition totale dure parfois plus d'une heure et on
voit constamment, tandis qu'on reste en observation devant le bac, passer sous ses
yeux des Soles présentant comme témoignage indéniable de leur appétit la queue plus
ou moins saillante de leur victime. Nous pourrions définir assez bien l'impression
qu'elles donnent en disant qu'elles semblent « fumer la pipe ». La figure 2 de la
pl. IV, exécutée d'après une photographie, représente une larve sous cet aspect
si communément observé. Peu à peu le corps entier de la proie disparaît dans l'estomac où la digestion des portions antérieures s'effectue au fur et à mesure de leur
pénétration. La puissance fonctionnelle de cet organe et des voies d'absorption délivre
bientôt la Sole de l'embarras de son volumineux bol alimentaire, dont les restes trouvent facilement place dans les cavités si dilatables de la panse stomacale et du conduit
intestino-rectal. La défécation est, du reste, presque continue, comme l'absorption
d'aliments. Le pigment noir des yeux de la victime, très résistant à l'action des sucs
digestifs, forme, parmi ces résidus, des taches immédiatement reconnaissables à leur
forme et à leur disposition géminée et, lorsque l'alevin de Sole a acquis une capacité
stomacale assez vaste (à partir de la fin du stade N), on peut facilement établir, au
chiffre des paires d'yeux visibles dans les cavités digestives, à travers la paroi du
corps, le nombre de ses dernières victimes. Son appétit est, pour ainsi dire, sans
limites ; une proie succède bientôt à une autre. La bouche aussitôt libre, il recherche
une nouvelle capture, s'acharnant surtout contre les larves de Sprats qu'il consomme
en abondance([1]). Cette rapacité peut entraîner des démêlés entre chasseurs et il est
curieux d'assister parfois au manège de deux individus se disputant la même proie :
une Sole circule tranquillement, au gré du courant, une longue larve de Sprat engagée
dans la bouche ; une autre, survenant, se porte à sa rencontre et essaie à plusieurs
reprises de lui ravir le produit de sa chasse en saisissant l'extrémité qui dépasse ;
défense et attaque durent un instant ; mais la tentative de rapt échoue ; l'individu

---

« dans l'estomac. Efforts violents de la Sole pour achever la déglutition. Un essai de fixation aux vapeurs osmiques
« amène le rejet du Targeur, très altéré. La Sole mesure 5,2 mill., le Targeur 3,4 mill. »

Les larves de Sprat sont souvent aussi longues que leur ravisseur ; mais la grande flexibilité de leur corps effilé
et la petitesse relative de leur tête font qu'elles traversent aisément le détroit œsophagien et se pelotonnent ensuite
sans peine dans l'estomac. En raison de leur fragilité, elles n'opposent pas non plus de longue résistance ; les
battements de leur portion caudale, dont une grande longueur (souvent plus du 1/3 de la longueur totale) peut
rester dehors, s'éteignent rapidement.

([1]) Dans un bac contenant seulement une cinquantaine de Soles du stade O, il faut renouveler fréquemment
la provision d'œufs de Sprat ; des centaines de larves, issues de ces œufs, disparaissent chaque jour.

resté maître du terrain continue sa promenade et la digestion de son repas. La voracité de ces alevins carnassiers est telle qu'on peut en voir dont l'estomac, bondé de
larves, semble se refuser à tout surcroît de charge et qui pourtant cherchent encore
à ajouter une proie de plus à la masse accumulée. La dilatabilité de l'estomac est à ce
point considérable qu'en l'état de réplétion on peut voir cet organe former, chez des
alevins de 7 à 8 millim., une gibbosité ventrale aussi volumineuse que le reste du
corps et donner à l'animal un aspect presque difforme, rappelant, si l'on nous permet
la comparaison, l'idée d'un couteau fiché sur une pomme.

L'intensité du besoin n'empêche cependant pas la Sole de témoigner, comme nous
l'avons déjà vu, d'une certaine recherche dans sa satisfaction. Elle préfère très manifestement les larves de poissons à tout autre aliment et nous a paru avoir un goût
prononcé pour celles, si délicates, du Sprat ; même parmi ces dernières, elle fait
encore son choix : elle recherche celles d'un certain âge, dont le vitellus a fortement
diminué et dont les yeux sont pigmentés. Les toutes jeunes larves, au vitellus abondant, semblent l'attirer beaucoup moins. Peut-être ne les distingue-t-elle pas aussi
aisément, en raison de leur complète transparence.

En donnant les détails qui précèdent sur les facultés digestives de nos Soles, nous
avons dû empiéter sur l'histoire biologique du stade O, non encore décrit. Mais il
était nécessaire de ne pas scinder une description relative à des faits aussi étroitement
liés et aussi analogues entre eux que ceux relatifs aux mœurs et aux allures du jeune
poisson au cours de cette époque de sa vie comprise entre la résorption vitelline et
le début de la métamorphose pleuronecte. L'étude de cette question, si importante
pour l'élevage, restera ainsi plus homogène et nous pourrons passer rapidement sur
le même point en terminant la revue que nous allons faire des stades O et P.

Pour en finir avec le stade présent, il nous resterait à examiner les caractères particuliers de la respiration (branchiale et cutanée), de la circulation, des phénomènes
sensoriels. Nous ne possédons sur ces différents sujets aucune donnée nouvelle de
nature à intéresser le lecteur ; on peut juger de la perfection de la fonction par celle
des organes correspondants.

# DÉVELOPPEMENT. — STADE O

Le stade O est d'une délimitation facile. Il comprend cette époque du développement caractérisée par l'apparition d'un *squelette vertébral*, qui vient renforcer l'axe de soutènement primitif constitué par la corde dorsale, et celle des *nageoires impaires* appelées à se substituer à la membrane continue périphérique, organe embryonnaire qui existait seul encore au stade précédent et dans les tissus duquel elles apparaissent. Un autre caractère très frappant est fourni par la série des changements de forme de la queue, contemporains du premier développement de la nageoire correspondante. Pendant la durée du stade O, l'extrémité caudale perd sa forme arrondie et symétrique des stades précédents, pour devenir bilobée et nettement *hétérocerque,* puis revient, par une évolution inverse, à une nouvelle forme symétrique, qui est celle de la queue unilobée de l'adulte (*fausse hétérocercie secondaire* des Téléostéens) ([1]).

Le stade O est, en outre, le dernier des stades à symétrie bilatérale. Il finit avec le commencement de la migration de l'œil gauche et de la métamorphose pleuronecte, phénomènes évolutifs caractéristiques du stade suivant. A première vue donc, et sans la recherche d'autres caractères qui complètent ceux dont nous venons de signaler l'importance, l'alevin du stade O sera aisément reconnaissable, différencié au début par l'apparition de l'asymétrie caudale, à la fin par la disparition presque complète de cette même asymétrie coïncidant avec la persistance de la symétrie bilatérale générale. Ajoutons que ce stade est aussi le dernier de ceux où l'alevin possède des

---

([1]) Chez d'autres espèces, les transformations de l'extrémité caudale prennent place à un moment différent de l'évolution. Par exemple, chez *Salmo, Anarrichas lupus,* etc., l'hétérocercie caudale existe de très bonne heure, sur la larve encore rudimentaire pourvue d'un vitellus volumineux. Chez la dernière espèce citée, dès la fin de la première semaine, l'extrémité caudale a une forme lancéolée, avec une lobation plus accusée du côté ventral (M' Intosh et Prince, 5, p. 876 et suiv.)

De telles divergences spécifiques, qui existent pour d'autres organes, rendront très difficile l'établissement d'un cadre évolutif communément applicable à tous les cas.

allures franchement larvaires ; déjà, au stade P, la jeune Sole va revêtir dans une large mesure le cachet permanent de son espèce, qu'elle aura acquis à peu près complètement à la fin de cette même époque.

Plus nous avançons dans la série des étapes du développement, plus il devient difficile d'évaluer en jours la durée de ces étapes. La concordance établie dans notre tableau schématique (p. 203) est l'expression moyenne d'un petit nombre de cas particuliers soumis à notre appréciation. Loin de la donner comme un cadre définitif, nous la considérons comme tout à fait provisoire et attendant les corrections d'observations ultérieures plus complètes. Cependant nous pensons ne pas nous écarter des limites d'une approximation permise en faisant entrer dans l'étendue de ce stade la 4ᵉ semaine tout entière et, en outre, une part plus ou moins restreinte et très variable de la 3ᵉ et de la 5ᵉ. Une période de transition, aux caractères mêlés des stades N et O, comprendrait deux ou trois jours de la 3ᵉ semaine, entre le 15ᵉ et le 20ᵉ jour. Une autre, aux environs du 32ᵉ jour (5ᵉ semaine), séparerait le stade O du stade P (période OP).

Nous n'avons pas de bases d'estimation assez rigoureusement établies pour partager ce stade en périodes de longueur déterminée ; et cela est sans importance, au surplus, étant donnée l'assez grande homogénéité des formes qui le composent. Il nous suffira, pour le faire connaître dans ses principaux traits et pour faciliter la localisation, dans la série larvaire, des spécimens qu'on pourra rencontrer, de donner les caractères essentiels et la physionomie de quelques types pris à différents moments du stade : au début (formes NO et O₁, — fig. 3, pl. IV, fig. 3, p. 124, fig. 4, p. 131); dans la période moyenne, O₂ (fig. 4, pl. IV, fig. 5, p. 142); et: M'Intosh (**3**, fig. 4, pl. III) ; Cunningham (**9**, fig. 3, pl. III) ; vers la fin, et au moment de l'importante période de passage au stade P (formes O₃ et OP — fig. 9, p. 147, fig. 14, p. 164, fig. 1 et 2, pl. V et fig. 15, p. 164).

En moyenne, les alevins dont nous allons nous occuper mesurent de 6 à 8 millimètres.

*Période O₁.*

Nous avons vu que, pendant le stade N, l'alevin s'était surtout développé dans sa partie antérieure, tandis que la partie postérieure ou caudale conservait une structure élémentaire et une faible puissance. Dès la période de transition NO, l'extension prédominante se fait en sens inverse, pour continuer désormais dans cette nouvelle direction, jusqu'à réalisation de la forme adulte. A la période initiale du stade O, ce changement est déjà très manifeste, comme le montre la comparaison des figures 2 et 3 de la planche IV. En ce qui concerne l'aspect de la région céphalique, il y a la plus grande ressemblance entre les deux larves ; mais, quoique ces sujets ne soient pas en somme fort éloignés par leur âge, il y a une très sensible différence entre la région caudale du premier et celle du second, que nous trouvons beaucoup plus large et plus compliquée dans sa structure. De ce changement résulte, pour l'ensemble, une physionomie assez dissemblable dans les deux cas. La faible largeur et la délicatesse de la rame caudale chez l'alevin de la période $N_3$ lui donnaient une certaine légèreté d'allure, malgré le développement de sa partie antérieure ; l'alevin du stade O est d'aspect moins svelte ; il apparaît beaucoup plus trapu, plus solidement construit. Pour lui, le rapport $\dfrac{H}{L}$ monte à $\dfrac{45}{100}$ (cas des individus des figures 3, pl. IV, et 1, pl. V) ; c'est le chiffre le plus élevé atteint dans l'espèce. Tout, en outre, dans sa constitution, annonce le grand chasseur et le grand mangeur : bouche vaste, mandibule puissante, ample estomac, rames bien développées.

La tête ne subit pas, pendant ce stade, de transformation importante dans sa forme générale ; elle reste symétrique, large, aussi haute (plus, au début) que longue, avec les yeux rapprochés du profil antérieur, le museau relativement petit, la bouche grande, la mandibule légèrement prognathe ou égale à la mâchoire supérieure (la bouche étant entr'ouverte) et sensiblement plus développée que cette dernière. Son aspect est toujours, à peu de chose près, celui que nous avons observé à la dernière période du stade N (et qui se retrouve chez nombre d'alevins de cet âge appartenant à d'autres espèces), avec cependant quelques caractères secondaires nouveaux. Ainsi, chez la larve de la figure 3 (pl. IV), le profil s'est un peu modifié par suite d'un effacement plus accusé de l'apex crânien. La disparition du capuchon céphalique est complète et le bord de la nageoire dorsale se continue par une courbe régulière avec celui de la crête médio-frontale, qui se prolonge jusque sur l'espace inter-maxillaire. Par le fait de cette disposition, par suite des changements survenus dans le groupement des éléments pigmentaires et de l'augmentation de hauteur de la région postérieure du corps, au profil dorsal moins concave, la tête a un contour apparent plus arrondi ; elle semble avoir perdu cette sorte de *casque à cimier* dont on a vu l'aspect très spécial chez l'alevin N. La surface jugale et operculaire s'est étendue en hauteur et en longueur. Si on examine le sujet par en-dessus (fig. 3), on se rend compte que l'épaisseur de la tête, encore grande et supérieure, ou tout au moins égale à celle de l'abdomen, varie peu suivant le niveau,

Fig. 3. — Larve $O_4 b$ décrite dans le texte. Long. 6 mill. Partie antérieure vue en dessus. Grossissement $\dfrac{22}{1}$.

d'avant en arrière. Abstraction faite de l'angle mandibulaire, la tête a dans cette position, un contour généralement rectangulaire. Les yeux sont alors très écartés. La largeur la plus grande (d'une faible quantité d'ailleurs) existe au-devant de la ceinture thoracique, d'une saillie operculaire à l'autre ; nous l'avons trouvée de presque 1 mill. chez un individu de 6,2 mill. de longueur.

La région thoraco-abdominale est encore plus développée à ce stade qu'au précédent. La proéminence arrondie qu'elle forme du côté ventral, surtout accusée dans l'état de réplétion de l'estomac et appelée à devenir plus saillante vers la fin du stade, donne à notre alevin une physionomie typique. Cette sorte de « bosse de Polichinelle » est à peu près aussi haute que longue ; ses dimensions sont moindres en largeur.

Les modifications les plus saillantes affectent le tronc et la nageoire primordiale. L'un et l'autre ont beaucoup augmenté de hauteur ; en même temps de nouveaux détails de structure y sont apparus. Ces transformations, sur l'existence desquelles nous avons établi l'origine du stade O, se produisent assez rapidement et, sur l'exemplaire de la figure 3, elles sont déjà très caractérisées, bien que de date récente. L'examen d'un sujet un peu plus jeune seulement (larve de 6 mill. appartenant à la période de transition NO) les montre en effet tout à leur début, à peine indiquées encore et non accompagnées d'une modification dans la forme extérieure des parties correspondantes du corps.

La *corde dorsale* a participé à l'accroissement des régions avoisinantes, et dans le même sens qu'elles, c'est-à-dire qu'elle a augmenté beaucoup plus en diamètre qu'en longueur. Son extrémité antérieure est plus brusquement incurvée vers le bas qu'elle ne l'était chez les larves plus jeunes et apparaît, sur une vue latérale, au niveau de la base de l'oreille. A ce moment, du reste, la partie postérieure du cartilage crânien chevauche un peu sur la pointe recourbée de la corde ([1]). En arrière elle finit, ainsi qu'auparavant, par une pointe mousse, après s'être effilée progressivement et en conservant encore la direction rectiligne ou à peine courbe de l'axe général du corps.

La structure semble s'être encore peu modifiée chez la larve NO. Mais, chez nos sujets avancés de la période O₁, elle offre des caractères nouveaux. L'un consiste en l'apparition d'épaississements ou de plissements ([2]) de la gaine apparaissant lorsqu'on examine celle-ci superficiellement et disposés de manière à figurer des barres verticales étroites découpant la corde, dans presque toute sa longueur, en une série d'espaces rectangulaires correspondant aux futurs corps vertébraux (*segments vertébraux*). Les barres verticales (plus claires ou plus obscures que les espaces intercalaires, selon

---

([1]) Comme dans les figures 28, pl. VII, et 55, pl. XI de Pouchet (**43**), 2 et 6, pl. V de Parker (**42**).
([2]) Il est assez difficile d'examiner ces détails de structure, sous les couches musculaires, dans la vue par transparence de l'animal entier.

la mise au point) constituent les *segments intervertébraux* et marquent la place qu'occuperont les disques intervertébraux définitifs. De plus, il existe en avant une double série de petits spicules ou nodules ostéoïdes, également en rapport avec la formation des vertèbres. Chez le plus âgé de nos spécimens (¹) on en compte six couples (fig. 4, p. 131), dont les éléments forment une rangée de chaque côté, vers le contour supérieur de la corde ; on voit un de ces spicules à droite et à gauche de l'extrémité profonde de chacun des chevrons cartilagineux figurant les arcs dorsaux des vertèbres. Leur degré de développement et leur forme sont très variables. Le premier couple, visible un peu en arrière de la clavicule (et qui nous paraît répondre à la 1ʳᵉ vertèbre), ne comprend que des grains irréguliers de matière ostéoïde ; les nodules des 4ᵉ, 5ᵉ et 6ᵉ couples sont aussi très réduits. Le 2ᵉ et le 3ᵉ couples comprennent des formations plus complexes ; là, chacune des pièces spiculaires constitue une sorte de boucle analogue aux productions dermo-épidermiques ainsi désignées ; une petite plaque, au contour vaguement ovalaire ou irrégulièrement découpé, parcourue par de fines crêtes à sa surface, constitue la portion basale de la boucle, en rapport avec la gaine de la corde, et se trouve surmontée d'une épine irrégulière qui accompagne plus ou moins haut le cartilage correspondant. — Chez l'individu *a*, un peu moins âgé, les points d'ossification en question sont réduits à 3 ou 4 couples de spicules peu développés et encore peu réfringents, au niveau des premières vertèbres. — Chez la larve NO, on n'observe que la première trace de la segmentation vertébrale de la corde, sans trace d'ossification. — Il existe donc à ce moment (fin de la période O₁), dans les premières divisions du squelette vertébral de la Sole, une disposition presque schématique des éléments constitutifs primordiaux de la vertèbre des Téléostéens, *éléments osseux* provenant directement de la gaine de la corde, *éléments cartilagineux* nés en dehors de cette gaine et n'entrant que secondairement en relation avec les autres. L'apparition des premiers points d'ossification vertébraux est assez précoce dans l'espèce étudiée ici (beaucoup plus, par exemple, que chez les Salmonides) ; nous allons retrouver dans le squelette céphalique et viscéral la même précocité d'évolution des organes spiculaires.

Les cartilages représentant les arcs dorsaux et ventraux des vertèbres sont visibles, chez les deux larves *a* et *b*, dans toute la longueur du tronc, depuis la clavicule, au-dessous et un peu en avant de laquelle on aperçoit le pied du 1ᵉʳ cartilage, jusqu'à la nageoire caudale (y compris celle-ci, pour ce qui concerne le côté ventral). Ces chevrons cartilagineux sont inclus dans la portion musculeuse du tronc. Latéralement, ils apparaissent comme de simples tigelles appuyées sur le pourtour supé-

---

(¹) Nous en possédons deux appartenant à cette période ; pour plus de commodité, nous désignerons le plus jeune par la lettre *a* (O₁a), le plus âgé par la lettre *b* (O₁b).

rieur ou inférieur de la corde et inclinées dans le même sens que les apophyses osseuses de l'adulte. — Leur présence est indiquée chez la larve NO ; mais ils ne constituent pas alors des unités cartilagineuses anatomiquement isolables, comme au stade O.

Les *muscles latéraux* du tronc sont répartis en une série de segments bien délimités, depuis la base du crâne jusqu'à une petite distance de la pointe postérieure de la corde. Ces segments (¹) ont maintenant la forme de champs allongés selon la hauteur du corps, relativement étroits et offrant déjà un aspect un peu analogue à celui des muscles latéraux de l'adulte.

La *nageoire caudale* permanente commence à se différencier, de même que les deux autres nageoires impaires *(dorsale* et *anale)*, dans la lame natatoire primitive. Cette dernière a augmenté d'étendue sur tout son pourtour postérieur et en arrière du rectum, contribuant à accroître la hauteur totale du corps. Les modifications histologiques survenues dans sa constitution se traduisent, à première vue, par l'existence de trois zones, que les fixateurs coagulants font apparaître très nettes. La zone marginale, plus haute que les deux autres réunies, a conservé la structure élémentaire de l'organe embryonnaire, avec sa transparence et sa fine striation ; c'est elle qui se prolonge, en avant, dans la crête frontale et qui constitue encore, en arrière, la majeure partie du lobe caudal. La zone voisine se dessine comme une bande sombre et la troisième, contiguë à la couche musculaire du tronc, comme une bande plus claire, quoique moins transparente que la portion marginale. Les deux dernières bandes sont assez étroites chez notre présent alevin et à peu près égales entre elles, sauf en avant, où la bande interne devient beaucoup plus haute, et cela à un degré plus prononcé dans la membrane ventrale que dans la dorsale ; en haut, elle se continue seule avec le profil crânien, tandis que la bande externe cesse à quelque distance en arrière de l'angle frontal ; du côté ventral, elle descend derrière le rectum, comblant en grande partie l'espace angulaire laissé entre la vessie urinaire et le tronc et son bord libre décrit une courbe concave en bas, que suit la bande externe. Ces bandes correspondent à des portions du lophioderme caractérisées par la condensation et, dans certains points, par une orientation ou déjà une différenciation complète des cellules mésoblastiques. Elles constituent ensemble la *lame bordante,* où se forment les pièces squelettiques *interépineuses* et leurs *muscles collatéraux.*

Les *pièces interépineuses* sont figurées, à cette période, par de petites tiges cartilagineuses (ou pré-cartilagineuses, selon l'état plus ou moins avancé du sujet observé) alignées dans la lame bordante, dont elles occupent toute la hauteur, et noyées par

---

(¹) Pour les montrer plus nettement, ainsi que certains autres détails anatomiques, nous avons négligé, sur la figure 3 (pl. IV), de représenter la pigmentation, dont les éléments disséminés masquent en partie le dessin des organes sous-jacents (comme dans le cas de la figure 4).

leur extrémité profonde entre les faisceaux musculaires limitant le tronc en haut et en bas ; là elles sont contiguës aux extrémités libres des cartilages vertébraux. Elles ont toutes une largeur assez uniforme (de 12 à 15 μ), mais une longueur très variable selon les points où on les observe, longueur généralement décroissante d'avant en arrière (exception faite pour quelques-unes), comme la hauteur de la lame bordante elle-même. Dans l'angle rétro-vésical, les cartilages interépineux affectent une disposition très analogue à celle de la forme adulte. Le premier de la série, qui suit la face postérieure de la vessie, est très long (deux fois plus que le 6ᵉ et le 7ᵉ, les plus longs après lui) et descend jusqu'à l'ampoule inférieure du rectum, après avoir décrit une double courbure en S. Son extrémité ventrale accompagnera toujours la portion anale de l'intestin ; tandis qu'elle se trouve actuellement rejetée en arrière (comme celle des cartilages suivants) par la situation encore reculée de l'anus, le déplacement ultérieur de celui-ci en avant entraînera l'incurvation dans le même sens des pièces interépineuses antérieures, qui deviendront sous-abdominales chez l'individu parfait. La première formera alors l'arc osseux limitant la partie postérieure de la cavité péritonéale. — Les cartilages interépineux dorsaux sont plus uniformes, en avant, que les cartilages de la série ventrale. Le premier est placé au-dessus de la paroi postérieure de l'oreille ; il se distingue un peu des autres par son incurvation plus prononcée et la projection en avant de sa moitié supérieure (larve *a*) ; on retrouve là seulement une certaine tendance vers la disposition de l'état parfait (fig. 6, p. 144).

Les intervalles laissés entre les pièces cartilagineuses sont occupés par des amas cellulaires, plus denses dans la moitié externe de la lame bordante, où leur réunion produit l'aspect de la bande sombre visible à faible grossissement ; la condensation cellulaire est surtout marquée en avant de la première pièce interépineuse dorsale. Dans cette bande externe vont bientôt apparaître les muscles interépineux et les nodules articulaires des rayons permanents des nageoires. L'alternance des amas cellulaires sombres et des espaces plus clairs correspondant aux cartilages interépineux donne à la lame bordante un aspect scalariforme, plus accusé dans la bande externe ou musculaire ; il manque dans la partie postérieure (dernier tiers environ) des deux lames, là où elles sont encore réduites à l'état de cordons cellulaires continus, sans individualisation de pièces cartilagineuses.

Les nageoires dorsale et anale ne sont en somme constituées, en ce moment, que par les lames bordantes avec leurs pièces interépineuses, seuls organes premiers réellement différenciés, et la membrane marginale soutenue par les rayons embryonnaires. Dans le lobe caudal, l'état de développement est plus parfait ; la nageoire définitive y est partiellement formée, et dans sa portion basale *(cartilages basilaires)* et dans son limbe *(rayons secondaires ou permanents)*, quand son apparition était à peine indiquée chez la larve NO. Nous ne nous arrêterons pas à présent sur les détails de cette évolution, étudiés plus loin dans une revue d'ensemble. Qu'il nous suffise de classer à sa place un caractère important de notre larve en indiquant la présence, sous l'extrémité de la corde, encore rectiligne et à peine touchée dans sa forme première, de lames cartilagineuses (5 chez la larve *a*) représentant les pièces hypurales [1], la participation déjà indiquée des derniers arcs ventraux des vertèbres à la constitution de cette partie du squelette, l'existence de rayons secondaires nettement isolés dans la région moyenne de l'ébauche de la nageoire caudale permanente (ébauche que nous désignons sous le nom de *plaque caudale marginale* ou *externe*). Ces rayons, en rapport à leur base avec les pièces basilaires antérieures, sont encore à peine inclinés en arrière. A leur niveau, l'expansion caudale s'avance en un lobe ventral très peu accentué, la zone de bordure étant toujours constituée par la membrane primitive. Il y a commencement d'hétérocercie légère.

La forme de la *nageoire pectorale* reste toujours à peu près la même ; mais sa surface proportionnelle semble avoir diminué depuis la fin du stade N, où elle avait acquis son maximum d'amplitude. Le pédicule du moignon s'est rétréci davantage, laissant au membre une plus grande mobilité ; son insertion se fait seulement au-dessus d'une partie de la moitié antérieure du cartilage coracoïde. Le moignon musculeux et le limbe en éventail constituent une lame transparente dont on définit avec peine le contour, quand elle est appliquée, immobile, contre le corps. Sa surface est encore un peu ondulée. Nous la verrons à toutes les périodes du stade O conserver les mêmes rapports et des proportions peu différentes, pour diminuer ensuite progressivement. C'est maintenant un organe très actif, dont le jeu est essentiel dans la natation : le cas sera tout autre chez l'animal adulte adapté à la vie de fond. — La ceinture scapulaire s'est complétée (larve O,*b*, fig. 4, p. 131) par l'adjonction, du côté dorsal, de deux nouveaux organes spiculaires unis ensemble. Leurs rapports entre eux et l'extrémité de la clavicule (à laquelle ils confinent, sans lui être encore attachés) les désignent : le supérieur et antérieur comme un *surscapulaire* (Cuvier) [2], l'inférieur, situé entre le précédent et la clavicule, comme un *scapulaire* (Cuvier) [3] rudimentaire. Ces deux pièces ostéoïdes établissent déjà nettement le lien entre l'extrémité dorsale de la ceinture et le crâne, représenté ici principalement par les bulles cartilagineuses des oreilles. La *clavicule* elle-même commence à présenter sur son trajet, notamment au-dessus du coude de sa partie moyenne et un peu avant sa pointe ventrale, des élargissements caractéristiques de sa forme achevée (rapprocher les figures 4, p. 131, et 23, p. 174 : la seconde, représentant la ceinture thoracique d'une jeune Sole de 42 mill., est donnée comme terme de comparaison). En arrière du

[1] Ou pièces caudales basilaires, pièces basi-caudales, comme nous les désignerons de préférence dans notre description.

[2] *Posttemporal* (Parker).

[3] *Supraclavicula* (Parker).

coude, s'insère le cartilage coracoïde par une base élargie de haut en bas ; cette pièce est demeurée fine et arrondie dans le reste de son étendue ; elle s'est allongée([1]) en conservant sa direction descendante, propre aux stades larvaires (elle sera plus tard inverse). Son extrémité libre se recourbe un peu en haut, en décrivant quelques sinuosités. Chez la larve $O_1a$, le développement de la ceinture thoracique est moins avancé, comme celui de tous les organes spiculaires ; la clavicule existe seule avec le cartilage coracoïde, ce dernier semblable d'ailleurs à celui du spécimen plus âgé.

Dans l'étude du *squelette céphalique* et *viscéral,* nous examinerons d'abord les changements apportés par les progrès du développement aux dispositions de la charpente cartilagineuse, sans tenir compte des additions de nature ostéoïde effectuées sur de nombreux points. Une revue d'ensemble de ces formations secondaires complétera notre exposé, rendu ainsi plus facile.

Le *crâne* est, selon la règle, la partie la plus imparfaitement ébauchée du squelette de la tête (fig. 4). Les vastes capsules auditives, avec leurs bases épaisses, et la plaque nuchale, toujours assez réduite dans l'espèce, le constituent presque en entier, enveloppant (sauf en dessus, sur un étroit espace) la moelle allongée et les portions les plus reculées du cerveau postérieur et du cerveau intermédiaire. En avant, les cartilages grêles des trabécules forment un plancher étroit sous le cerveau intermédiaire ; le cerveau antérieur repose sur leurs extrémités unies au voisinage de la plaque faciale. Le cercle sclérotical (également cartilagineux) dépasse un peu en bas le niveau du plancher crânien. A une petite distance au-dessus de l'œil, s'avance *l'apophyse orbitaire* (Pouchet)([2]), processus irrégulier et plus ou moins contourné, attaché en arrière à la paroi antérieure de la capsule auditive, libre en avant, où il remonte un peu sur les côtés du mésencéphale. En résumé, cavité crânienne encore très largement ouverte en haut, latéralement et antérieurement. — La *plaque faciale* présente au-devant de la capsule olfactive, qui repose sur elle, une courte saillie. Au-dessous du bord antérieur de la plaque faciale, deux petits nodules superposés figurent les *cartilages labiaux.*

L'appareil mandibulo-palatin s'est beaucoup plus développé que le squelette crânien. Le *cartilage temporal* s'est encore allongé et l'articulation styloïdienne se trouve actuellement vers le milieu de sa hauteur ; sa tête est très large et munie de trois saillies articulaires bien dessinées, les deux supérieures unies à la base de la capsule auditive, la troisième, en arrière et en bas, donnant insertion à l'*os operculaire.* La masse cartilagineuse située au-devant de lui([3]), laquelle a remplacé l'étroit jugal

---

([1]) Chez la larve $O_1b$, longue de 6 mill., la ceinture scapulaire a 1,6 mill. de haut, le coracoïde mesure 0,5 mill.

([2]) « Superorbital bar », « superorbital band » de Parker.

([3]) « Appareil *maxillo-palatin* », « appareil *palatin* » (Pouchet) — dit aussi : cartilago *palato-carré* ou *quadrato-palatin.*

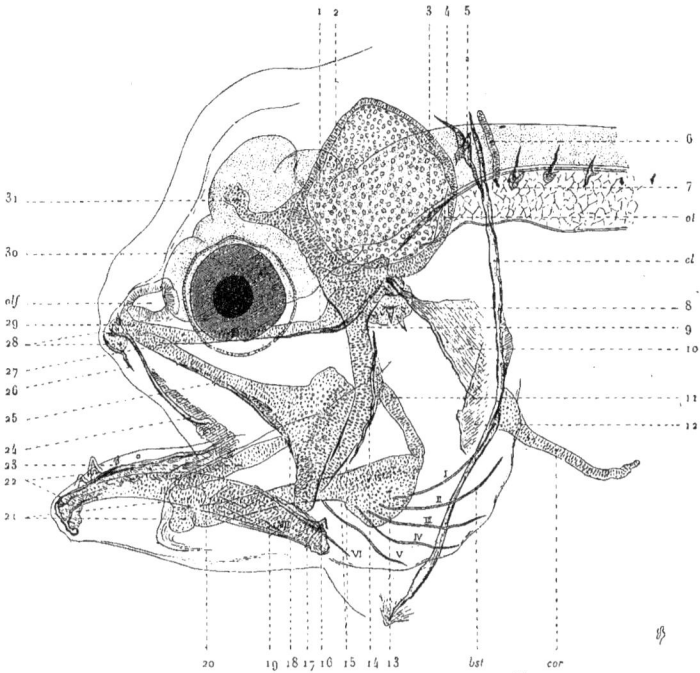

FIG. 4. — Larve $O_4 b$ (6 mill.). Squelette des régions antérieures. Grossissement $\frac{64}{1}$. — Les cartilages se reconnaissent à leur aspect. Les hachures fines et les traits fortement accusés désignent les productions ostéoïdes. Le pointillé fin est réservé au système nerveux central. La signification des lettres est donnée à l'index général.

*Notation particulière à cette figure :*

1, sphénoïde, Cuv.
2, portion antérieure de la lame basilaire.
3, basioccipital, Owen.
4, surscapulaire, Cuv.
5, scapulaire, Cuv.
6, premier chevron cartilagineux dorsal (arc neural).
7, spicule ostéoïde représentant l'origine du deuxième arc neural permanent (côté gauche).
8, pharyngiens supérieurs munis de dents.
9, os temporal.
10, operculaire.
11, styloïde.
12, sous-opercule.
13, lame descendante du cartilage hyoïdien.
14, préopercule.
15, symplectique.
16, angulaire.

17, os jugal, Cuv.
18, cartilage palato-carré.
19, articulaire.
20, extrémité antérieure du cartilage hyoïdien.
21, noyau cartilagineux de l'hypohyal (ou des hypohyals?).
22, dentaire portant des dents.
23, cartilage de la carène.
24, maxillaire supérieur.
25, transverse, Cuv.
26, intermaxillaire.
27, extrémité antérieure d'un cartilage trabéculaire.
28, cartilages labiaux.
29, plaque faciale.
30, cercle sclérotical.
31, apophyse orbitaire.
I à VII, rayons branchiostèges.

primordial, a pris la forme en marteau qui la caractérise chez la plupart des espèces, à
ce moment de son évolution. La tête de ce cartilage, appliquée contre la face antérieure du temporal, représente le premier cartilage jugal, qui s'est fortement étendu
d'arrière en avant, dans sa partie supérieure (talon du marteau), mais a conservé sa
forme initiale à son extrémité ventrale (bec du marteau), articulée à la mandibule.
En avant, le prolongement qui est apparu vers la fin du stade N (manche du marteau)
a rejoint la plaque faciale, à laquelle nous le trouvons solidement uni, derrière le
cartilage labial supérieur. Là où il se détache du jugal primordial, ce tractus cartilagineux est assez étendu de haut en bas et apparaît de forme triangulaire, sur la vue
latérale ; il s'étire, en avant, en une tige grêle semblable aux anses latérales ([1]) et passe
à une faible distance au-dessous de l'œil. — Le cartilage maxillaire n'offre à remarquer que l'absorption de son extrémité antérieure dans le tissu ostéoïde de la mandibule définitive.

Les modifications de l'appareil hyo-branchial sont les plus importantes subies par
le squelette céphalique, à l'inverse de ce qui s'est passé pour la région crânienne.
Le *styloïde* ([2]) est devenu plus grêle. Il est nettement distinct, en bas, du *cartilage
hyoïdien*. Celui-ci a pris une très grande extension et en même temps a notablement changé de forme. Sa portion principale est une forte tige à peu près
droite, oblique en avant, en bas et en dedans, articulée directement, en arrière,
avec le styloïde, et, du côté opposé, avec un couple de nodules cartilagineux ([3])
(les *hypohyals*, Owen) qui l'unit médiatement à l'extrémité de la tige impaire
désignée sous le nom de *carène* dans les mémoires de Vogt (**45**) et de Pouchet (**43**).
L'hyoïde est formé d'une seule pièce à ce moment ; les deux segments répondant à
l'*epihyal* et au *ceratohyal* (Owen) n'y sont pas encore marqués. Il présente seulement,
sous son tiers postérieur, une expansion en forme de soc plus ou moins arrondi, qui
porte à sa base 4 rayons branchiostèges ([4]). — Le groupe des hypohyals annonce la
disposition de la pièce osseuse qui les remplacera plus tard ([5]) ; les deux nodules cartilagineux, superposés, sont inégaux : le plus volumineux surmonte le plus petit, qui a
son grand axe vertical, tandis que le contraire a plutôt lieu pour le premier. L'extré-

---

([1]) La portion jugale du cartilage peut être nommée *métaptérygoïde* avec Huxley et Parker. La tige antérieure
est appelée par le dernier de ces auteurs « palato-pterygoid », « pterygo-palatine », « subocular bar ».

([2]) *Stylohyal* (Owen).

([3]) Il n'est pas absolument certain qu'il y ait séparation, à aucun moment, entre les noyaux cartilagineux ;
peut-être n'existe-t-il qu'un seul cartilage étranglé et marqué, comme cela existe en d'autres endroits, d'une ligne
de division seulement virtuelle (orientation des chondroplastes).

([4]) Cette lame persiste à l'état cartilagineux jusque chez l'adulte. Nous l'avons trouvée, sur un individu de
o mill. 47, constituant toute la portion inférieure de l'épihyal, ossifié par ailleurs et fusionné avec le cératohyal.

([5]) Chez notre même sujet de o mill. 47, les deux hypohyals osseux, indiqués comme isolés par Cunningham (6),
sont soudés en une pièce unique ; on trouve seulement dans le double relief de celle-ci et dans la boutonnière qui
persiste en son milieu la trace des deux os primitivement distincts.

mité antérieure du cartilage hyoïdien aboutit contre le nodule ventral, mais s'unit aussi au dorsal. L'ensemble des deux nodules est attaché latéralement à la carène, celle-ci ne les dépassant pas en avant, comme fera dans la suite le 1er segment basal osseux (*basihyal* et en même temps 1er *basi-branchial*). En avant et en dessous du cartilage hypohyal ventral, est fixé un trousseau fibreux unissant la langue au plancher buccal ; c'est l'origine du ligament en Y attachant *l'os jugulaire* (Cunningham) de l'adulte à l'extrémité inférieure des pièces hypohyales.

La série des arcs branchiaux est complète et déjà, comme on l'a signalé pour les autres espèces étudiées à ce point de vue, chacun d'eux comporte le nombre de segments et la disposition de ces segments propres à l'appareil achevé. Les trois arcs antérieurs ont leurs quatre articles habituels : un *hypo* —, un *cérato* —, un *épi* — et un *pharyngo-branchial* (Owen) : toutes pièces cylindroïdes, assez régulières, de faible diamètre, essentiellement composées de cartilage sérié et se répétant, presque sans variation de forme, de l'un à l'autre de ces trois premiers arcs. Les pièces hypobranchiales sont courtes, articulées en série sur le côté de la carène et montant avec elle assez rapidement d'avant en arrière. Les pièces suivantes (cératobranchiales) sont les plus longues ; elles s'infléchissent vers le haut en une courbe légère, au niveau de leur extrémité dorsale. Les segments épibranchiaux, qui leur succèdent, forment avec elles un angle peu aigu et montent en sens opposé vers la plaque nuchale, pour finir à une certaine distance au-dessous de celle-ci. Comme chez l'adulte, la longueur des cératobranchiaux et des épibranchiaux décroît assez rapidement d'avant en arrière. On ne voit pas très distinctement, sur nos préparations, le 4e arc et on voit moins encore le 5e. Il apparaît pourtant que le premier de ces deux arcs manque de pièce hypobranchiale ; son cératobranchial s'attache directement à la carène. Quant au 5e arc, on l'entrevoit comme constituant une pièce unique. Les extrémités dorsales des quatre premiers épibranchiaux portent chacune une petite pièce (pharyngo-branchial). Celle de l'arc I, visible à travers la base du cartilage temporal, est une courte et étroite tigelle (¹) montant dans la même direction. Les pièces homologues des trois arcs suivants (II — IV) apparaissent, chez la larve *a*, comme autant de petits nodules oblongs, contigus, mais bien distincts, au côté interne de l'articulation temporo-operculaire ; chez la larve *b*, ils semblent confondus en une masse unique (visible sur la figure 4 entre le col du temporal et celui de l'opercule) correspondant au groupe des *os pharyngiens supérieurs* (²). — Comme

---

(¹) Par exception, ce premier pharyngo-branchial porte un autre nom, dans certaines nomenclatures, celui de : « *stylet du premier arceau branchial* » (Cuvier), d' « *upper epibranchial of first branchial arch* » (Owen).

(²) Sur le spécimen adulte (long. de o mill. 47) que nous avons examiné, les trois noyaux osseux appartenant aux 2e, 3e et 4e arcs étaient indépendants et unis de manière à conserver une certaine mobilité. Il n'y avait pas, comme dans le cas décrit par Cunningham (6), fusion entre les pharyngo-branchiaux des 3e et 4e arcs, qu'il était facile de séparer par la dissection.

on le voit, tout ce système hyo-branchial reproduit, à la forme près des pièces composantes, les dispositions de l'âge adulte. La carène forme encore une tige continue.

Les pièces spiculaires surajoutées à cette charpente cartilagineuse complexe se sont développées rapidement, ayant pris depuis la fin du stade N une part importante à la constitution du squelette. — Le crâne présente seulement deux zones d'ossification : une mince scutelle se voit sous la partie postérieure de la moelle allongée, entre cet organe et la terminaison de la corde, dans la gaine de laquelle elle a pris naissance (futur *basioccipital,* Owen) ; un autre champ d'ossification existe à la face ventrale des trabécules, dans la portion rétro-oculaire de ces cartilages et dans la région voisine de la plaque nuchale (ébauches du *sphénoïde,* Cuv.) ([1]). Une couche presque complète de lames spiculaires très minces enveloppe le cartilage temporal, représentant l'origine de l'*os temporal* (Cuv.)([2]), et probablement aussi, en bas et en avant, du *symplectique.* Une pièce plus développée, au bord antérieur épaissi en ourlet réfringent, recouvre le bord postérieur du même cartilage dans presque toute sa hauteur, empiétant un peu sur sa face externe. Formée en dehors du temporal primordial, et non à ses dépens, elle représente la portion antérieure du *préopercule,* os complètement indépendant, à ce moment, de l'appareil operculaire. La pointe du cartilage temporal reste dépourvue de toute formation ostéoïde ; elle constitue la *pièce terminale* (ou *petit cartilage angulaire terminal*) de Pouchet. — Le cartilage palato-carré est ossifié très légèrement sur toute la portion ventrale ou articulaire de l'ancien jugal (*os jugal,* Cuv.) ([3]). Une écaille plus épaisse se remarque sous la tige palatine, dans la plus grande partie de sa longueur ; elle deviendra l'*os transverse* (ou *ptérygoïdien externe,* Cuv.) ([4]). Le cartilage maxillaire est presque entièrement englobé dans les os de nouvelle formation particulièrement développés à son niveau. L'*articulaire* forme un étui à sa moitié postérieure, étui plus épais au-dessous et en arrière de l'articulation au jugal. Une petite écaille représentant l'*angulaire* est visible sur le côté externe du talon de la mandibule. En avant, le *dentaire* a déjà pris une grande importance et dépassé de beaucoup les limites du cartilage. L'extrémité antérieure de celui-ci a perdu en partie ses éléments propres, absorbés dans le processus d'ossification ou fortement transformés ; des trabécules plus ou moins ramifiés et anastomosés, épais par places, réalisant une sorte de tissu alvéolaire, surtout développé au niveau de la symphyse, dessinent le bord de la mandibule et lui constituent une armature résistante. Celle-ci est complétée par la présence d'un certain nombre de dents à divers degrés de développement (ou d'involution ?). Sur la larve *b,* on en peut compter 3 ou 4 de

---

([1]) *Basisphenoid* (Owen). — *Parasphenoid* (Huxley, Parker). — *Basal.*
([2]) *Epitympanic* (Owen). — *Hyomandibular* (Huxley et de nombreux auteurs).
([3]) *Hypotympanic* (Owen). — *Quadrato jugale* (Stannius). — *Quadrate* (Huxley, Agassiz).
([4]) *Pterigoid* (Owen, Parker). — *Ectopterygoid* (Huxley).

chaque côté. Les unes sont à l'état de simples spicules réfringents inclus dans l'épithélium de la muqueuse ; les plus parfaites proéminent hors du bord mandibulaire, recouvertes d'une couche d'épithélium et composées, comme beaucoup de productions analogues, d'un cône creux, d'aspect adamantin et d'un socle peu surélevé, dépendance directe de la lame externe du dentaire (¹).

Sur la larve *a*, on trouve de chaque côté deux dents aiguës ; il n'y en a qu'une sur notre spécimen NO. Dans aucun de ces deux cas, il n'existe de cône isolé dans l'épithélium. Le squelette ostéoïde de la mâchoire supérieure s'est aussi beaucoup renforcé. Le *maxillaire* n'est plus une simple épine, mais une lame irrégulière, atteignant en arrière l'extrémité commissurale du dentaire ; la tigelle du début, toujours très nette, lui constitue un contrefort ; en avant, elle s'élargit en une plaquette recouvrant la face externe du cartilage labial supérieur. Le cartilage labial inférieur est aussi en rapport, par sa face inférieure, avec une pièce spiculaire encore grêle et courte, qui est la première trace de l'*os intermaxillaire*. Sur les cartilages de l'appareil hyo-branchial l'ossification est moins avancée. Cependant de fines gaines spiculaires se montrent sur la tige du cartilage hyoïdien, dans sa moitié antérieure et en avant de la lame descendante, de même que sur une certaine étendue de chaque cartilage cératobranchial. Les noyaux cartilagineux correspondant aux pharyngiens supérieurs sont garnis de dents analogues à celles de la mandibule et, comme ces dernières, très variables de forme et de dimensions. Sur la larve *b*, le pharyngien supérieur gauche montre deux dents complètes, acérées, et trois petits nodules coniques. — Les 7 rayons branchiostèges sont présents chez cette même larve, affectant une disposition très voisine de celle de l'état adulte. Les 4 postérieurs sont attachés sur la face externe de l'hyoïde, vers la base de la lame descendante. En arrière ils s'infléchissent dans la direction dorsale, atteignant ou dépassant la clavicule. Le 5ᵉ et le 6ᵉ s'attachent au-dessous de la tige hyoïdienne, descendant de là obliquement en arrière. Quant au 7ᵉ, il n'est alors figuré que par une très courte épine, non rattachée à l'hyoïde. L'appareil operculaire, enfin, compte deux os déjà bien développés : l'*operculaire* et le *sous-opercule*. Le premier est une lame assez étendue, triangulaire, dont le bord antérieur a pour bourrelet l'épine apparue précédemment ; ce rebord épaissi se prolonge au delà du sommet du triangle en un col assez long qui vient se mettre en rapport, par l'intermédiaire d'une expansion

---

(¹) La question se pose ici de savoir si les petits cônes spiculaires contenus dans l'épithélium appartiennent à des dents en voie d'apparition ou de régression. Aucune donnée certaine ne nous permet de la trancher. S'il est vrai que le mode de développement décrit par Pouchet (43, p. 84, 85) chez certaines espèces doive être considéré comme la règle, l'isolement des petites pointes spiculaires au milieu de l'épithélium, à distance de la surface de l'os, ne peut être que le résultat de la disparition progressive de dents parvenues antérieurement au terme de leur évolution. Cette manière de voir concorderait avec l'hypothèse d'une existence purement transitoire de ces organes et de leur adaptation aux besoins spéciaux de certaines périodes larvaires. Elles doivent, dans tous les cas, disparaître du côté droit de la mandibule, lequel est inerme chez l'adulte. Mais nous ne pensons pas que, même du côté gauche, on doive les regarder comme les premières unités de la dentition permanente (dents en velours).

cupuliforme de sa partie interne, avec la saillie correspondante du temporal. Le *sous-opercule* a la disposition et un peu la forme de l'os adulte ; comme celui-ci, il est allongé dans le sens vertical et son extrémité supérieure est recouverte par la portion inférieure de la lame operculaire. Ce volet incomplet (on ne voit pas encore l'interopercule) confine par son bord postérieur à la ligne claviculaire.

La description précédente se rapporte à la larve $O_1b$ ; elle établit l'état des acquisitions du squelette jusque vers la fin de la première période du stade O. Il ne sera pas sans intérêt de jeter un coup d'œil sur la constitution des mêmes parties chez les larves $O_1a$ et NO.

Le spécimen $O_1a$ diffère peu de son aîné $b$, en ce qui concerne la charpente cartilagineuse céphalo-viscérale ; mais il est beaucoup moins avancé dans la voie de l'ossification. Nous avons déjà vu que, chez lui, les spicules vertébraux commençaient seulement à se montrer et que la ceinture thoracique comprenait (de chaque côté) une pièce spiculaire unique, la clavicule. Aucune trace d'ossification n'apparaît sur le crâne. Comme chez la larve $O_1b$, les formations spiculaires s'observent au maximum autour du cartilage mandibulaire ; l'angulaire, l'articulaire, le dentaire portant quelques dents, sont représentés par des pièces isolées. L'appareil maxillopalatin n'a qu'une petite plaque d'ossification au-devant du jugal (os jugal) et la mâchoire supérieure osseuse est figurée seulement par le stylet maxillaire, encore à l'état rudimentaire que nous lui avons vu au stade N. L'hyoïde cartilagineux donne insertion à 5 rayons branchiostèges, d'aspect faiblement réfringent, dont 4 attachés à la base de la lame descendante. Enfin, une chaîne de petits spicules partant de la tête du temporal répond au bord antérieur de l'os operculaire.

A ne considérer que le squelette céphalique et viscéral, on devrait placer notre larve NO tout à côté des précédentes, dont elle diffère d'ailleurs assez notablement sous d'autres rapports ([1]). Chez elle, la lame descendante du cartilage hyoïdien est encore petite et les cartilages branchiaux paraissent indivis ; l'insertion temporostyloïdienne est plus élevée que chez la larve $O_1a$. Le cartilage temporal est encroûté de matière ostéoïde sur la plus grande partie de son pourtour (temporal, symplectique, préopercule) ; le jugal est fortement ossifié et le transverse est apparu. Le dentaire, armé d'une seule dent, est assez rudimentaire et forme une simple enveloppe à l'extrémité du cartilage de Meckel, non ossifié dans la profondeur. L'articulaire et

---

([1]) Il y a lieu de remarquer, chez ce spécimen, la rapidité relative de la formation des organes spiculaires, plus complètement développés sur certains points, que chez la larve $O_1a$. Ce fait et d'autres du même ordre nous conduisent à attacher plus d'importance, dans l'appréciation du degré de perfection des larves, aux dispositions des cartilages qu'à celles des pièces ostéoïdes. L'ordre et la date d'apparition de ces dernières, la rapidité de leur extension nous paraissent sujets à des variations individuelles plus étendues que celles observées dans d'autres organes. D'après l'état des seules formations spiculaires, la larve $O_1a$ peut être considérée comme un sujet en retard ; au contraire, les larves NO et $O_1b$ représentent plutôt des cas à évolution rapide.

l'angulaire, le stylet maxillaire supérieur, les 5 rayons branchiostèges présents, la clavicule sont analogues chez les larves NO et $O_1a$. L'os operculaire est beaucoup plus développé dans le cas de la première, où il présente déjà une lame s'étendant assez loin vers le bord de l'opercule.

Pour laisser plus de clarté aux détails anatomiques, nous n'avons pas représenté le *pigment* sur notre figure 3, pl. IV. Chez tous les alevins du stade O d'ailleurs, la livrée conserve beaucoup de points de ressemblance avec celle des larves plus jeunes. On peut même dire qu'elle se rapproche beaucoup plus de cette dernière que de celle des alevins plus âgés, où apparaît un système de coloration tout différent. Le changement se produit rapidement, car on le trouve déjà réalisé au début du stade P (fig. 1, pl. VI), alors que le système pigmentaire de la première forme est encore reconnaissable chez les larves de la fin du stade O et même de la période de transition OP (fig. 4, pl. IV — fig. 1, pl. V). L'alevin de la figure 1 (pl. V), dont les chromoblastes sont bien étalés et dont la livrée peut être considérée comme représentant d'une manière assez typique celle des larves du stade O, montre nettement ces analogies et ces dissemblances, si on la compare, d'un côté, à la larve de la fin du stade N (fig. 2, pl. IV) et, d'un autre côté, à une larve du commencement du stade P (fig. 1, pl. VI). Nous retrouvons ici les principaux groupements pigmentaires déjà connus : la double série des cellules mélaniques, en bordure du tronc, en haut et en bas, la rangée supérieure étant elle-même dédoublée dans une partie de son étendue en deux files parallèles très rapprochées ; les grandes taches marginales, à la coloration mixte, toujours au nombre de 7 à 10 du côté dorsal, de 2 à 3 du côté ventral ; et, en dehors de ces groupes sériés, les éléments dispersés, étoilés ou punctiformes, mélaniques ou xanthiques. Selon la proportion et la disposition des éléments chromatiques, la teinte générale varie d'un individu à l'autre ; tel est plus noir, tel autre roux, tel enfin d'un ton citrin plus ou moins mélangé (comme celui de la figure 1, pl. V) ; le ton le plus communément observé est le roux un peu noirâtre, ton résultant de l'association au pigment mélanique de pigment orange en assez forte proportion ([1]). Un des caractères qui distinguent, à première vue, la larve $O_1$ de la larve N est l'extension de la pigmentation à la région postérieure du corps, jusque là dépourvue d'éléments colorés, en dehors de sa partie axiale. Chez le spécimen de notre figure 3, pl. IV, de nombreux petits éléments punctiformes ou brièvement ramifiés s'observent sur tout le lobe caudal (axe et expansion natatoire) ; ce dernier est encore délimité, en avant, par les deux derniers groupes marginaux, se correspondant

---

([1]) Il y a, en fait de coloration, des différences individuelles assez marquées. Il en existe aussi de très appréciables chez le même individu selon l'état de contraction ou d'extension de ses chromoblastes ; ce fait explique certaines dissemblances très apparentes, telles que celles qu'on peut noter, par exemple, entre les larves, chronologiquement assez voisines, de la figure 4, pl. IV et de la figure 1, pl. V.

de haut en bas et plus étendus que les autres. En avant, quelques cellules marquent la place du capuchon céphalique effacé. D'assez nombreux chromoblastes étoilés, noirs ou fauves, garnissent la paroi abdominale, massés surtout à sa partie inférieure. Beaucoup de ces corps étoilés affectent déjà une forme qu'on leur trouvera très communément plus tard ; les ramifications, en nombre assez limité, rayonnent autour d'un noyau étroit et se terminent, toutes ou seulement en partie, par un élargissement plus ou moins irrégulier donnant l'apparence d'une palmature. Comme teintes nous notons : le noir, le roux, le fauve, l'ocre, l'orange, le jaune citron, rabattu ou non, et paraissant exister dans maints endroits en aires diffuses, sur lesquelles tranchent des mélanoblastes.

Dans la peau, nous ne trouvons pas encore trace d'écailles, à ce stade.

Parallèlement au développement du squelette crânien, des modifications se sont produites dans la topographie des organes inclus ou circonvoisins, en particulier dans la *masse nerveuse encéphalique* et les principaux *organes des sens*. Le fait le plus saillant est l'abaissement de la *portion intra-crânienne* [1] de l'axe nerveux, infléchi au niveau de l'origine de la moelle épinière et selon le degré d'inclinaison existant chez l'adulte ; cependant l'encéphale possède encore dans une large mesure son aspect larvaire. Son volume relatif continue à diminuer.

L'*œil* reste irrégulièrement circulaire, de chaque côté, et il conserve cette forme jusqu'au stade prochain. La trace du colobome se voit encore nettement sur son pourtour inférieur, dans une position sujette à quelques variations, selon l'angle de rotation antérieure ou postérieure du globe. A l'état de repos, il regarde de près de 45° en avant. Son diamètre a diminué relativement à la longueur de la larve [2] ; mais il est toujours grand et, sur la vue latérale, il masque la majeure partie du cerveau antérieur.

A l'inverse de l'œil, l'*oreille* s'est amplifiée ; tandis qu'au début (Stades L, M) sa surface (toujours dans la vue de côté, en projection sur le plan sagittal) était inférieure à celle du premier organe, qu'il y avait à peu près égalité à la période initiale du stade N, l'ampoule auditive est maintenant sensiblement plus étendue que le champ

[1] On peut déjà la nommer ainsi, car l'écaille du basioccipital et les pièces dorsales de la ceinture thoracique marquent nettement sa limite postérieure.
[2] Nous avons trouvé le rapport du diamètre oculaire maximum à la longueur totale :

de $\frac{1}{15}$ chez une larve du stade L, de 3,2 mill.    de $\frac{1}{19}$ chez une larve du stade O (2e pér.) — 6,8 mill.

$\frac{1}{15}$ — M' — 4    $\frac{1}{19}$ — P (fin.) — 14,5 —

$\frac{1}{15}$ — N (1re pér.) — 4,5 —    $\frac{1}{27}$ chez un adulte de 0m,27.

$\frac{1}{18}$ — O (1re pér.) — 6,2 —

oculaire. Elle s'est surtout dilatée du côté dorsal, où sa paroi dépasse d'une quantité appréciable le profil supérieur de l'encéphale, abaissé d'autre part.

Il n'y a qu'un orifice à la *narine* de chaque côté, orifice assez grand, de forme triangulaire, situé en face de la pupille, plus proche du pourtour de l'orbite que de l'extrémité du museau. L'ampoule olfactive est toujours contiguë, en arrière, au cerveau antérieur. Sa paroi ventrale repose sur l'extrémité des trabécules et la plaque faciale.

La *bouche* a acquis, à ce moment, son plus grand développement, la mandibule son maximum de puissance. La mâchoire supérieure est peu proéminente, mais forme un large cintre, l'écart entre les extrémités commissurales de ses branches étant presque égal à la distance des deux surfaces cornéennes. Pour bien juger de son amplitude, il faut examiner la larve par en-dessus. Dans ces conditions, la mandibule se présente avec sa forme en large bec de cuiller ; l'ogive dessinée par son bord libre est aussi haute que large ; son sommet dépasse l'aplomb de la partie la plus saillante de la mâchoire supérieure. Dans l'examen latéral, par transparence, on aperçoit le contour arrondi de la pointe de la langue, qui dépasse un peu le niveau des commissures labiales ; cet organe est court, volumineux. Le *canal alimentaire* diffère peu de celui de la larve N ; il est plus simple, en ce sens que ses cavités sont d'une seule venue et qu'il n'y a plus, comme dans la disposition que nous avons décrite antérieurement, de différences brusques de diamètre établissant des démarcations entre les différentes portions de l'appareil. Celles-ci sont définies par leur structure fine et par leur rôle visible dans l'acte de la digestion. L'estomac répond à l'anse volumineuse dont la saillie ventrale fait proéminer la paroi abdominale ; il n'a plus la forme ampullaire, qu'il soit vide ou rempli d'aliments. Il est assez difficile d'estimer son diamètre, en raison des changements continuels de capacité survenant selon les phases de son fonctionnement ; mais, même à l'état de vacuité complète, il surpasse manifestement les dimensions des autres parties du canal. Sa muqueuse est alors épaisse et fortement gaufrée. Par suite de sa forme (en *α* renversé), l'anse stomacale est unie à l'œsophage par sa branche postérieure, située à gauche, et sa branche antérieure, ou droite, se continue avec l'intestin. Les plis longitudinaux, très marqués, de l'œsophage différencient seuls nettement le segment stomacal cette première portion du conduit digestif. Le passage de l'estomac à l'intestin se fait d'une manière moins nette ; il a lieu au-dessous de l'œsophage, vis-à-vis de l'attache de la nageoire pectorale. Après un premier coude au niveau de l'aboutissement de l'œsophage dans l'estomac et un court trajet horizontal sous le plafond de la cavité péritonéale, le canal se coude de nouveau brusquement pour constituer le rectum et gagner par un court trajet rectiligne l'orifice anal, situé tout au voisinage de la branche postérieure (descendante) de l'anse gastrique, à un niveau plus élevé que le sommet de cette anse, mais au-dessous du niveau de la mandibule et du bord de la nageoire anale (il était situé sur la même ligne que ces deux parties au stade N). Dans tout son trajet, le rectum est contigu à l'estomac, qui le déborde même en haut, du côté gauche ; sa direction est très rapprochée de la verticale, avec une légère obliquité en arrière ; il passera bientôt dans la position inverse, pour se coucher de plus en plus fortement sur le plancher de la cavité péritonéale, dont il marque maintenant la limite postérieure.

Comme on le voit, la disposition du canal digestif est ici des plus simples ; elle restera telle jusque dans le courant du stade P et ne se compliquera réellement qu'au terme des métamorphoses larvaires et pendant les premières périodes de la phase jeune. La brièveté actuelle du canal et le calibre relativement grand de ses différentes cavités sont en rapport avec la qualité des aliments, surtout carnés et d'une absorption rapide, dont se nourrit la jeune Sole.

Le *foie* est devenu plus volumineux : comprimé latéralement, de manière à prendre place entre les branches de la boucle stomacale, il remplit l'espace laissé vide entre elles et la paroi postérieure du péricarde.

La *vessie natatoire* est maintenant une vésicule indépendante du tube digestif, régulièrement distendue par son contenu gazeux, de 0,18 mill. de long sur 0,13 mill. de larg. environ (dimensions prises en dehors). Les parois sont encore épaisses, le plus grand diamètre interne ne dépassant pas 0,10 à 0,12 mill. On l'aperçoit facilement, chez l'individu vivant, grâce à sa réfringence spéciale, au-dessus du point de croisement de l'œsophage et de l'intestin ; même en cas d'opacification des tissus, on peut aisément, dans la plupart des cas, reconnaître extérieurement sa situation à la présence d'un amas de pigment noir qui recouvre sa paroi dorsale, en dehors, et qui apparaît comme une tache allongée, au niveau du plafond de la cavité péritonéale et en avant du coude intestino-rectal (*vn*, fig. 4, pl. IV ; fig. 1, pl. V).

Les lames primaires des *branchies* ne sont plus des digitations simples ; leur surface commence à se soulever en légères ondulations, ébauches des plis secondaires ou *lamelles branchiales*. Les lames les plus longues atteignent environ 0,1 mill. La distribution des voies circulatoires y affecte une certaine complication. — Le volet operculaire est haut ; la membrane branchiostège, au bord libre arrondi et un peu sinueux, dépasse en arrière la clavicule, sans recouvrir son extrémité inférieure.

Nos préparations ne laissent pas observer clairement les détails de structure des reins. Chez la larve $O_1b$, l'espace délimité en arrière de la région basilaire du crâne par le tronc et l'œsophage est occupé en grande partie, jusqu'au voisinage de la vessie natatoire, par un complexus histologique, où l'on reconnaît la structure d'organes rénaux, mais sans pouvoir définir la part qui revient, dans cet ensemble, au canal segmentaire, au pronéphros et sans doute aussi au mésonéphros en voie de développement. Chez l'alevin $O_1a$, le glomérule primitif est plus distinct et le rein tout entier s'étend moins loin en arrière. Quant aux parties de l'appareil urinaire postérieures à la vessie natatoire (voies d'excrétion), elles ne s'écartent guère des dispositions déjà connues. La vessie urinaire est haute et vaste.

Cunningham est le seul auteur qui ait fourni une observation précise de la larve du stade O ([1]). Le spécimen figuré et décrit par lui (9, fig. 3, pl. III, p. 70-71) provenait de pêche et mesurait 5 mill. Tous les caractères de cette Sole nous la font placer à la période initiale du stade ; le développement encore peu avancé des nageoires dorsale et anale, où « les os interépineux ont commencé à apparaître » et se montrent très courts d'un bout à l'autre de la lame bordante, est le fait le plus net sur lequel nous nous appuyons. On ne saurait attacher ici une importance primordiale au relèvement postérieur de la corde ; il existe à un degré trop faible pour justifier le classement de la larve dans la période moyenne, d'autant qu'une telle modification de forme du cordon axial peut être exagérée par la contraction de la musculature ; en outre, les transformations des parties voisines ne sont pas celles d'un sujet ayant manifestement dépassé la période $O_1$, les rayons secondaires de la caudale étant encore peu développés et la symétrie primitive de l'expansion membraneuse ne paraissant guère altérée, d'après le dessin de l'auteur ([2]).

*Période $O_1$.*

Dans la période moyenne du stade O, l'alevin se montre sous un aspect généralement analogue à celui de la figure 4 (pl. IV) et de la figure 5, p. 142 (dessinées d'après un spécimen de 6,8 mill.)([3]). Il est caractérisé principalement par le *relèvement de l'extrémité de la corde*, encore située dans l'axe du corps à la période initiale. Nous le désignerons par le signe $O_1b$ pour la distinguer d'un autre individu ($O_1a$) de notre série, chez lequel les dispositions propres à cette deuxième période sont encore si peu accusées (en particulier le redressement caudal de la corde est à peine marqué) qu'il ne pourra nous offrir grand intérêt. — Entre les larves $O_1$ et $O_2$ les différences anatomiques ne sont pas très grandes ; elles ne nous arrêteront pas longtemps. Au surplus, la larve de cette période a déjà été figurée et elle a fait l'objet d'une étude de la part de Cunningham (9).

---

([1]) L'alevin signalé par M'Intosh (3, fig. 4, pl. III, p. 304) et reproduit dans l'ouvrage plus récent de M'Intosh et Masterman (16, fig 3, pl. XVIII) ne nous paraît pas, non plus qu'à Cunningham, pouvoir être légitimement rapporté à l'espèce *S vulgaris*. Il est, en tous cas, figuré d'une manière trop sommaire, pour nous présenter un réel intérêt.

([2]) Celui-ci se déclare nettement pour l'unité d'origine des pigments de la gamme xanthique : « Il y a seulement deux pigments dans la peau des poissons plats, le noir et le jaune, ce dernier étant jaune quand il s'étend, orange ou même rouge quand il se concentre en un globule plus épais. »

([3]) La première de ces figures donnera surtout une idée de l'ensemble et de la pigmentation de la larve ; la physionomie de la tête est plus exactement reproduite dans la figure 5 du texte.

La *tête* est courte : sa hauteur l'emporte sur sa longueur. On remarquera la saillie, devenue plus prononcée, du museau et l'incurvation de la mâchoire supérieure (fig. 5 ci-contre) dont la partie postérieure est restée oblique, tandis que la portion antérieure tend à devenir horizontale et à constituer le crochet existant chez la Sole adulte ; l'aspect en bec de perroquet ainsi produit est donné aussi par la disposition de la mandibule, très forte au niveau de son angle, peu élevée en avant ; nous le verrons devenir de plus en plus marqué avec les progrès de la métamorphose, au stade P. Lorsque la bouche est entr'ouverte, l'extrémité de la mâchoire inférieure dépasse très peu l'aplomb du museau ; mais, la bouche étant fermée, l'arc de la mandibule se loge en dedans et en arrière de l'arc maxillaire supérieur. Comme on le voit, en examinant la larve par sa face ventrale, les deux arcs ont maintenant la même courbure, moins ouverte que chez les larves du commencement du stade. Semblable tendance à l'aplatissement latéral se manifeste sur la tête entière et sur la région abdominale ; mais, sous ce rapport, il faut tenir compte d'assez grandes divergences individuelles. L'alevin commence à devenir plus complètement *poisson plat*. Sur la vue de face de la tête, que nous donnons dans le croquis ci-dessus, apparaît bien cette réduction de largeur de l'extrémité antérieure du corps : on y peut constater aussi la *persistance de la symétrie bilatérale* ; les yeux et les narines sont situés à la même hauteur. Les organes olfactifs n'ont toujours qu'un seul orifice de chaque côté ; le méat est une courte boutonnière horizontale, située vers le milieu de l'espace préorbitaire et entourée d'un repli peu saillant. Les proportions et la place de l'oreille sont telles que chez les larves $O_1$. Le bord libre de l'opercule, continuant le relief postérieur de la mandibule, se distingue bien de la membrane branchiostège ; nous trouvons là un agencement déjà très analogue à celui de l'animal parfait. — Les nageoires pectorales conservent une surface relativement grande, leur forme brièvement ovalaire, presque arrondie dans l'état de déploiement extrême, leur point d'attache encore élevé ; pour ne pas revenir sur ces organes, nous noterons tout de suite l'état toujours rudimentaire de leur squelette, non modifié, et de leur limbe, uniquement pourvu de rayons primitifs. — Le développement du squelette céphalique et viscéral ne comporte pas non plus de faits nouveaux assez intéressants pour retenir notre attention.

Du côté de l'*appareil digestif*, il nous suffit de signaler l'allongement de l'œsophage, l'obliquité un peu plus grande de la branche ascendante de l'anse gastro-

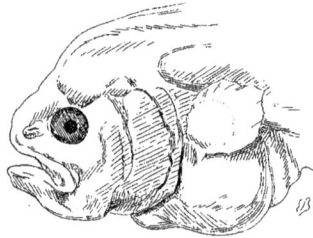

Fig. 5. — Larve de la période $O_2$ (6,8mill.). Grossissement $\frac{25}{1}$.

intestinale, le coude unique formé au-dessous de la vessie natatoire par la portion intestino-rectale, la direction à peu près verticale du rectum. La présence de nombreux yeux de Sprats dans l'estomac témoigne de la voracité du jeune poisson.

Les transformations les plus marquées s'observent dans la constitution des régions essentiellement motrices du corps (tronc et nageoires impaires) et dans la répartition des éléments pigmentaires. Sur ces deux points, il est à propos d'insister un peu plus longuement.

Sur la figure 4 de la planche IV, le cordon clair de la *corde dorsale* apparaît coupé transversalement, à intervalles réguliers, par les lignes fines répondant aux segments intervertébraux ; l'image du corps des vertèbres est devenue plus nette. Cependant les modifications de structure apparentes de l'axe ne sont pas encore bien profondes ; la gaine seule se trouve intéressée et dans des limites telles que la corde a conservé partout (sauf à l'extrémité postérieure) son calibre et sa régularité de contours ; la segmentation n'a retenti à aucun degré sur le tissu des cellules propres. On voit toujours bien, par transparence, sa pointe antérieure vers la base et à l'aplomb de la partie centrale de l'oreille.

La nageoire périphérique embryonnaire est remplacée presque complètement par les *nageoires impaires définitives* ; elle leur forme une simple bordure, qui a même été envahie sur quelques points par le pinceau terminal des rayons permanents. Chez les larves de la première période, les nageoires dorsale et anale ne montraient nulle part la trace évidente de ces rayons. Ils sont encore peu développés au début de la seconde période (spécimen O₄a, par exemple). Chez la larve O₁b, prise ici pour type (fig. 4, pl. IV), ils existent sur toute la longueur des deux nageoires, mais à peine indiqués en arrière ; vers le milieu de la dorsale et de la moitié antérieure de l'anale, ils atteignent leur maximum de longueur ; ils arrivent jusqu'au bord libre au-dessus de la nuque et au voisinage de l'anus.

Les parties dorsales de ces nageoires offrent dès maintenant la disposition typique qu'on leur reconnaît chez un jeune sujet des premiers mois (immature) (¹). Les cartilages interépineux sont renflés à leur extrémité distale, se rapprochant de la forme en clou des pièces osseuses permanentes. Partiellement engagée entre les têtes de deux interépineux voisins, une petite masse précartilagineuse ou déjà composée en son centre de cartilage, aux contours assez vaguement indiqués sur beaucoup de points, représente le nodule intercalaire sur lequel s'appuie l'extrémité profonde du rayon correspondant. Sauf en haut et en avant, l'alternance entre les nodules (avec leurs rayons) et les têtes des interépineux se reproduit très régulièrement dans toute l'étendue des nageoires ; une bande de mésenchyme condensé figure le cordon ligamen-

---

(¹) Cette disposition n'existe plus avec la même régularité dans l'ossature des sujets âgés.

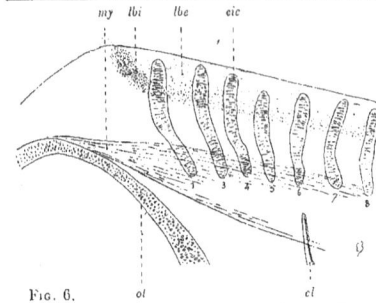

FIG. 6.

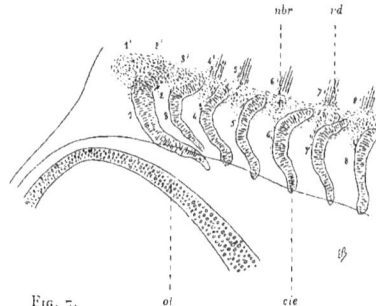

FIG. 7.

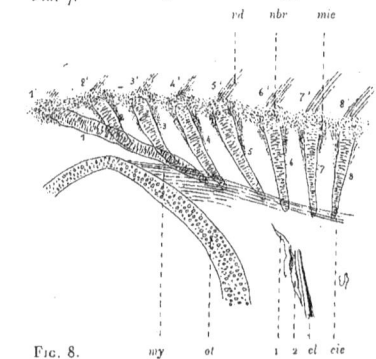

FIG. 8.

FIG. 6-8. — Dispositions successives des cartilages interépineux dorsaux antérieurs :

Fig. 6, chez la larve O₁b ; fig. 7, chez la larve O₁a ; fig. 8, chez la larve O₂b, un peu plus âgée que la précédente. 1, surscapulaire ; 2, scapulaire (fort grossissement).

teux qui réunira entre elles cette série de formations contiguës, enveloppant complètement les nodules, coiffant le sommet des têtes des interépineux et formant entre les portions débordantes de deux nodules consécutifs une courte et forte bride. Selon la région, les rayons sont plus ou moins inclinés par rapport à la direction des pièces interépineuses sous-jacentes, et cela dans le sens même des organes semblables de l'adulte. Chaque cartilage interépineux donne attache, dans sa portion distale, à deux minces faisceaux musculaires (muscles collatéraux), accolés l'un à sa face antérieure, l'autre à sa face postérieure ; le faisceau antérieur est fixé, par son extrémité externe, en bas et en arrière, au nodule intercalaire situé dans le même intervalle et une disposition inverse existe pour le faisceau postérieur. A faible grossissement, la série de ces groupes musculaires donne l'aspect de la bande sombre décrite précédemment à la limite externe de la bande marginale.

En avant, la charpente de la nageoire dorsale commence à reproduire dans ses principales lignes l'arrangement de l'adulte, dont il n'y avait au début du stade qu'une lointaine indication. Comme sur le squelette osseux parfait, le premier interépineux l'emporte beaucoup en longueur sur tous les suivants et il se couche parallèlement à la ligne dorso-frontale en s'incurvant vers le bas (comparez les croquis ci-contre, fig. 6-8, aux figures 1, pl. X et 1, pl. XI de Cunningham — 6) ; le 2ᵉ interépineux, très court, et le 3ᵉ reposent par leur extrémité profonde sur le précédent, tandis que les cartilages suivants sont libres du côté ventral, les 4ᵉ, 5ᵉ et 6ᵉ étant situés entre l'extrémité postérieure du 1ᵉʳ et le 1ᵉʳ chevron dorsal (de la 1ʳᵉ vertèbre). Dans cette région, toujours comme chez l'adulte, les nodules basilaires des rayons, encore imparfaitement ébauchés, sont placés au bout des interépineux et non entre les têtes de ces cartilages ; même le premier nodule, qu'on trouvera placé dans la suite à la face dorsale de la pièce osseuse représentant le 1ᵉʳ interépineux, en avant du 2ᵉ os interépineux, se différencie actuellement à l'extrémité et dans le prolongement du cartilage auquel il correspond. Pour ne pas revenir sur ce sujet, notons tout de suite que sur des larves un peu plus avancées (des périodes O₃ et OP, par ex.), le premier nodule est passé au-dessus de son interépineux (mais en demeurant encore tout proche de l'extrémité frontale), par suite de l'inclinaison vers le bas et de l'allongement de cette dernière pièce. Si, au contraire, on se reporte à un individu plus jeune (spécimen O₂ a), on constate dans l'arrangement des pièces basilaires antérieures une conformité complète avec la disposition type des autres régions de la nageoire ; le noyau originel de la petite pièce intercalaire est en avant de l'extrémité libre de son interépineux, extrémité très fortement déjetée en arrière. Avec l'extension en avant de la nageoire, se produit la déflexion de l'interépineux, qui s'incline de plus en plus dans la direction frontale et finit par placer sa tête sous le nodule situé au-devant de lui. Sur cette même pièce O₁a on peut remarquer de plus que le second interépineux naît par un bourgeonnement de la partie antéro-dorsale du premier. Le nodule 1′ est une petite masse indépendante terminant l'éperon mousse de la lame bordante.

Le caractère distinctif le plus frappant de la période O₂ est fourni par les transformations de l'extrémité caudale (fig. 4, pl. IV — fig. 3, pl. VII — fig. 32, p. 196). Chez l'alevin O₂b de la figure 4, l'extrémité postérieure de la corde est relevée sur une longueur d'1/2 mill. (long. totale : 6, 8 mill.) et forme avec l'axe du tronc un angle de 30° environ (mesuré en arrière) ; cette partie relevée, qui va devenir l'urostyle, dessine une double courbure, à convexité dorsale, dans sa plus grande étendue, et de sens inverse vers la pointe. La région correspondante du tronc a suivi la même direction ; les pièces basilaires sont devenues postérieures et le lobe ventral, représentant la nageoire caudale permanente, a son grand axe presque dans le prolongement de celui du tronc ; les rayons supérieurs sont horizontaux, les inférieurs légèrement obliques en arrière. Cette portion définitive de l'expansion caudale, peu marquée chez les alevins de la période initiale, est maintenant largement prédominante, de forme demi-elliptique ; elle n'offre pas d'échancrures dans l'intervalle des rayons, dont l'extrémité libre n'atteint pas encore son bord. On compte huit rayons principaux appuyés sur quatre cartilages basilaires : ces rayons sont bien développés, mais non segmentés ; quelques faisceaux secondaires, moins nettement indiqués, existent en dessous et en dessus. Le lobe dorsal, reste de l'expansion caudale embryonnaire, s'est beaucoup réduit ; il proémine au-dessus et en arrière de la pointe relevée de la corde en une saillie angulaire émoussée et fortement surbaissée (pour les détails du squelette, v. fig. 32, p. 196). — Chez l'alevin de la figure 3 (pl. VII), un peu plus jeune que celui dont il vient d'être question, la caudale permanente a envahi à un moindre degré la membrane primordiale. Dans son cas, le lobe ventral est seulement égal au lobe dorsal et, si on ne tient compte que de la forme extérieure, paraît confondu avec lui pour former une queue homocerque ; c'est le terme de passage entre les deux formes hétérocerques, de sens opposé, dont la seconde aboutit à l'homocercie (tertiaire, pourrait-on dire) de l'état adulte.

Les remarques faites plus haut au sujet de la pigmentation des larves du stade O sont justifiées par l'examen de celles que nous étudions maintenant. La larve $O_2b$ diffère des Soles de la 1re période surtout par l'abondance des chromoblastes de la région postérieure du corps ; il en existe d'assez nombreux, noirs et jaunes[1] sur le grand lobe caudal, entre les rayons, et une tache noire assez constamment observée marque le petit lobe. Cette tache se fait remarquer par une disposition assez spéciale de ses parties élémentaires, disposition qui existe, moins accusée, sur d'autres groupes pigmentaires du même individu, mais qui est celle d'un grand nombre de chromoblastes chez l'alevin du stade P et chez les jeunes immatures : les grains de pigment (surtout mélanique) sont groupés en lignes parallèles, très rapprochées et épousant l'orientation des parties sous-jacentes principales (ils suivent par exemple le trajet des rayons primitifs ou permanents). Par ailleurs la larve $O_2$ n'offre de particulier que la prédominance, très marquée chez elle, du pigment mélanique. C'est là, nous l'avons dit, un fait d'ordre individuel, pour une certaine part ; mais le noircissement général de la livrée est aussi un des caractères qui distinguent le stade O des précédents.

### Période terminale $O_3$.

Après avoir acquis les caractères que nous venons de faire connaître, l'alevin franchit encore une étape relativement longue avant de quitter la forme symétrique : cette étape constitue la période $O_3$ ou période terminale du stade O. Aucun caractère particulièrement saillant ne la distingue de la précédente ; c'est essentiellement une période d'accroissement général. Cependant, par l'ensemble de ses attributs, la Sole de cet âge a une physionomie propre entre les différentes formes de la série larvaire.

---

[1] Nous rappelons que le mot *jaune*, employé seul, sans autre qualificatif, s'applique, pour nous, à tous les éléments de la série xanthique, quelle que soit leur nuance entre la teinte paille la plus claire et l'orange le plus rouge.

Telle qu'elle se présente sur la figure 9 ci-contre, et la figure 14. p. 164 (sujet de 7.5 mill.). elle ressemble beaucoup aux alevins du début du stade P, dont elle se sépare principalement, et à première vue, par sa face régulière et sa queue hétérocerque. Un signe diagnostic assez fixe et pratiquement utilisable pour la distinguer de ses congénères de la période $O_2$ est l'apparition des *nageoires ventrales*. Mais celle-ci peut avoir lieu un peu tardivement et ne constitue pas une marque distinctive suffisamment précoce pour tracer la limite entre les périodes moyenne et terminale du stade. Cette forme larvaire n'ayant, en somme, au point de vue anatomique, qu'une importance secondaire, nous pourrons être très bref à son sujet. Une description plus détaillée est réservée pour la forme OP, très analogue à la forme $O_3$, mais plus intéressante par sa position dans la série.

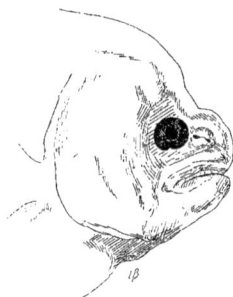

Fig. 9. — Larve $O_3$ (7.5 mill.). Grossissement $\frac{21}{1}$.

Le rapport $\frac{H}{L}$ est aussi élevé maintenant qu'à la première période $\left(\text{il est égal à } \frac{45}{100}\right)$, par suite de la saillie persistante de l'abdomen. Cependant l'accroissement en hauteur de la portion rétro-abdominale du corps fait paraître cette proéminence déjà moins accusée. Le contour général se rapproche de la forme ovalaire des petites Soles de la fin du stade P. Le profil antérieur seul diffère encore sensiblement par ses traits accusés de la courbe presque régulière que dessine l'extrémité céphalique, après la métamorphose. La ligne de contour de la crête frontale tombe brusquement ; l'espace interorbitaire, fortement en retrait sur la saillie du museau, donne à celui-ci un relief notable et à l'alevin ce profil camus, assez caractéristique de sa physionomie. La brièveté de la tête (¹) apparaît ici exagérée par le fait de l'enfoncement de la région interorbitaire. Cette disposition peut être regardée comme préparant la voie au passage prochain de l'œil gauche ; elle diminue la distance que l'organe aura à parcourir pour occuper sa place définitive.

La bouche fermée, l'extrémité antérieure de la mandibule et celle de la mâchoire supérieure sont sur la même verticale ; la commissure labiale est à l'aplomb de la pupille.

L'orifice unique de la narine (de chaque côté) est une fente allongée, rétrécie en son milieu par deux saillies de son pourtour, qui s'avancent l'une vers l'autre, lui

___

(¹) La hauteur de la tête est plus grande que sa longueur dans le rapport de 100 à 85 environ. Jusqu'à la fin de la métamorphose, on trouve des valeurs approchantes pour ce même rapport.

donnant une forme en bissac. Chez certains individus (comme celui de la figure 9, p. 147) ces deux replis chevauchent un peu l'un sur l'autre et il semble, au premier abord, y avoir deux orifices, l'un au voisinage de l'œil, l'autre plus rapproché du museau, selon la disposition observée chez l'adulte. Dans ce cas, c'est le pli inférieur qui recouvre légèrement le pli supérieur, plus accusé et descendant plus profondément dans la cavité nasale. De la soudure de ces replis résultera la formation des deux orifices distincts existant normalement de chaque côté chez la Sole.

La hauteur du corps, en arrière de la région abdominale, a augmenté et à cet accroissement ont pris part simultanément le tronc et les nageoires dorsale et anale, celle-ci dans une plus forte proportion [1].

Jusqu'à cette période, on ne trouvait aucune indication de la *nageoire ventrale*. On aperçoit actuellement, en arrière de la pointe inférieure de la clavicule, un très petit ergot cartilagineux dont l'extrémité postérieure est en rapport avec un pli cutané peu développé, en forme de languette triangulaire. En avant, le cartilage (origine du *pubic*, Owen) n'est pas uni à la clavicule. Cet ensemble constitue l'ébauche du membre postérieur [2].

Dans les nageoires dorsale et anale, les cartilages interépineux se sont allongés sensiblement. Les nodules intercalaires sont partout individualisés à l'état cartilagineux. Sur toute l'étendue de ces nageoires, les fibres terminales des rayons secondaires arrivent jusqu'au bord libre ; mais celui-ci reste continu, sans dentelures.

La nageoire caudale est encore très analogue à celle de la larve $O_2b$ (de la fig. 4, pl. IV). La portion urostylienne de la corde est plus relevée (l'angle mesurant 30° à la période $O_2$ a atteint ici 40 à 41°); par suite, le grand lobe a légèrement augmenté de hauteur aux dépens du petit lobe (supérieur). Quelques nouveaux rayons sont apparus, et 4 ou 5, parmi les mieux différenciés, présentent dans leur partie proximale un mince étui ostéoïde. Aucun d'eux n'est segmenté. Le bord du limbe commence à se montrer ondulé sur le grand lobe.

---

[1] Les chiffres suivants expriment les valeurs croissantes des dimensions de ces différentes parties en fonction de la longueur totale $L$, prise comme constante. $h$ désigne la hauteur totale maximum du corps, en arrière du rectum, $h'$ la hauteur du tronc, également à son point le plus élevé.

A la période $N_4$ : $\dfrac{h}{L} = \dfrac{21}{100}$ ; $\dfrac{h'}{L} = \dfrac{5}{100}$.       A la période $O_3$ : $\dfrac{h}{L} = \dfrac{37}{100}$ ; $\dfrac{h'}{L} = \dfrac{13}{100}$.

— $O_1$ : $\dfrac{29}{100}$ ;       $\dfrac{10}{100}$.       Chez la forme $P_1$ : $\dfrac{39}{100}$ ;       $\dfrac{13}{100}$.

— $O_2$ : $\dfrac{31}{100}$ ;       $\dfrac{10}{100}$.       — $P_3$ : $\dfrac{43}{100}$ ;       $\dfrac{13}{100}$.

[2] Chez un de nos spécimens, cette nageoire mesure seulement 150 μ de sa pointe à l'extrémité antérieure de son cartilage. Le pli cutané est apparu avant l'ergot cartilagineux.

L'état du squelette vertébral, céphalique et viscéral diffère peu, chez notre spécimen présent, de l'état des mêmes parties chez la larve OP. Il en est de même des dispositions essentielles des viscères. Les quelques divergences qu'il pourrait y avoir à signaler çà et là entre les deux formes trouveront place dans la revue donnée ci-après de la morphologie de la seconde.

Nous compléterons les indications concernant la biologie du stade O lorsque nous examinerons les faits de même ordre appartenant à l'histoire du stade P, de manière à laisser au lecteur une impression plus juste des aspects sous lesquels se manifeste l'activité de la petite Sole dans les derniers temps de son existence larvaire.

### Période OP.

Aux termes de notre classification, le stade O est essentiellement caractérisé par l'hétérocercie de la nageoire caudale et la conservation de la symétrie faciale, le stade P, par la disparition de cette symétrie et le retour de la nageoire caudale à une forme régulière, conservée dans la suite. Mais, à la limite des deux stades, on rencontre des larves qui ne se prêtent pas à cette répartition. Tel le sujet (de 8,1 mill.) représenté sur nos figures 1 et 2, pl. V ; il est encore du stade O par sa caudale franchement hétérocerque, il appartient aussi au stade P par son asymétrie faciale déjà marquée. Ces cas peuvent s'observer dans la 5e semaine. Nous désignerons l'époque du développement qu'ils caractérisent sous la rubrique de *période de transition OP*.

L'*aspect général* est celui de la larve O₃. Mais, en regardant les spécimens de face, on est frappé du changement survenu dans la physionomie du plus âgé par le fait d'une légère ascension de l'œil gauche (fig. 15, p. 164) ; le bord inférieur de la pupille de ce dernier répond, dans le plan horizontal, au bord supérieur de l'orbite du côté droit. Aucune distorsion bien sensible des autres organes n'accompagne encore ce déplacement de l'œil gauche, qui n'intéresse que les parties molles immédiatement voisines. La crête frontale se montre seulement inclinée à gauche d'une très faible quantité. Les régions crânienne et nasale ne sont pas modifiées. Tandis que, du côté de l'œil droit, demeuré fixe, la narine est en face de la moitié supérieure de cet organe, la narine gauche se trouve au niveau de la moitié inférieure de l'œil correspondant. Le plancher formé sous la partie antérieure de l'encéphale par les cartilages trabéculaires ne se relève pas à gauche, où il apparaît très au-dessous de l'équateur de l'œil, alors qu'il se trouve dans le plan même de l'équateur de l'œil droit. En examinant la tête par en dessus ou par en dessous, on remarque que l'œil gauche s'est déplacé un peu en avant, en même temps que dans la direction dorsale. En vertu de ce double mouvement, il est beaucoup plus rapproché du profil médian de la face que son congénère, comme le montrent les figures.

Le cachet larvaire domine de beaucoup dans la *pigmentation* (fig. 1, pl. V), il est même plus complètement conservé chez notre spécimen OP qu'il ne l'était chez celui de la période $O_3$ (représenté dans la figure 4, pl. IV). Les grandes taches marginales sont nettes et très développées. La marque de la livrée secondaire est dans la proportion du pigment mélanique, dans la présence, sur les nageoires, d'éléments chromatiques étirés selon la direction des rayons et dans l'existence de grandes cellules étoilées, à ramifications fournies, occupant une aire assez régulièrement circulaire ou de contour elliptique ; un certain nombre de ces cellules se voyaient chez les alevins de la seconde moitié du stade O ; chez notre présente larve elles existent, plus nombreuses sur la tête et la région abdominale et elles deviendront très abondantes dans la suite (voir pl. VI).

Les *nageoires* pectorales sont grandes et membraneuses, comme chez les larves du stade O ; il n'y a aucune trace de l'apparition de rayons secondaires. Le coracoïde a la direction et la forme que nous lui avons décrites à la période $O_1$ ; il est ici relativement plus long et plus grêle. L'insertion cutanée de la nageoire répond au 1/3 antérieur seulement de ce cartilage.

Les nageoires ventrales ne sont pas plus développées dans le cas présent que dans le spécimen $O_3$.

Les nageoires dorsale et anale ont leur rebord libre toujours dépourvu de dentelures. Les rayons y sont presque tous nettement délimités, dans une bonne partie de leur étendue, par une gaine ostéoïde réfringente ; seuls les courts rayons qui terminent, en avant et en arrière, la série de chaque nageoire ont conservé une structure plus élémentaire. La portion osseuse des rayons reproduit dès ce moment la disposition décrite chez l'animal parfait (v. Cunningham, **6** — p. 40-41, pl. X, fig. 2) ; ils sont bifurqués à leur base, et l'extrémité articulaire de chaque branche, élargie en une petite tête, qu'un court éperon prolonge en arrière, s'applique sur le côté du cartilage nodulaire correspondant. Dans les grands rayons, l'ossification remonte assez loin au delà du sommet de la bifurcation, mais sur aucun il n'existe encore de segmentation. On compte, à la dorsale, 78 à 79 rayons (les 2 ou 3 derniers, au niveau du moignon de la caudale, étant encore imparfaitement dessinés) ; à l'anale, il y en a 66 ([1]). — Les pièces interépineuses sont toujours entièrement cartilagineuses.

Le squelette de la nageoire caudale, comme celui des deux précédentes, a progressé, depuis la période $O_3$, surtout par le développement des parties ostéoïdes. On trouve quinze rayons partiellement ossifiés, tous situés au-dessous de la corde dorsale et

---

([1]) Ces chiffres sont ceux qu'on trouve chez l'adulte. Les segments vertébraux, les cartilages des arcs neuraux et hémaux, les interépineux apparaissent presque immédiatement au complet.

embrassant dans la bifurcation de leur base le bord des lames cartilagineuses basales. Les plus longs (6ᵉ — 10ᵉ, en comptant de haut en bas) comprennent *deux articles* ; l'article interne, de beaucoup le plus long, est engainé de matière ostéoïde dans toute son étendue ; l'article terminal n'est ossifié que tout à fait à sa base. Seuls, les rayons extrêmes n'atteignent pas le bord de la nageoire. L'ébauche de deux rayons se voit au-dessus de la corde dorsale, en rapport avec des cartilages qui font partie du squelette profond et dont nous verrons plus loin les homologies. Par sa forme, la nageoire caudale ressemble à celle de la larve $O_3$ ; le lobe dorsal (membrane primitive) est peu élevé, mais s'avance encore, en arrière, au delà du milieu du lobe inférieur (caudale permanente).

Malgré les complications de structure survenues dans le *squelette axial*, la corde dorsale en est toujours la partie essentielle et elle se montre encore peu altérée dans sa conformation première. Avec les progrès du développement, son calibre proportionnel tend à se réduire légèrement[1]. Mais le cordon central des cellules propres porte à peine, à sa périphérie, l'empreinte des divisions segmentaires apparentes sur la gaine ; avec ses éléments polyédriques, à minces parois hyalines, il conserve son aspect de moelle de sureau homogène, sans tendance partielle à la résorption, sans trace de lacunes. Même chez la larve déjà avancée que nous examinons, les *corps vertébraux* ne sont guère encore que virtuels. Leurs limites sont indiquées superficiellement par les modifications (plissements) de la gaine signalées précédemment (apparition des segments vertébraux et intervertébraux) et par la position des arcs neuraux et hémaux, qui sont les parties de la colonne vertébrale les plus développées. En se repérant sur les ébauches cartilagineuses ou spiculaires de ces arcs, on compte facilement le nombre des vertèbres ; il est ici de 49, comme chez l'animal parfait, dans le plus grand nombre des cas.

Dans le tiers moyen de la colonne, chaque vertèbre primordiale[2] est constituée de la manière suivante (fig. 11, pl. 152). Le corps est un anneau presque régulier, dont la dimension antéro-postérieure l'emporte un peu sur son rayon. Dans presque toute

---

[1] Les mesures montrent que le diamètre maximum de la corde équivaut environ à $\frac{1}{29^e}$ ou $\frac{1}{30^e}$ de la longueur totale, chez les alevins des périodes N O à $O_3$ ; qu'il s'abaisse à $\frac{1}{35^e}$ chez notre spécimen de la période O P et à $\frac{1}{38^e}$ ou $\frac{1}{40^e}$ vers la fin du stade P.

[2] Idéalement considérée comme distincte dans la masse encore indivise de la tige axiale. Afin de simplifier le langage, nous nous servirons dès maintenant de l'expression *corps vertébral*, en l'appliquant à la portion de gaine qui répond à la division schématique du *segment vertébral*. Les termes segment vertébral, segment intervertébral désignent théoriquement des tranches imaginaires de l'axe, les premières épaisses, les secondes minces, définies à la surface de la corde par la trace visible du premier travail annonçant la segmentation. Le corps vertébral, tel que nous le comprenons ici, est quelque chose de plus concret ; bien que non isolé en fait, il se caractérise déjà histologiquement par des points d'ossification, premières traces du centrum de la vertèbre définitive, et peut être considéré comme ayant la valeur d'un organe premier.

son étendue, il ne comprend que la gaine de la corde, où l'examen (sans l'intervention de réactifs) ne décèle aucun changement de structure manifeste. Dans sa portion

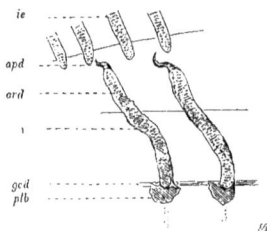

FIG. 10.

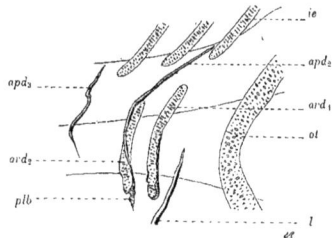

FIG. 12.

FIG. 10-12. — Développement des vertèbres et des arcs osseux primaires : dans la région postérieure (fig. 10), dans la région moyenne (fig. 11) et dans la région antérieure du corps (fig. 12). Fort grossissement.

1 (fig. 10). Dépôts ostéoïdes irréguliers effectués à la surface des chevrons cartilagineux. — Les chiffres ajoutés aux signes *apd*, *ard* indiquent le rang des vertèbres correspondantes, comptées d'avant en arrière.

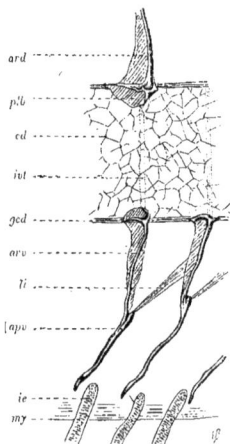

FIG. 11.

dorsale seulement, une réfringence spéciale dénote un certain degré de transformation spiculaire. En haut et en bas, un arc osseux appuie ses extrémités sur le bord antérieur de ce corps annulaire, de part et d'autre du plan sagittal médian, dans lequel, d'autre part, s'étend vers le dehors une longue et forte épine prolongeant le sommet de l'arc. On se rend bien compte du mode d'évolution de ces parties en observant l'extrémité postérieure de l'axe (par exemple, en arrière de la 35ᵉ vertèbre). On retrouve là, sur plusieurs points, quelque chose de très analogue à la disposition élémentaire que nous avons

décrite chez la larve O₁b (fig. 10 ci-dessous) : la petite plaque basale, sous le pied de chaque montant cartilagineux, et des scutelles, des traînées ostéoïdes, plus ou moins réunies en étui autour de ce même cartilage. En outre, on aperçoit toujours, à ce niveau, une épine en forme de crochet ou irrégulièrement contournée, de longueur variable selon son âge (parfois elle est réduite à un grain spiculaire ; dans ce cas, la plaque basale est à peine développée ou peut même manquer, ou le carti-

lage est libre sur toute sa longueur). Sa position au-dessus des deux cartilages oppo-
sés et rapprochés ([1]), que sa base lamelleuse coiffe en partie et qu'elle unit en clef
de voûte, est significative : cette pointe, d'abord isolée, réunie secondairement aux
montants de l'arc *(lames vertébrales)*, représente l'apophyse épineuse de l'arc neural,
l'épine ventrale de l'arc hémal ([2]).

Au niveau des vertèbres moyennes (fig. 11, p. 152) — comme aussi des antérieures —
la plaquette basilaire de chaque arc-boutant ventral est peu étendue et reste le plus souvent limitée à la marge de l'anneau corporal, s'étalant sur une faible étendue de la surface dorso-latérale de ce dernier et débordant assez fortement en avant sur l'anneau de
la vertèbre qui précède. Les plaquettes dorsales sont disposées de même, mais plus
grandes, et elles paraissent se confondre avec l'infiltration spiculaire formée dans
l'intimité de la gaine de la corde. Nous n'avons pu reconnaître s'il y a, à ce moment,
union entre les deux plaquettes d'un même arc ; mais la chose est probable pour plus
d'un point de la série dorsale.

Les plaquettes, les lames vertébrales et les épines terminales présentent, d'une
vertèbre à l'autre, de très nombreuses variantes dans les détails de leur forme ; mais
l'ensemble de l'arc (neural ou hémal) se ramène à une disposition type assez simple,
qu'on s'explique par le mode d'apparition de ses parties autour des chevrons cartilagineux préexistants. On ne retrouve ces cartilages, avec leur aspect propre, que dans
la région postérieure du corps, où le développement des vertèbres est moins avancé ;
dans la région moyenne et en avant, ils ont disparu ou il n'en subsiste que des restes
sans structure caractérisée ; mais les pièces spiculaires de la base des arcs ont gardé
leur empreinte très nette. La lame vertébrale, avec ses bords repliés, forme une gouttière ouverte en arrière, laquelle logeait le corps d'un cartilage en arc-boutant, et le
dos de la plaquette se montre plus ou moins creusé en une cupule où s'emboîtait
l'extrémité arrondie de ce même cartilage. L'épine, qui constitue, avec les deux
lames, l'arc vertébral complet, s'étend jusqu'au voisinage de la crête musculaire médiane ; sa pointe seule pénètre dans l'intervalle des cartilages interépineux. C'est une
arête forte et plus ou moins cylindroïde. A sa base et en avant, elle porte un talon
donnant insertion à des fibres ligamenteuses *(ligaments interépineux)*. Son inclinaison dans le plan sagittal est en général de même sens que chez l'adulte, pour une
vertèbre de rang donné.

Par exception, les cartilages neuraux de la 1re et de la 2e vertèbres subsistent

---

([1]) Nous ne sommes pas en mesure d'établir à quel moment se produit cet affrontement des piliers de l'arc
cartilagineux, qui se sont allongés, depuis le début, en convergeant l'un vers l'autre, ni dans quelle mesure ces
éléments du squelette primordial prennent contact ensemble. Nous pensons qu'ils demeurent toujours libres, en
se touchant seulement par leur extrémité distale.

([2]) Chez la Sole, ce dernier est fermé, comme l'arc neural.

encore, très reconnaissables (fig. 12, p. 152). Les lames vertébrales sont faiblement développées sur l'arc de la 1re vertèbre et celle-ci ne présente aucune trace d'épine terminale ([1]). L'arc ostéoïde dorsal de la 2e vertèbre est bien développé ; de même que chez
l'adulte, il est muni d'une longue apophyse épineuse, dirigée en avant, et dont la pointe
arrive à proximité de la région occipitale supérieure. Les 5 premières vertèbres manquent ici d'arc hémal et celui des deux vertèbres suivantes (6e, 7e) est à l'état de simple
plaquette, sans prolongement. L'arc est peu élevé dans les 8e, 9e et 10e vertèbres ; celui
de la 11e est beaucoup plus étendu et complet, comme les suivants. La longue tige
grêle du 1er interosseux ventral a son extrémité supérieure entre les 10e et 11e arcs ([2]).
Comme chez l'adulte, enfin, l'arc neural est plus ouvert que l'arc hémal.

Sur notre alevin $O_2$, l'ossification vertébrale n'est pas moins complète que chez le
précédent. Elle l'est même davantage sur certains points : par exemple, elle est déjà
marquée sur les dernières vertèbres et autour de l'urostyle. Mais les cartilages d'origine des arcs sont encore intacts, ou au moins reconnaissables à leur structure dans
la plus grande étendue de la colonne. Nous avons déjà signalé cette anticipation possible du travail d'ossification sur les progrès généraux du développement et la nécessité de sa subordination, dans l'appréciation des caractères distinctifs, au degré d'évolution du squelette cartilagineux.

La charpente cartilagineuse du *crâne* et de la *face* avait acquis, dès le début
du stade O, son développement presque complet. Aucune modification essentielle
n'y est survenue depuis et la description donnée antérieurement peut s'appliquer
ici, complétée seulement par quelques remarques de détail. L'extension des formations spiculaires pendant le même temps a été, d'autre part, assez limitée et,
dans l'ensemble, le squelette de la tête n'apparaît pas beaucoup plus complexe au
moment de la métamorphose qu'à la période $O_1$ ([3]).

Les énormes capsules auditives constituent toujours la majeure partie de la boîte
crânienne, qui apparaît à cause d'elles assez vaste, chez la petite Sole de cet âge. —
La lame basilaire s'est beaucoup étendue en arrière ; elle dépasse maintenant l'aplomb
de la paroi postérieure de l'oreille, dont elle était très éloignée chez notre larve $O_1 b$,
et arrive à proximité de la ceinture scapulaire. Avec le cartilage otique, elle forme
en ce point une masse très épaisse latéralement et disposée en gouttière pour loger
l'extrémité de la corde dorsale, qu'elle masque complètement sur la vue de côté. Son

---

[1] On sait que la 1re vertèbre de la Sole n'a pas d'apophyse épineuse.
[2] C'est la disposition de l'état parfait. — Cunningham (6) figure une épine ventrale à la 5e vertèbre. Sur
notre spécimen rien n'en dénote l'apparition.
[3] Certaines lamelles d'encroûtement, très minces et formant comme une couche de vernis ostéoïde autour
des organes premiers préexistants, ont pu nous échapper. Mais il ne s'est agi alors que d'ébauches osseuses encore
bien rudimentaires et de peu d'intérêt.

bord antérieur, relevé en un bourrelet plus étroit, s'arrête au niveau de la dépression existant à la face inférieure de l'encéphale, entre le *saccus vasculosus* et le *corps pituitaire*. En avant de lui, le plancher cartilagineux manque et un intervalle assez grand sépare maintenant la lame basilaire de l'extrémité postérieure des trabécules, nettement interrompues à ce niveau. — Cette séparation était, du reste, déjà amorcée sur l'individu O,*b*, où un étranglement apparaissait (voir fig. 4, p. 131) sur l'extrémité postérieure de l'anse latérale, à sa jonction avec la lame basilaire. — Du tissu fibreux émanant du périchondre des cartilages limitrophes et, au-dessous, la lame osseuse du *sphénoïde* ferment cet intervalle produit par la disparition partielle des trabécules([1]). — L'apophyse orbitaire est devenue plus courte et plus épaisse. Plutôt en voie de recul que d'extension, elle reste toujours très éloignée de la plaque faciale et ne constitue jamais qu'une amorce de l'arcade sus-orbitaire complète existant chez d'autres espèces.

La cavité crânienne n'est fermée par aucune pièce solide, au-dessus du cerveau moyen et du cerveau antérieur. Quelques trabécules ostéoïdes très déliées se distinguent seulement sur la paroi conjonctive de la région frontale, en avant des apophyses orbitaires. La lame spiculaire du basi-occipital n'a pas sensiblement progressé. Mais le sphénoïde s'est beaucoup plus développé et il assure, dès maintenant, un ferme appui aux autres parties moins résistantes du crâne. Il forme surtout un empâtement d'épaisseur très notable dans l'intervalle de la lame basilaire et des trabécules. Par ailleurs, nous constatons d'une manière générale une certaine extension des formations spiculaires déjà étudiées ; mais, sur plusieurs points, les progrès sont peu accusés.

Moins encore que les organes précédents les pièces du *squelette viscéral* donnent lieu à des constatations nouvelles. — Il y a à noter la disparition des dents du côté droit de la bouche (nous verrons au stade P qu'il peut subsister de ces organes jusqu'à une époque plus tardive) et l'existence d'une demi-douzaine de très petites dents sur le bord gauche de la mandibule. Sur les os pharyngiens supérieurs, on compte aussi un petit nombre de ces organes, quelques-uns longs et très aigus. Ils sont rares encore sur les pharyngiens inférieurs. — 7 rayons branchiostèges bien développés sont présents ; ils sont insérés comme il a été indiqué : les 4 postérieurs, assez proches l'un de l'autre, sur la lame de l'hyoïde, les 3 antérieurs, plus espacés, sous la tige de cette pièce cartilagineuse ; le plus avancé est presque au niveau de la commissure buccale. Aucune trace de division n'existe sur le cartilage hyoïdien, entre les portions qui doivent devenir l'épihyal et le cérato-hyal. — Notre préparation laisse distinguer

---

([1]) Phénomène régressif connu chez d'autres formes. « Les anses latérales suivent chez les poissons une évolution atrophique », dit Pouchet (**43**, p. 45).

bien clairement la forme de la carène. C'est une tige continue s'étendant de la pointe de la langue (¹) jusqu'au 3ᵉ hypobranchial, placé au niveau ou un peu en avant de la branche hyo-mandibulaire. Deux étranglements peu profonds y séparent trois portions olivaires qui répondent aux futurs *basi-branchiaux*.

Les pièces operculaires sont parmi les plus complètement développées ; elles ont presque leur forme définitive. L'*interopercule*, absent chez la larve $O_1$, existe ici ; mais il reste, entre les trois os propres de l'opercule (operculaire, sous-opercule, interopercule) et le préopercule, un espace libre assez grand, où le volet n'est que membraneux.

La *ceinture scapulaire* a conservé la constitution simple que nous lui connaissons ; les deux pièces dorsales (post-temporal et supra-claviculaire) se sont un peu allongées.

Tout ce que nous venons de dire s'applique, à quelques légers détails près, à l'alevin de la période $O_3$.

Le volume proportionnel de l'*encéphale* a peu diminué pendant le stade O et reste encore grand, comparativement aux dimensions de cette masse nerveuse chez l'animal parfait ; sa croissance devient beaucoup moins rapide après le stade P (²) et sa diminution de longueur se traduit par un léger recul apparent des parties antérieures ; le cerveau moyen est presque masqué latéralement par la bulle auditive et recouvre lui-même plus complètement le cerveau postérieur.

L'*œil* est arrondi. La trace du colobome est marquée sur le pourtour inférieur de la choroïde. Les dimensions relatives du globe continuent à diminuer.

L'*oreille*, au contraire, atteint ici son plus grand volume ; elle fait, en haut, une très forte saillie.

La *narine*, chez notre larve, a son orifice unique (long. de 0,16 mill.) en forme de bissac ; les deux saillies marginales qui le rétrécissent au milieu sont à une certaine distance l'une de l'autre. La disposition est la même des deux côtés.

La conformation du *tube digestif* est du type larvaire ; la longueur totale du canal est inférieure (ou à peine égale, comme chez notre sujet) à celle du corps et les trois

---

(¹) Le *cartilage lingual* (futur os lingual, Cuv. — *glossohyal*, Owen. — *Entoglossum*, Stannius) n'apparaît qu'au stade P.

(²) Les chiffres suivants donnent un aperçu de la longueur proportionnelle du cerveau *(l)*, à différents stades, en fonction de la longueur du corps (L) :

Du stade L au stade O,                 $\dfrac{l}{L}$ descend        de $\dfrac{23}{100}$ à $\dfrac{21}{100}$ ;

A la fin du stade O et à la période OP      —        à $\dfrac{18}{100}$ ;

Chez un immature de 76 millimètres,             —     à moins de $\dfrac{10}{100}$.

Le rapport s'abaisse encore chez les individus plus âgés.

dernières portions conservent un ample calibre. L'œsophage est court. L'anse gastro-intestinale est grande, faisant fortement ressortir la paroi abdominale. L'intestin n'a pas de circonvolutions et il ne forme qu'un coude au voisinage du point de jonction de l'œsophage avec l'estomac, pour se continuer avec le rectum, large, court et verticalement orienté. La papille anale est encore légèrement déjetée en arrière. La partie supérieure (œsophagienne) de l'estomac chevauche un peu sur le flanc gauche du rectum. L'appareil digestif offre, à ce moment, son maximum de tassement ; il ne s'étendra qu'à la fin du stade P et plus tard. — Le foie est grand, de forme oblongue, un peu variable du reste, de contour assez régulier ; une seule encoche existe à son extrémité supérieure, logeant la vésicule biliaire. Comme auparavant, il comble l'espace laissé libre derrière le péricarde, entre l'œsophage et l'estomac, presque recouvert, à droite, par l'intestin ; seule, sa partie postéro-inférieure, plus mince, pénètre en coin entre les deux branches de l'anse et peut se voir débordant d'une faible quantité en arrière de l'intestin. La vésicule biliaire est couchée dans la rainure supérieure du foie. Elle est piriforme ; le fond, dirigé en haut et en avant, apparaît contre le côté droit de l'œsophage.

Un peu plus haut et en arrière, au-dessus de l'orifice intestino-rectal, on voit la *vessie natatoire*. Appliquée contre la couche musculaire sous-péritonéale, elle est complètement libre dans son atmosphère conjonctive et n'a plus aucun rapport direct avec le tube digestif. Une douzaine de mélanocytes s'étendent au-dessus d'elle, logés aussi dans le tissu conjonctif lâche sous-péritonéal. Sur la pièce fixée, où le gaz a disparu, la paroi rétractée est épaisse et la couche interne fortement plissée ; à l'état frais et gonflée, la vésicule était de forme oblongue et mesurait dans sa plus grande dimension de o,3 à o.4 mill.

Les *lames branchiales* sont encore courtes (1/3 de millim. au maximum) et assez inégales entre elles, en des points voisins. Les lamelles se multiplient, s'étendent en surface et se régularisent.

Grâce au peu d'étendue des lames branchiales, on aperçoit librement le *cœur*, recouvert seulement, dans sa majeure partie, par le mince volet de l'opercule. Il est grand. Son axe principal, un peu convexe en arrière, s'étend de haut en bas, avec un certain degré d'obliquité antérieure (45 à 50°). L'oreillette est longuement piriforme, à parois très transparentes, sillonnées par un réseau très lâche de fins faisceaux musculaires. Le ventricule est globuleux, plus sombre, par suite de l'abondance et de l'intrication de ses faisceaux musculaires, qui lui donnent un aspect spongieux. L'orifice auriculo-ventriculaire est petit et pourvu de deux plis valvulaires placés de part et d'autre du plan sagittal. L'orifice bulbaire se trouve ici caché sous les lames branchiales.

Les *reins* (pronephros et mesonephros réunis) constituent, comme chez les larves du stade O, deux corps peu volumineux étendus au-dessus de la voûte de la cavité péritonéale, de la ceinture scapulaire, qu'ils dépassent toujours peu, au voisinage de la vessie natatoire. Les circonvolutions caractéristiques et les vaisseaux sanguins se montrent maintenant plus nombreux dans la substance de ces organes. Au delà de la vessie natatoire, les canaux de Wolff suivent un trajet courbe et descendant, jusqu'en face de l'arête ventrale des muscles du tronc et là s'abouchent dans la vessie urinaire. Celle-ci apparaît moins ample qu'auparavant ; resserrée entre la face postérieure du rectum et le 1er cartilage interépineux ventral, elle forme une poche étroite d'avant en arrière, plus étendue transversalement et très longue. Ses minces parois se continuent, sans traces de démarcation, avec celles du canal excréteur, ouvert dans un repli de la marge postérieure de l'anus.

# DÉVELOPPEMENT. — STADE P

Le stade P est le stade de la métamorphose pleuronecte, le dernier de ceux que nous qualifions de larvaires. C'est une des époques du développement où la petite Sole est le plus intéressante à observer au point de vue des transformations apparentes. Dans l'espace de quelques jours, nous la voyons abandonner le facies de la larve et prendre à peu près complètement celui qui caractérise la forme achevée de son espèce. Les progrès du travail évolutif remanient les parties antérieures de la tête de manière à amener l'œil gauche sur le côté droit de l'animal. En même temps, ce côté, qui devient la face zénithale du corps, se charge d'éléments pigmentaires, revêtant une livrée différente de celle de la larve par son dessin, par le ton de sa coloration habituelle et par sa teinte plus foncée, tandis que l'autre côté, sur lequel la Sole repose de plus en plus, demeure beaucoup moins pigmenté et pâlit même peu à peu dans la suite jusqu'à paraître presque incolore. Les modifications de la forme s'accompagnent de changements assez profonds dans les fonctions et les mœurs du petit poisson. Ce sont principalement ces points de sa morphologie et de sa biologie que nous avons l'intention d'examiner dans ce chapitre ; nous nous attacherons moins à l'analyse des détails anatomiques.

D'un côté, une raison de fait nous dicte une telle manière de procéder. Les individus du stade P ont déjà acquis une épaisseur et un degré d'opacité suffisants pour diminuer dans une notable mesure la visibilité des parties profondes et gêner l'observateur obligé, comme nous, de respecter l'intégrité de ses échantillons et de se contenter d'un examen par transparence, après fixation et éclaircissement. La présence du pigment, surtout chez les individus un peu fortement colorés, ajoute encore à la difficulté de ces observations ; sur beaucoup de points, il n'est permis d'obtenir qu'une notion assez approximative des dispositions anatomiques présentes. Malgré cela, il est encore possible de suivre les contours et de se représenter les rapports des principaux organes, en employant des instruments appropriés, avec une bonne source d'éclairage. Aussi la difficulté matérielle de l'étude ne nous a pas seule déterminés à restreindre ici au minimum nécessaire une description anatomique condamnée forcément par nos conditions de travail à demeurer très incomplète.

D'un autre côté, en effet, les progrès faits par la larve au cours des stades antérieurs, l'ont conduite, au début du stade P, à un degré de développement très proche de l'état du jeune immature ; autrement dit, dès ce moment, la constitution intime de la petite Sole n'attend plus du travail évolutif, qui continue à s'effectuer, aucune addition essentielle, comparable, par son importance dans la hiérarchie des appareils et par son utilité dans l'accomplissement des fonctions primordiales, aux précédentes acquisitions organiques. Entre les derniers alevins que nous avons examinés (fin du stade O et période OP) et l'immature de quelques millimètres, spécifiquement déterminable, qu'on peut recueillir sur les sables de la côte, les différences constatées, au point de vue de la constitution des organes, sont presque toutes du même ordre que celles existant entre ces jeunes formes post-larvaires et l'animal parfait. L'étude complète de semblables transformations, en admettant que nos matériaux nous permissent de l'entreprendre, nous ferait sortir du cadre de ce premier travail, spécialement consacré au développement larvaire de la Sole ([1]). Si nous avions affaire, non à un Pleuronecte, mais à une espèce de forme symétrique non soumise à des métamorphoses, nous pourrions être tentés d'arrêter notre étude au moment où nous plaçons le début du stade P (nageoires impaires développées, caudale homocerque) et de ranger les transformations consécutives parmi celles de la phase immature. Mais une marque nettement distinctive de ce stade est dans l'ensemble des changements qui font de la Sole symétrique pélagique une Sole pleuronecte sédentaire. Encore que ce travail de métamorphose n'ait pas une répercussion très étendue sur l'anatomie profonde, comme on le sait, et se traduise surtout dans l'aspect extérieur, il n'en imprime pas moins un cachet bien spécial à ce temps du développement, où apparaît un des traits les plus saillants de l'espèce et où l'alevin achève d'acquérir, à un degré suffisant pour imposer la spécification, sa physionomie de Sole. Le stade de métamorphose P nous semble donc prendre légitimement le rang de dernier stade larvaire.

Deux spécimens appartenant à ce stade ont été figurés et décrits par Cunningham (**6**, pl. XVI, fig. 5 et **10**, pl. XIV, fig. 2) ([2]).

---

[1] Il y aurait un réel intérêt et une utilité immédiate, à notre avis, pour la conduite pratique de l'élevage complet et fructueux d'une espèce quelconque, à connaître exactement ces transformations secondaires s'opérant entre le dernier stade proprement larvaire et la phase adulte de l'espèce choisie. Les questions de nourriture, d'habitat, de croissance, de morbidité et de mortalité sont liées à une telle étude. En ce qui concerne la Sole, nous regrettons de n'avoir pu achever notre travail dans ce sens. Nous nous bornerons à y donner, hors du cadre général, les résultats de nos observations sur deux points spéciaux que nos préparations nous ont mis à même d'élucider plus complètement : le développement du tube digestif et la morphologie de l'extrémité caudale.

[2] Il n'y a pas lieu de tenir compte ici de l'individu de même âge représenté dans la planche III de Raffaele (**2**, fig. 8 et 9) ; il n'appartient évidemment pas à l'espèce qui nous intéresse.

Nous estimons (très approximativement d'ailleurs) la durée du stade P à 15 ou 20 jours au maximum ; ce qui placerait le terme de la métamorphose vers la VII<sup>e</sup> semaine ou la VIII<sup>e</sup>, ou, pour être moins affirmatif, à la fin du second mois de la vie larvaire. Pendant ce laps de temps, les petites Soles de nos bacs sont passées de la taille de 8,5 à 9 mill. à celle de 13 à 15 mill.

Dans notre série d'alevins de cet âge, nous avons pris comme types les individus figurés dans la planche VI, en ayant seulement égard, pour effectuer ce triage, aux positions de l'œil gauche les plus caractéristiques. Aussi, ces différentes formes ne répondent-elles pas à des périodes comparables par leur durée. La première ne représente pas le début du stade et il y a un notable intervalle entre elle et la forme OP déjà décrite. Les formes 1, 2, 3 et 4 se succèdent plus rapidement(¹). Un nouvel intervalle assez long existe entre les individus 4 et 5, et ce dernier réclamerait sans doute encore quelques jours pour atteindre la fin du stade.

Cette répartition irrégulière de nos formes types et surtout les grandes similitudes qu'elles présentent dans l'ensemble de leur organisation nous déterminent à ne pas scinder notre revue du stade, comme nous l'avons fait de celle des précédents et à suivre de son début à sa fin les transformations d'une même région, d'un même système ou d'un organe isolé. Il n'est donc pas question ici de périodes morphologiquement définies comme celles des autres stades ; en parlant de période initiale, moyenne et terminale, nous aurons simplement en vue la subdivision du temps considéré en trois époques d'équivalente durée. Les signes P₁, P₂, etc. désignent les formes types choisies par nous, mais non des périodes. On peut dire que, dans notre série, la période initiale n'est pas représentée ; les formes 1, 2, 3 et 4 se rangeraient dans la période moyenne et la forme 5 dans la période terminale.

Au début du stade, c'est-à-dire pendant les quelques jours qui séparent les spécimens OP et P de notre série, l'*aspect général* de l'alevin s'est très sensiblement rapproché de celui des formes post-larvaires. Il possède de celles-ci, déjà à un degré marqué, le contour linguiforme, résultant de l'effacement très prononcé de la proéminence abdominale et de l'accroissement de hauteur des nageoires impaires ; il en possède la caudale presque régulièrement arrondie en éventail, l'aplatissement bilatéral, la mâchoire supérieure surplombant la pointe de la mandibule et, dans une certaine mesure, la pigmentation. Mais il en diffère encore par plusieurs caractères qui le rapprochent nettement de l'alevin OP et en font une forme de passage de ce dernier à la forme jeune. Ainsi, il rappelle beaucoup le type précédent par l'aspect de la face, l'enfoncement de la région frontale, l'élévation du profil dorsal du cerveau

_____

(¹) Plus vite que ne le feraient supposer les différences de longueur des spécimens pris comme exemples, différences en partie d'ordre individuel. Pour apprécier exactement la durée des étapes de la transposition de l'œil, il eût fallu la suivre sur le même sujet.

et l'arrêt brusque, en avant, de la nageoire dorsale, par la disposition des yeux, dont le gauche est seulement un peu plus haut situé qu'à la période OP, par l'orientation et la conformation de l'ouverture buccale (abstraction faite de la saillie de la mâchoire supérieure), par la position reculée de l'anus et la courbe, concave en bas, de la ligne d'insertion des rayons de la nageoire anale, dans sa portion antérieure, par l'étendue encore grande de la surface abdominale, par le tracé du bord libre de l'opercule, moins largement arrondi que chez les Soles plus âgées.

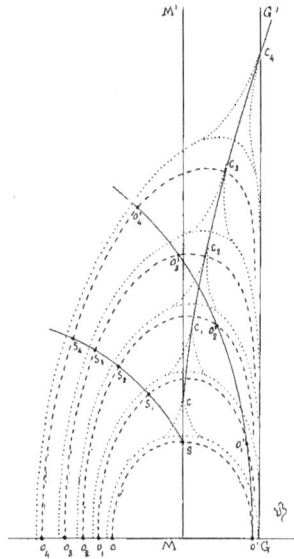

En descendant le cours du stade P, nous voyons cette forme du début subir des modifications variées; mais le maximum d'intérêt s'attache à l'examen des positions successives occupées par l'œil gauche dans sa *migration* [1]. L'inspection des figures 14 à 19 (p. 164) et du diagramme ci-contre (fig. 13), ainsi que de la planche VI, fait saisir beaucoup mieux qu'une longue description la marche de cette transformation chez la Sole. Le diagramme est du reste tout à fait théorique et ne prétend pas reproduire les étapes réellement figurées dans les dessins. On voit comment l'œil migrateur, entraîné au delà de sa position première par le développement prépondérant de la portion gauche de la voûte profonde, décrit une trajectoire qui l'amène à droite, pendant que le septum interorbitaire ($S, S_1, \ldots S_i$) suit une trajectoire analogue. Du côté droit, l'excès de croissance intéresse les couches périphériques et se produit en sens inverse de l'autre, amenant la crête frontale, d'abord médiane, à se rapprocher de plus en plus du côté gauche et à se placer finalement dans le plan de ce dernier, pour s'appliquer, comme lui, sur le sol. Aux premiers moments de la migration, les parois

Fɪɢ. 13. — Diagramme représentant les transformations de la portion supérieure de la tête pendant la migration de l'œil gauche.

Les lignes pointillées figurent schématiquement les parties molles recouvrant la boîte crânienne; les sections frontales de celle-ci, aux différentes étapes, sont indiquées par les traits interrompus.

OO', ligne transpupillaire, horizontale au début.
MM', ligne de projection du plan sagittal principal de la larve encore symétrique.
GG', ligne de projection du plan latéral gauche (répondant à la surface du sol).
$O, O_1, \ldots O_i$, positions successives de l'œil droit.
$O', O'_1, \ldots O'_i$, positions successives de l'œil gauche (migrateur).
$C, C_1, \ldots C_i$, positions successives d'un point du bord de la nageoire dorsale.
$S, S_1, \ldots S_i$, positions successives d'un point du sommet de la crête interorbitaire.

[1] Bien que ce terme ne traduise que l'apparence du phénomène, il est d'usage courant.

crâniennes des régions intéressées (frontale et ethmoïdale) ne sont pas ossifiées ; elles sont encore, comme nous l'avons vu à la période OP, à l'état d'enveloppe fibreuse. L'apparition des parties solides et les progrès de l'ossification sont contemporains de la migration ; les os prennent donc, en se formant, en s'étendant, en s'épaississant, la disposition que leur impose la marche irrégulière de l'accroissement régional.

En passant du côté de son congénère, l'œil migrateur *s'éloigne* en réalité de lui, en vertu de l'action de la croissance générale. Si l'on mesure, à toutes les étapes, la ligne joignant un centre pupillaire à l'autre, en contournant le front vers l'insertion antérieure de la nageoire dorsale, on constate que cette ligne augmente de longueur. Sur le diagramme, les courbes OSO′, O₁S₁O′₁,... O₄S₄O′₄ ont des valeurs linéaires croissantes.

Les figures 16 à 19 montrent les changements de physionomie, beaucoup plus frappants dans la vue frontale que dans la vue latérale, qui résultent du déplacement de l'œil gauche. Chez le plus jeune sujet, cet organe est au voisinage du profil fronto-nasal, assez fortement déprimé sous la crête terminale de la nageoire dorsale ; l'extrémité de la ligne des têtes interépineuses proémine même légèrement au-dessus du pied de la crête (fig. 1, pl. VI) (¹) et la saillie du mésencéphale s'avance encore au-dessus d'une partie de l'œil gauche, qui est dépassé en haut, par une faible quantité, par la ligne médio-frontale. Une ligne horizontale menée transversalement par le bord inférieur de l'orbite gauche passe maintenant à une petite distance au-dessus de l'œil droit ; chez la larve OP, une ligne semblable traversait l'œil droit au niveau du bord supérieur de sa pupille. Dans ce dernier cas, l'angle ABC (voir fig. 15) formé par la rencontre de la ligne bi-pupillaire et du plan horizontal, était de 15°, tandis qu'il atteint 35° chez le sujet P₁. — Le spécimen suivant, P₂ (fig. 2, pl. VI et fig. 16 du texte), a l'œil migrateur à gauche de la ligne médiane, mais sur le point de franchir cette limite. La cornée et une partie de la sclérotique dépassent, en haut, le profil fronto-nasal. Le retrait de cette partie de la face donne, sur la vue de profil, l'apparence d'une véritable encoche occupée par le globe oculaire et l'effet se trouve exagéré par le fait de la position avancée de la nageoire dorsale, dont le premier rayon arrive presque à l'aplomb du milieu de l'œil. Sur la vue de face, le pied de la crête frontale se montre déjà un peu porté vers la gauche et surmonte l'œil. Celui-ci est en avant du mésencéphale et répond au cerveau antérieur, rapport qu'il conservera jusqu'à la fin du stade. La progression en hauteur a été faible depuis l'étape précédente, la translation apparente ayant surtout lieu maintenant dans le sens latéral. L'angle ABC

___

(¹) Pour ce sujet, nous n'avons pas donné la vue de face. La tête, un peu aplatie accidentellement, n'avait plus, au moment où nous devions faire ce dessin, son aspect complètement normal. On se le représente facilement en examinant, par comparaison, les figures 15 et 16, p. 164.

Fig. 14. — O$_3$.
Grossissement $\frac{18}{1}$.

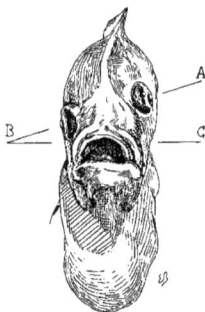

Fig. 15. — NO.
Grossissement $\frac{18}{1}$.

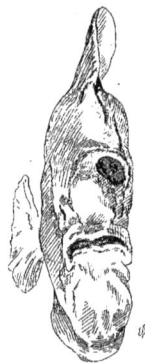

Fig. 16. — P$_2$.
Grossissement $\frac{18}{1}$.

Fig. 17. — P$_3$.
Grossissement $\frac{17}{1}$.

Fig. 18. — P$_4$.
Grossissement $\frac{17}{1}$.

Fig. 19. — P$_5$.
Grossissement $\frac{17}{1}$.

Fig. 14 à 19. — Croquis de la tête, vue de face, montrant différentes étapes de la migration oculaire (fin du stade O à fin du stade P). L'œil droit, dans les figures 17-19, est caché derrière la papille portant l'orifice antérieur de la narine du même côté.

ABC, angle mesurant l'inclinaison de la ligne transpupillaire sur le plan horizontal.

mesure env. 38°. — Sur l'alevin $P_3$ (fig. 3, pl. VI ; fig. 17 du texte), l'œil gauche est devenu médian, ainsi que le montre nettement la figure de face (sur la vue de profil, on saisit moins bien la différence existant entre les dispositions des types 2 et 3). Le pied de la crête frontale est passé franchement à gauche du plan sagittal médian et descend un peu de ce même côté de l'œil ; en raison de cette disposition, il semble, sur la vue de profil, que l'œil se trouve déjà situé sur le côté droit de la tête. La descente en avant du pied de la crête frontale a un peu émoussé le profil abrupt de sa saillie dorsale. L'angle ABC atteint 50°. — En $P_4$ (fig. 4, pl. VI ; fig. 18 du texte), nous voyons l'œil migrateur, devenu l'œil supérieur, sur le côté droit, à proximité du profil dorsal. La forme de celui-ci se rapproche beaucoup de l'aspect définitif. La crête frontale est très affaissée et se continue avec le contour général de la nageoire dorsale, sans autre signe de démarcation qu'une très légère dépression. Cette crête commence en avant de la limite antérieure de l'œil déplacé et, à partir de ce point, dépasse de plus en plus la limite supérieure de la cornée. Elle est entièrement à gauche du plan médian, comme l'œil est à droite. Le premier rayon de la nageoire dorsale est toujours au-dessus de la pupille de ce même œil. Dès ce moment, on constate une notable asymétrie de toute la face, asymétrie résultant de l'aplatissement progressif du côté gauche. La ligne antérieure de la tête devient plus régulière et s'ovalise. L'angle ABC est de 70°. — Enfin, avec l'alevin $P_5$ nous touchons au terme de la métamorphose et confinons de très près à la forme permanente. L'aplatissement du côté gauche est réalisé et l'œil migrateur a quitté le voisinage immédiat du profil antérieur ; il regarde moins en avant et plus directement en haut que chez l'alevin précédent. La nageoire dorsale se prolonge largement au-devant de lui et la $1^{re}$ dent de cette nageoire n'est qu'un peu en retrait sur le bout du museau. La base du $4^e$ rayon répond au bord postérieur de l'orbite. Une surface oblique sépare le bord supéro-antérieur de ce dernier du pied de la nageoire. L'angle ABC est presque droit ($87°$). Les yeux occupent maintenant, l'un par rapport à l'autre et relativement aux autres organes céphaliques, la situation propre à l'espèce ([1]).

Au commencement de la migration, les deux yeux se trouvent dans le même plan frontal, ou l'œil gauche est un peu plus avancé (cas de notre alevin OP) ; mais déjà, chez la forme $P_2$, cette avance de l'œil gauche a atteint son degré maximum ([2]). — La forme des yeux et l'orientation de l'axe visuel se modifient aussi au cours du stade. Jusqu'au moment du passage de l'œil migrateur à droite du plan médian, les

---

([1]) Dans la figure 5 de la planche VI, le lithographe n'a pas très exactement reproduit l'aspect de la tête. Elle est trop élevée et trop arrondie en avant ; l'œil supérieur se rapproche trop aussi de sa forme première, il est trop voisin du profil dorsal et l'œil inférieur s'avance trop au-dessous de lui. Nombre de détails, dans cette planche, appelleraient de semblables observations.

([2]) Une erreur de reproduction a donné aux yeux, dans la figure 3, pl. VI, une position verticalement opposée.

yeux gardent un contour plus ou moins irrégulièrement circulaire ; ils se modifient ensuite et s'allongent dans le sens antéro-postérieur. La direction de l'axe visuel varie peu pour l'œil droit ; comme chez les larves plus jeunes (stades O et N), il regarde encore de côté ; peu à peu il oblique vers le bas et, à la fin du stade, ainsi qu'aux époques suivantes, il regarde du côté ventral, un peu obliquement en arrière et de côté (cette orientation est donnée sur l'animal placé verticalement, comme dans les figures). Les positions variées successivement occupées par l'œil gauche entraînent des changements corrélatifs dans l'orientation de son champ visuel. En $P_1$, le regard est latéral, comme pour l'œil droit ; oblique en haut, en avant et *à gauche*, en $P_2$ ; plus oblique en haut et peu ou pas de côté, dans la forme $P_3$ ; dirigé en haut, en avant et *à droite*, en $P_4$ ; presque directement en haut et très peu en avant, après l'achèvement des métamorphoses ($P_5$ et formes plus âgées).

La figure 4 de la planche V représente un alevin monstrueux de la fin du stade P trouvé dans notre série d'élevage. Chez lui, l'évolution s'est faite de telle sorte que les deux yeux sont placés côte à côte, de part et d'autre du plan médio-frontal ; leur rapprochement au-devant du pied de la nageoire dorsale a arrêté la progression de celle-ci au point où elle était parvenue au début du stade. Par suite de cette anomalie, l'alevin est demeuré symétrique. Mais pourtant il reposait sur le sol par son côté gauche, comme ses congénères normaux du même âge. Les deux côtés étaient faiblement et également pigmentés. Nous avons eu le regret de perdre prématurément cet alevin, par accident. Il eût été intéressant de le suivre aux époques plus avancées de la croissance.

Le caractère d'asymétrie si prononcé de l'appareil visuel se retrouve, à un beaucoup moindre degré, sur d'autres points, qui seront examinés avec les régions intéressées.

Indépendamment des changements produits par la migration oculaire, d'autres transformations modifient l'aspect de la *tête* au cours du stade P. — Le contour émoussé du profil facial résulte en partie de l'empiétement de la nageoire dorsale sur la région ethmoïdale, après le passage de l'œil, mais aussi de la forme nouvelle acquise par toute la portion naso-buccale de la tête. Les figures de la planche VI montrent les principales dispositions établissant le passage du museau un peu conique du type 1 au museau à peine saillant et très élevé du type 5, qui est presque celui de l'état parfait. Malgré ces différences de modelé, la distance entre le bord antérieur de l'orbite droit et le bout du museau se conserve proportionnellement équivalente d'un type à l'autre. L'angle nasal, très accentué chez les formes 2 et 3, par l'effet de la dépression existant derrière lui, conserve aussi, comme on le constate sur les figures, une situation à peu près fixe, vers le niveau du pourtour ventral de l'œil gauche. Mais, d'une part, l'encoche frontale est comblée par l'avan-

cement de la nageoire dorsale([1]) et, d'autre part, la hauteur du museau augmente, par l'abaissement progressif de la lèvre supérieure, qui accompagne la
transformation de l'ouverture buccale. La portion commissurale, descendante en
arrière, de la mâchoire supérieure reste fixe et le dessin du squelette continue de
répondre à celui de la bouche, telle qu'on l'observe sur l'alevin $P_1$ ; mais la partie
charnue qui constitue la lèvre descend en un lobe triangulaire, formant au-devant de
l'ouverture buccale le crochet que l'on connaît. Ce dernier état, très imparfaitement
réalisé encore sur le spécimen 4, l'est à un degré voisin de la limite normale chez la
Sole $P_5$. Le crochet recouvrira un peu plus dans la suite la pointe de la mandibule.
Quant à cette dernière, elle ne subit pas, pendant ce stade, de bien grosses modifications. Elle augmente d'abord de hauteur, des deux côtés en même temps, entre les
étapes 1 et 2, puis de courbure ventrale (étapes 4 — 5). On n'observera que plus
tard, chez l'immature, une sensible différence de hauteur entre les deux côtés de la
mandibule, inégalité très marquée et accentuant l'asymétrie céphalique chez les
individus adultes. La bouche, vue de face sur les figures 14 à 19, ne manifeste
une réelle asymétrie que sur les deux dernières et encore cette disposition est-
elle due seulement, dans ces cas, à l'aplatissement du côté gauche de la tête. La
ligne transcommissurale reste, par ailleurs, horizontale. Sur les deux mêmes figures
(18, 19), sur la seconde principalement, l'abaissement de la lèvre supérieure, combiné
au rejet de l'œil émigré sur le côté, se traduit par une physionomie toute différente
de celle des larves précédentes, à aspect de cyclope.

La position de l'œil droit (inférieur) par rapport à la bouche varie dans des limites
appréciables. La distance qui sépare le pourtour inférieur de l'œil du point le plus
proche du rebord de la mâchoire supérieure n'est guère inférieure au diamètre oculaire minimum chez les jeunes Soles des deux premiers tiers du stade. A la fin, l'œil
apparaît beaucoup plus près de la bouche, sur la marge de laquelle on le trouve
situé un peu plus tard et dans la suite. La branche descendante du maxillaire osseux,
qui passe au-dessous de l'œil, à droite, reste toujours très peu développée ; elle l'est
même beaucoup moins, comparativement, chez l'animal adulte qu'aux premières
périodes du stade P.

La forme de la tête dépend encore de celle du bord operculaire, qui représente sa
limite superficielle et apparente. Le tracé de ce bord libre, nous l'avons déjà fait
remarquer, figure d'abord une ligne descendante décrivant en bas, derrière la mandibule, un coude arrondi, court et peu ouvert (type $P_1$ et stades antérieurs); en

---

([1]) Dans la forme définitive, l'origine de la nageoire est à une faible distance en arrière de l'aplomb du
museau ; une dépression peu marquée, au-dessous de la base de la première dent de la nageoire, indique seule la
limite antérieure de celle-ci. Un peu en arrière est la pointe recourbée du 1er interosseux et, plus haut, vers le
bord postérieur de la dent, le premier rayon.

même temps, la portion descendante est assez rapprochée de l'extrémité antérieure de la tête, qui semble courte. Chez l'alevin $P_2$, le coude est plus mollement arrondi et, sur les spécimens 4 et 5, il a presque disparu, fondu dans la courbe continue du tracé[1] operculaire et mandibulaire ; la longueur de la tête s'est alors accrue proportionnellement d'une petite quantité.

Pour ne pas revenir sur l'*appareil olfactif*, dont nos préparations ne nous donnent qu'une très élémentaire connaissance, nous examinerons tout de suite la disposition de ses orifices. Chaque narine en a deux, résultant de la bipartition indiquée ou commencée dès la fin du stade O (périodes $O_3$ et OP). On sait que, chez l'adulte, les ouvertures de la narine droite sont assez rapprochées l'une de l'autre, au-devant de l'œil inférieur, le méat antérieur étant situé à l'extrémité d'un court appendice tubuleux ; que, du côté gauche, il y a un plus grand intervalle entre les orifices, dont l'antérieur est analogue à celui du côté droit et dont le postérieur, moins nettement visible, se trouve « sur la ligne menée du quatrième rayon de la dorsale à l'angle de la bouche » (Moreau, **40**, t. III, p. 305). Ce mode de disposition ne commence à être bien indiqué que sur le spécimen $P_5$ ; l'ouverture antérieure droite y est portée par une proéminence cutanée où on reconnaît une ébauche de tube, mais dont la longueur relative est très inférieure à celle de l'appendice présent chez l'adulte et même chez des immatures à peine plus grands que notre dernier type du stade P (il mesure 0,15 mill. sur un immature de 15 mill.). — Sur les individus plus jeunes de ce stade, la saillie cutanée est encore moins marquée et elle ne forme, au commencement, qu'un léger relief sur la surface épidermique. Ce détail mis à part, la disposition des narines est à peu de chose près la même dans toute la série P. Leur place est déterminée par le rapport constant qu'elles gardent avec l'extrémité du cerveau antérieur, au-devant et un peu au-dessous de laquelle elles sont toujours situées. La narine droite est plus rapprochée de l'œil inférieur que du profil facial antérieur. Il n'y a pas, jusqu'au type $P_4$, de différence notable entre les deux côtés. Sur chaque narine, l'orifice antérieur (qui est aussi le plus bas situé) est le plus grand ; il est facilement visible au milieu de l'élévation cutanée, plus ou moins prononcée, qui le porte ; son contour est de forme variable ; très souvent il est réniforme, parfois piriforme ou en morsure de sangsue. L'orifice postérieur est moins visible, surtout à gauche, où il peut être difficile à découvrir. C'est une étroite fente, en croissant, en virgule, en coup de gouge, ou une ouverture un peu plus large, ovalaire, placée derrière la narine, à un niveau généralement un peu plus élevé que l'orifice antérieur. Chez le sujet $P_5$, nous n'avons pu

---

[1] Sur la figure 5, ce tracé se rapproche trop de la forme circulaire ; la courbe est toujours, chez la Sole commune, un peu brusquée au voisinage de la nageoire ventrale.

trouver le méat postérieur gauche, sans doute dissimulé au milieu des papilles cutanées naissantes de la région. Nous pensons qu'à ce moment déjà il doit occuper une position plus reculée, car, chez l'immature de 15 mill., auquel nous avons fait allusion, il était à sa place définitive.

Les *papilles* qui garnissent le côté gauche de la tête, chez la Sole, commencent à apparaître au stade P, mais assez tardivement. La trace des premières se voit, dans notre série, sur l'individu 3 et seulement sur le museau. A ce moment, leur relief au-dessus de la surface épidermique est très faible. Elles sont un peu plus longues et plus nombreuses chez le sujet 5, et répandues sur tout le tiers antérieur de la tête.

Les caractères de la *pigmentation* établissent une distinction tranchée entre le stade P et tous les précédents. Elle ne donne pas complètement l'impression de la livrée de l'adulte ; la dissémination de ses éléments chromatiques et sa transparence ne rendent pas exactement comparables les effets optiques produits dans les deux cas ; mais, sur un fond opaque de ton approprié, le système de coloration d'un alevin de la forme $P_3$ présente un aspect assez approchant du type immature. — La distribution de la pigmentation varie dans certaines limites aux différents âges du stade. Un peu diffuse au début, dans la période qui suit la disparition de la pigmentation larvaire, elle devient à la fin plus nettement systématique. En tous cas, elle se sépare vite et franchement de celle des stades antérieurs. Là, l'impression optique était donnée par l'ensemble des corps pigmentaires appartenant aussi bien aux parties profondes qu'à la peau ; celle-ci était en somme peu fortement teintée, en dehors des champs marginaux, et laissait surtout transparaître les chromoblastes tapissant et dessinant plus ou moins les organes sous-jacents. Dans la gamme xanthique, le jaune franc restait la couleur dominante. Ici, la livrée est donnée avant tout par la coloration cutanée ; la majorité des éléments pigmentaires apparaissent dans le derme. Le pigment profond, peu abondant du reste, continue à être visible ; mais bientôt il sera masqué (immature) par l'opacification des tissus et le rapprochement des chromoblastes dermiques. La répartition de ces derniers nous intéresse seule désormais.

Les chromoblastes sont ou *mélaniques* (variant du ton sépia au noir franc) ou *orangés* (ocreux, jaunes ou orange plus ou moins vif). Ceux de la première teinte sont largement prédominants et de leur répartition résulte le fond du dessin caractéristique de la livrée. Ce sont presque partout de grandes cellules étoilées dont les ramifications nombreuses, assez régulièrement rayonnantes autour du centre, ont comme marque commune d'avoir la majorité de leurs branches plus larges à l'extrémité qu'à l'origine, comme irrégulièrement spatulées. Sous le microscope, elles produisent assez bien l'impression de certaines touffes d'algues étalées sur des feuilles d'herbier. La plupart ont un contour plus ou moins voisin de la forme circulaire et peuvent appar-

tenir à deux types, diversement combinés. Les unes sont à branches courtes et aire
centrale très grande, les autres à longues branches et portion centrale réduite ; les
premières, ordinairement plus petites, ne sont peut-être qu'une forme momentanément ramassée des secondes. — Sur nos spécimens 1 à 4, ces éléments sont disséminés, sans ordonnance spéciale, sur la tête, l'abdomen, le tronc et les zones des
interosseux. Sur le spécimen 5, certains sont groupés en taches arrondies se déta-
chant, encore peu nombreuses, sur le côté droit du corps. Comme chez l'immature,
la plupart de ces taches sont disposées d'une manière assez fixe en files longitudinales qui courent le long de l'axe vertébral et sur les bandes répondant aux pièces
interépineuses. Quelques autres se montrent çà et là entre les files, sur les parties
musculeuses du tronc. Sur les nageoires, les éléments mélaniques affectent d'abord,
en général, une forme allongée ; leurs principales ramifications courent dans les
intervalles des rayons et dans la même direction qu'eux. Mais ce caractère ne persiste
pas et il a disparu en grande partie sur les alevins du type $P_5$. Alors, et davantage
dans la suite, les chromoblastes de ces régions se distinguent plutôt par une grande
irrégularité de leur forme étoilée et la réduction de leurs dimensions, celle-ci
d'autant plus grande qu'ils avoisinent davantage le bord de la nageoire.

Les chromoblastes de la gamme orange, quand ils ne demeurent pas isolés à l'état
de petits éléments ramifiés, constituent des points ou des taches plus larges, les unes
cycliques, les autres allongées, entre les éléments mélaniques. Sur les nageoires, ils
conservent plus longtemps que ces derniers l'orientation dans le sens des rayons. Ils
sont moins abondants et, à aucun moment, on ne voit les taches qu'ils constituent
se disposer selon un dessin fixe.

Chez les individus les plus avancés, il peut apparaître, par le fait de la rétraction
des chromoblastes sur certains points très circonscrits, des taches plus claires que le
fond de la peau, analogues aux points blancs qu'on voit chez la Sole adulte, dans
certaines conditions.

Tout ce que nous venons de dire à propos du pigment concerne le côté droit. Sur
les alevins $P_1$ et $P_2$, où l'œil gauche n'a pas franchi la ligne médiane, la coloration
est à peu près égale des deux côtés. Mais déjà, sur l'alevin $P_3$, dont l'œil migrateur
est seulement dans le plan sagittal, la pigmentation est plus foncée à droite. Le fait
est encore plus marqué sur l'individu $P_4$ et, vers la fin (forme $P_5$), la stabulation
sur le côté gauche étant devenue habituelle, la différence de coloration devient très
grande entre les deux côtés ; à gauche, les cellules pigmentaires sont fortement
dispersées et de forme grêle, tandis qu'à droite les vides restant entre elles sont peu
étendus et ont disparu en certaines places ; de ce côté, en outre, elles se montrent
plus riches en matière colorante.

Le développement des *écailles* est un phénomène de la phase immature ; on ne
trouve pas trace de ces organes même chez une jeune Sole transformée de

15 mill. Chez une autre, de 18 mill., elles ont fait leur apparition le long de la ligne latérale et de chaque côté de celle-ci ; il en existe quelques séries longitudinales, plus nombreuses dans la moitié postérieure du corps qu'en avant. On en peut compter au maximum une dizaine de files de part et d'autre. Leur constitution est très simple. Les plus avancées comprennent une lamelle postérieure très mince, ovale et, en avant, un empâtement ostéoïde donnant naissance à une spinule acérée qui atteint une longueur supérieure à la demi-longueur de l'écaille. Dans les moins avancées cette épine (représentée sur certaines écailles par un simple grain ostéoïde) est indépendante de la plaquette, comme la pointe dentaire l'est de son socle osseux.

La forme de la *région abdominale* se modifie assez sensiblement dans le dernier tiers du stade, tandis qu'elle a conservé jusque-là un aspect rappelant celui des larves OP et O. Cependant la saillie correspondant à l'estomac, si marquée chez ces dernières, a presque disparu chez la larve P₁ ; le ventre ressort d'une manière modérée en avant de la papille anale, qui tend à devenir la partie la plus proéminente. Sur les sujets 2, 3 et 4, le retrait de l'abdomen s'accuse ; mais les dispositions principales du canal digestif, dont on discerne les contours sous le relief extérieur, ne varient guère pendant ce temps ; la masse viscérale reste plus étendue en hauteur qu'en longueur, comme cela était avant, et son volume relatif ne se montre sensiblement réduit que chez le sujet 4. Sur celui-ci également, le rectum, demeuré jusque-là presque vertical, commence à manifester sa tendance à s'incliner en avant et l'anus se rapproche de la région jugulaire. Une transformation notable s'est faite chez la petite Sole de la figure 5 ; au point de vue de la constitution du squelette de la région abdominale, elle ne diffère plus beaucoup de l'animal parfait (nous verrons au chapitre spécial, qu'il en est autrement en ce qui concerne l'appareil digestif). La masse viscérale, fortement réduite, a son grand axe orienté d'arrière en avant et un peu obliquement de haut en bas ; elle ne touche au pourtour ventral du corps que sur un espace très restreint, entre l'extrémité antérieure de la nageoire anale, qui s'est avancée au-dessous d'elle, et l'insertion de la ventrale. Dans cet étroit espace est placé l'anus ; la situation de celui-ci est maintenant fixée. Le rectum est couché dans la concavité du 1ᵉʳ interosseux.

Le sort de la *nageoire pectorale*, au stade P, est un des faits les plus intéressants de cette époque. Si on examine cet organe sur les différents types, en descendant la série, on le voit d'abord conserver l'aspect et, autant qu'il est possible de l'apprécier au jugé, les dimensions relatives qu'il avait aux derniers des précédents stades. Ainsi le trouve-t-on sur notre échantillon P₃ (fig. 20, p. 172), où il se montre bien régulièrement étalé et dans de bonnes conditions pour l'observation. Le pédicule est très étroit, la mobilité du limbe très grande. L'insertion s'est restreinte au voisinage immédiat de la tête du coracoïde, appuyée elle-même contre le coude moyen de la clavicule. Le cartilage coracoïde a toujours la forme de poinçon ondulé que nous lui connaissons et la même direction, descendante en arrière à environ 45°. Sa longueur proportionnelle n'est pas absolument fixe ; mais la progression de son calibre et de sa longueur suit d'une manière générale celle du corps. La structure du limbe ne s'est pas modifiée ; il est resté à l'état de membrane extrêmement fine, en tout semblable au lophioderme marginal primitif et, comme celui-ci, simplement renforcé par une couche de délicats rayons embryonnaires qui divergent en éventail, du pourtour du moignon jusqu'au bord libre. La croissance a étendu peu à peu la surface du limbe, mais en laissant au moignon des dimensions qui paraissent de plus en plus faibles, comparées à celles de la partie membraneuse. Les fibres striées s'arrêtent à la périphérie de ce moignon, où on peut voir aussi, chez quelques individus, un certain nombre de petites taches pigmentaires rangées régulièrement en bordure. Le limbe nous a toujours paru dépourvu d'éléments chromatiques et complètement transparent. — Les choses ne sont pas autrement disposées chez l'alevin $P_4$, c'est-à-dire vers la fin du 2e tiers du stade. Mais que l'on cherche un peu plus tard (forme $P_5$, par exemple) à examiner cette même

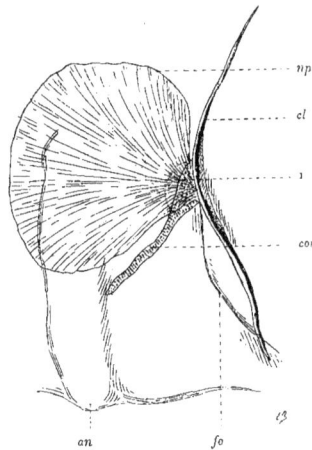

FIG. 20. — Alevin $P_3$ (11 mill.). Nageoire pectorale droite. — Grossissement $\frac{29}{1}$.

1. Limite de séparation du moignon et du limbe, selon laquelle se fera l'amputation de la nageoire.

nageoire, on ne la découvre plus. A sa place existe un court moignon charnu, dans lequel il n'est pas difficile de reconnaître le pédicule de la nageoire ; le limbe a disparu.

Une série d'alevins du stade P et de jeunes immatures, dont la taille variait de 11,5 à 18 mill., nous a fourni l'explication du phénomène qui se produit là, phénomène de régression évolutive du même ordre que nombre d'autres bien connus en embryologie. La pectorale présente jusqu'à la fin du stade P, chez les larves de Sole, n'est pas la forme première du membre correspondant de l'adulte. Elle ne constitue qu'un organe transitoire, purement larvaire, au même titre que la vessie natatoire, et la pectorale permanente, si réduite, de l'adulte est un organe né secondairement sur l'emplacement de la première. La disparition de la pectorale transitoire n'est pas complète ; il persiste le court moignon que nous trouvons sur nos petites Soles de 12 à 15 mill. (fig. 21). Peu après l'amputation, il laisse voir très nettement la surface de séparation (fig. 21, D) plus ou moins régulière, souvent bordée par la ligne des

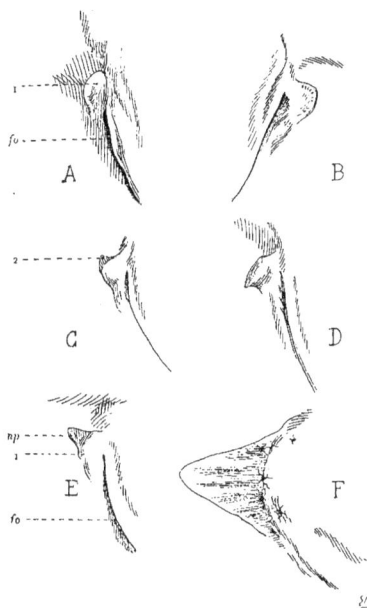

FIG. 21. — Croquis montrant l'aspect du moignon de la nageoire pectorale, après auto-amputation, chez les alevins du stade P, et le commencement de la reconstitution de cet organe chez le jeune immature.

A. Moignon cicatrisé (côté droit). Alevin P₃, de 13,6 mill., provenant d'élevage. — Grossissement $\frac{20}{1}$.

B. Moignon gauche du même individu. On y voit une bordure de petites taches pigmentaires. — Grossissement $\frac{20}{1}$.

C. Moignon (côté droit) auquel est resté adhérent un débris de limbe. Alevin P₁, de 11,5 mill., capturé à la côte. — Grossissement $\frac{20}{1}$.

D. Moignon (côté droit) non encore cicatrisé. Amputation récente. Alevin P₃ de 13,8 mill., provenant d'élevage. — Grossissement $\frac{20}{1}$.

E. Moignon (côté droit) portant une nageoire permanente rudimentaire. Immature de 18 mill., capturé à la côte. — Grossissement $\frac{15}{1}$. — Cette nageoire est représentée à plus fort grossissement $\left(\frac{67}{1}\right)$ dans le croquis F.

1. Moignon. — 2. Fragment du limbe.

cellules pigmentaires signalées plus haut (fig. 21, B). Il arrive aussi qu'il reste en dessus ou en dessous un faible débris, non encore sphacélé ou rétracté dans la cicatrice, du lophioderme disparu (fig. 21, C). Bientôt, le contour libre du moignon s'arrondit en un petit tubercule visible immédiatement en arrière de la commissure supérieure de la fente des ouïes (fig. 21, A). Ses dimensions n'excèdent pas 0,35 mill. en hauteur sur 0,25 de long, chez un alevin de 13,6 mill.

Des modifications corrélatives se sont produites en même temps dans le cartilage coracoïde. Tandis que la partie extérieure du membre perdait son limbe par auto-sectionnement, la pièce cartilagineuse voyait disparaître (par résorption) tout son prolongement descendant et se trouvait réduite à sa portion basale, attachée à la clavicule. C'est dans cet état que nous trouvons la nageoire chez notre individu P₃ (fig. 22, p. 174) où elle a un peu l'aspect d'une bosse de Polichinelle.

L'époque à laquelle survient l'amputation spontanée est variable. Ainsi, nous constatons, par l'aspect du moignon, qu'elle vient de s'accomplir chez un alevin de 13,8 mill., du type P₃ (élevage artificiel), tandis qu'elle paraît, au degré de la cicatrisation, déjà plus ancienne chez une petite Sole de 11,5 mill., du type P₄ recueillie à la côte ([1]).

---

([1]) Nous devons ce très intéressant échantillon.

Pour observer le développement de la pectorale secondaire permanente, il faut s'adresser à des formes immatures. Chez un exemplaire de 18 mill., par exemple (fig. 21, E et F), nous trouvons au point indiqué, au haut de la fente operculaire, le résidu du moignon primitif, devenu un simple bourrelet cutané et donnant attache à une toute petite lame translucide, de forme triangulaire, à peine longue de 0,250 mill. (côté droit), dans l'intime structure de laquelle le microscope révèle la présence de quelques fines fibres radiaires vaguement fasciculées. La nageoire est, à ce moment relativement tardif, au même point de développement où se trouve la nageoire ventrale au commencement du stade P. En dessous, le cartilage coracoïde n'a pas encore manifestement pris part à la rénovation commencée en dehors. Mais on prévoit sans peine comment, par sa croissance en haut et en arrière, il constituera la pièce représentée dans la figure 23 ci-contre (immature de 42 mill.).

Nous reviendrons plus loin sur l'intérêt physiologique de ces faits, qui avaient échappé jusqu'ici à l'observation. Ils sont faciles à contrôler.

Les *nageoires ventrales* restent très rudimentaires pendant la plus grande partie du stade. Chez

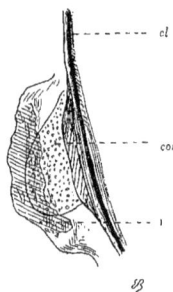

Fig. 22. — Disposition du reliquat du cartilage coracoïde, peu après l'auto-amputation de la pectorale (côté droit). Sujet $P_5$, de 14,5 mill., provenant d'élevage. — Grossissement $\frac{68}{1}$.

1. Surface d'amputation du moignon.

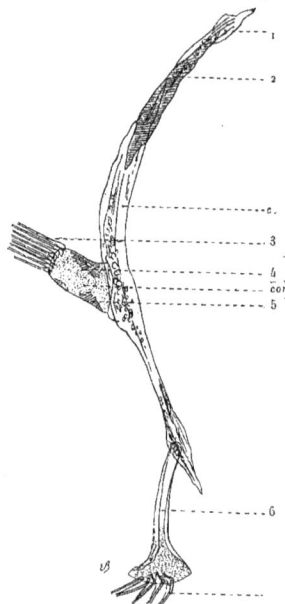

Fig. 23. — Ceinture scapulaire et squelette basal des nageoires pectorale et ventrale (côté droit). Immature de 42 mill. — Grossissement $\frac{13}{1}$.

1, surscapulaire, Cuv. (post-temporal, Parker).
2, scapulaire, Cuv. (supra-clavicula, Parker).
3, rayons de la nageoire pectorale.
4, ossification répondant au radial, Cuv. (scapula, Parker).
5, ossification répondant au cubital, Cuv. (coracoïd de Parker).
6, pubic, Owen.
7, bases des rayons de la nageoire ventrale.

à l'obligeante attention de M. Émile Deyrolle-Guillou, de Concarneau, à qui nous adressons ici tous nos remerciements. La jeune Sole en question a été recueillie le 28 avril 1903, à marée basse, sur un parc à huîtres de la rivière Moros.

l'alevin $P_1$, elles sont un peu plus saillantes et plus larges de limbe que chez la larve OP ; le cartilage *pubic* s'est précisé dans sa forme, allongé, et il arrive jusqu'à la clavicule. — On voit les mêmes parties s'étendre aux étapes suivantes et des rayons secondaires apparaître dans le limbe (spécimen 3). — Chez l'individu 4, le pubic est long et son extrémité externe est élargie en spatule, comme dans la forme adulte ; le limbe est encore court ; il a un contour demi-elliptique ; les rayons primaires montrent une tendance à se rapprocher en faisceaux. — Les nageoires ventrales se rapprochent sensiblement de leur état définitif vers la fin du stade (type 5). Le pubic, toujours uniquement cartilagineux, est moins grêle dans sa partie antérieure ; sur son bord ventral, étalé, s'appuient les extrémités de 4 rayons secondaires, dont les trois externes commencent à présenter des points d'ossification et se terminent dans trois dents bien découpées du bord postéro-interne : le quatrième rayon apparaît, en dedans ([1]). Le bord externe, répondant au premier rayon (le plus long), est droit et se continue, en avant, avec le contour de l'éperon jugulaire. La nageoire ventrale n'a ici que la moitié de sa longueur proportionnelle normale, ou un peu plus (elle mesure 0,3 mill. chez notre sujet 5) ; sa pointe n'atteint pas la nageoire anale et, entre elles deux, l'anus apparaît à découvert. Peu après il sera masqué par le limbe de la ventrale, dont l'extrémité libre empiétera un peu sur l'extrémité antérieure de l'anale.

Du début à la fin du stade, les *nageoires dorsale* et *anale* progressent en avant et, à un degré moins prononcé, dans le sens de leur hauteur. Le 1er rayon de la dorsale, qu'on voyait placé au-dessus de la limite antérieure de l'oreille, sur l'alevin OP, et au-dessus de la limite postérieure de l'orbite droit, chez l'alevin $P_1$, arrive, en $P_2$, en avant de l'aplomb de l'orifice antérieur de la narine droite. Un peu plus tard, au commencement de la phase immature, il sera près de la partie la plus avancée du museau, après s'être abaissé jusqu'en face du cerveau antérieur, quand, au début du stade P, il était au-dessus du cerveau moyen. Ce déplacement du 1er rayon est lié à l'allongement et à l'incurvation en bas, nous l'avons vu, du 1er interépineux dorsal. — En bas, un processus du même ordre ramène sous les viscères abdominaux la longue tige cartilagineuse du 1er interépineux et les 5 suivants, qui s'appuient sur elle. En outre, l'effacement progressif de la courbure de la ligne radio-interépineuse, devenue droite sur la forme $P_1$, dénote une augmentation de longueur de tous les interépineux correspondants.

L'ossification de ces pièces squelettiques basales de la dorsale et de l'anale, qui a certainement débuté depuis quelque temps (stade O ?), apparaît nettement sur le spécimen $P_2$, sous la forme de grains, de plaquettes ou d'anneaux d'encroûtement très variés. Elle respecte encore les extrémités des cartilages et les nodules adjacents.

---

([1]) Chez un immature de 15 mill., on compte 5 rayons achevés.

Ailleurs, elle a l'aspect d'une mince gaine continue. Chez le spécimen $P_3$, on trouve une partie des nodules articulaires dorsaux revêtus, en dessous, d'une fine cuirasse ostéoïde que surmonte une petite pointe, dans l'intervalle des deux têtes interépineuses voisines.

L'ossification des rayons se poursuit; parallèlement s'opère leur subdivision en articles. En $P_1$, tous sont simples; les plus avancés présentent seulement, dans leur moitié distale, un renflement précurseur de la première segmentation. En $P_2$, $P_3$, $P_4$, on trouve déjà 4 articles aux plus longs rayons[1]. Le nombre maximum est de 5, en $P_5$, et de 6 chez les plus jeunes immatures. La coupure la plus éloignée porte sur les brins, non engainés, du pinceau terminal.

La dentelure du bord libre des deux nageoires est modérément marquée jusqu'au milieu du stade (types 1 et 2); mais, à dater de ce moment (types 3, 4 et 5, et au delà), les dents sont longues et aiguës. — En arrière, la portion de lophioderme qui continue à unir l'anale et la dorsale au limbe de la caudale diminue de hauteur, aux périodes successives du stade. Absente à la fin du stade O, la double incisure (haut et bas) existant là est une encoche peu profonde, sur le spécimen $P_1$; elle arrive à une petite distance du tronçon de la queue, en $P_5$, comme chez les formes suivantes.

A la fin du stade P, les nageoires dorsale et anale sont le siège d'un certain degré d'asymétrie. Leur plan ne correspond pas au plan sagittal passant par l'axe, mais oblique vers le côté gauche, de manière qu'elles s'appuient naturellement sur le sol, dans la stabulation. Cette déviation se voit bien, en avant (fig. 19, p. 164). Elle était déjà perceptible sur les types 2 et 3 (fig. 16 et 17).

De la *nageoire caudale* nous ne dirons que peu de chose à cette place, la description de son armature interne étant faite au chapitre spécial qui concerne ce point d'anatomie. Elle est, du reste, très uniformément constituée chez tous les types, à compter du n° 2, et reproduit, à de légères différences près, les dispositions de l'adulte. Comme chez ce dernier, le tronçon de la queue dessine, en arrière, un arc régulier et ininterrompu répondant aux bords extrêmes des pièces basilaires. La pointe de l'urostyle est incluse dans ses limites; un petit intervalle la sépare de la base d'insertion du limbe. Il n'y a plus trace du lobe dorsal, devenu une simple crénelure du bord, identique aux autres. La nageoire étalée (pl. VI) a une forme arrondie, un peu ovalisée vers son attache. Son bord libre n'est pas profondément découpé; les dents sont courtes et mousses. Nous avons compté *très constamment,* chez tous nos spécimens, 20 rayons. Sur le type $P_2$, les plus longs rayons (axiaux) ont au plus 5 articles; il y en a 8 en $P_5$ (nous n'en trouvons pas davantage chez un immature

_____

[1] On observe ici un nouvel exemple de la variation déjà notée dans la rapidité de l'ossification. On tiendra le plus grand compte, au point de vue des progrès vrais de l'évolution, de la marche de la fragmentation des rayons, qui est ici le phénomène le plus fixe, comme ailleurs la transformation des organes cartilagineux.

de 18 mill.) et les rayons extrêmes, dans ce dernier type du stade, sont ossifiés et composés de 2 articles.

La spécimen P₁, mérite une mention spéciale, comme ayant conservé une disposition propre aux formes de la 1ʳᵉ période du stade, disposition qui est le dernier rappel de l'hétérocercie encore constatée sur les larves de la période OP. Chez lui, en effet, le contour de la caudale n'est pas aussi régulièrement symétrique, par rapport à l'axe, que chez les types suivants ; le bord supérieur est à peine courbe et, au voisinage de la nageoire dorsale, une dent plus grande que les autres figure une dernière trace du lobe supérieur ([1]) ; d'ailleurs, la pointe non ossifiée de l'urostyle dépasse encore un peu la limite postérieure du tronçon de la nageoire. Autour de cette pointe, les filaments constitutifs des rayons secondaires ne sont pas encore distinctement fasciculés. Il n'y a que 15 rayons nettement délimités ; les plus développés ont seulement 3 articles, dont la séparation est faiblement accusée.

La description du *squelette vertébral* donnée à propos de l'alevin OP s'applique, presque sans variante, aux types que nous examinons maintenant. Jusqu'à la fin du stade, le cordon des cellules propres de la corde reste inaltéré, sauf dans ses contours, qui dessinent de vagues et irrégulières ondulations, chez nos quatre premiers types et, chez le 5ᵉ seulement, une série uniforme de légers étranglements répondant à la zone moyenne des corps vertébraux. Ceux-ci sont alors constitués par un anneau ostéoïde complet, mais très mince (3 à 10 μ d'épaisseur). Les restes de la gaine notochordale forment un étroit ruban d'union entre deux corps voisins, ruban un peu bombé en dehors ou parfois intercalé entre les bords des anneaux vertébraux contigus et chevauchant légèrement l'un sur l'autre ([2]). Les bases des lames vertébrales sont plus larges et directement en continuité avec le corps, que les plaquettes primitives ont contribué à former ; à leur extrémité distale, elles sont plus intimement unies aux longues et grêles épines apophysaires. Aucune trace ne se révèle, à ce moment, du travail qui donnera naissance aux productions osseuses secondaires des vertèbres. Ce travail ne se manifestera que chez l'immature (15 à 18 mill.). En rapprochant ce que nous venons de dire de notre description de la période OP, on pourra se représenter sans peine les états intermédiaires offerts par l'évolution vertébrale, au cours du stade P. Les différences entre les divers types résultent du plus ou moins d'extension de l'ossification de la gaine notochordale. D'une manière constante, cette ossification est plus prononcée en haut qu'en bas et souvent plus dans la *région moyenne* de la corde qu'à ses extrémités.

Au stade P, l'histoire du *squelette céphalique* n'est guère que celle des additions

---

([1]) Sur la figure 1, pl. VI, le dessin de cette nageoire est très imparfait.
([2]) Cette dernière disposition nous a paru la règle sur les vertèbres encore rubanées d'un immature de 18 mill.

ostéoïdes faites successivement au substratum cartilagineux, presque complet depuis les périodes antérieures, et de l'établissement d'une certaine asymétrie dans l'ensemble. — L'homologation exacte des organes spiculaires représentés par les délicates formations lamelleuses actuellement présentes ne peut, pour les raisons déjà données, entrer dans le cadre de notre étude. Nous devons nous borner à indiquer quels sont, en gros, pour les principales composantes de ce squelette, les progrès vers l'état définitif accompli durant le stade présent.

La plus importante transformation dans ce sens est celle qui détermine la fermeture de la boîte crânienne, largement ouverte encore à la période OP. Cette occlusion est le résultat de l'apparition de lames ostéoïdes, nées en plein tissu conjonctif, au-dessus et en avant de l'encéphale, et constituant une cloison solide qui recouvre rapidement d'un toit continu le creux de la *cuiller* cartilagineuse. Les lames ainsi développées sont plus ou moins en continuité avec celles qui forment déjà un revêtement au crâne cartilagineux ou qui se montrent à la même époque pour constituer ce revêtement. Elles recouvrent, en haut, l'intervalle des deux bulles auditives et, de celles-ci, s'étendent en avant et sur les côtés, jusqu'au voisinage du pont trabéculaire, où elles rejoignent les revers de la gouttière sphénoïdale. Le *groupe pariétal (pariétaux et supra-occipital)* ([1]) et le *groupe frontal* sont les composantes osseuses en puissance dans ce toit lamelleux. En avant, le *groupe ethmoïdal* et le *vomer*, en dessous et en arrière, le *groupe occipital*, de chaque côté, le groupe recouvrant la *région otique* complètent le crâne osseux. Nous avons vu qu'il ne comprend, chez les alevins antérieurs au stade P, que les portions médianes, basilaires, de l'occipital et du sphénoïde et des indices vagues d'ossification dans la région frontale (peut-être aussi à la place des futurs exoccipitaux, Owen([2]) et d'une portion du revêtement péri-otique).

Chez l'alevin P₁, nous trouvons un squelette osseux beaucoup plus complet. La fermeture de la boîte semble à peu près achevée ; le cerveau moyen et le cerveau antérieur sont protégés par une mince lame ostéoïde. La partie antérieure de ce squelette, qui correspond à la portion arrière des os frontaux, dépasse à ce moment, en avant, l'orbite droit, comme fait aussi le bulbe olfactif qu'elle enveloppe ; *elle est et restera symétrique*. La portion *préorbitaire* du squelette (lames antérieures des frontaux et ethmoïdes) n'est pas encore représentée. Des deux côtés, l'apophyse orbitaire a disparu ; il n'en persiste que la base, sous forme d'une courte tubérosité conique du cartilage otique, que revêt la fine lame spiculaire du frontal. Autour du squelette cartilagineux, l'ossification a fait quelques progrès dans la région occipitale. — Sur l'alevin P₂, des dépôts ostéoïdes discontinus se voient sur les parties latérales et supé-

---

([1]) Le *supra-occipital*, Owen, est l'*interpariétal* ou l'*occipital supérieur* de Cuvier.
([2]) *Occipitaux latéraux*, Cuv.

ricures des bulles auditives. En avant, des ébauches de même nature, en lamelles, en arêtes, paraissent dans la région nasale, au-dessus de la lame faciale (ethmoïdes) et derrière elle, plongeant jusqu'au sphénoïde (vomer). En arrière, de fortes écailles ostéoïdes renforcent la lame basilaire (extension du basi-occipital). — Sur le type P₃, l'ossification postérieure s'étend. *L'asymétrie antérieure se manifeste dans les ébauches ethmoïdales;* à droite, une crête se dessine, prolongeant en avant les lames frontales primitives, qui recouvrent les lobes olfactifs, et s'unit au revêtement spiculaire descendant au-devant de la plaque faciale. Au niveau de l'angle supéro-antérieur de cette dernière, les deux formations spiculaires précédentes, unies, donnent naissance à une pointe courte de matière ostéoïde non condensée, où l'on peut reconnaître l'origine de la corne antérieure du *mésethmoïde* (¹) (voir Cunningham, 6); à gauche, une traînée ostéoïde s'élève obliquement en avant, dans la situation de la crête de l'*ectethmoïde gauche* (²), qui forme la paroi antérieure de l'orbite supérieur. — Spécimen 4. Les formations précédentes s'accusent; certains os ont acquis une très notable épaisseur. La lame basilaire perd les caractères de la structure cartilagineuse, étant envahie par l'infiltration ostéoïde. — Sur l'individu P₅, enfin, l'analogie entre les parties néoformées et les organes correspondants de l'adulte se montre plus clairement. Le tractus prolongeant le crâne en avant (*septum interorbitaire*, formé par les lames antérieures des frontaux) est plus long. Le bec du mésethmoïde, terminé par une épine réfringente, est plus saillant et arqué vers le bas (cas de l'adulte); de la partie dorsale de ce bec, s'élèvent des traînées spiculaires très réfringentes figurant le bord antérieur du même os, que l'on voit rejoindre, dans cette forme rudimentaire, la crête de l'ethmoïde gauche, maintenant plus apparente et plus élevée. L'asymétrie des orbites est complètement réalisée. — En arrière, on ne peut distinguer les unités osseuses représentées dans le revêtement de la coque cartilagineuse. Dans la lame basilaire, la structure du cartilage n'est reconnaissable qu'en avant. De même, les cartilages trabéculaires se sont résorbés sur une grande étendue, en arrière, et il existe entre eux et le bourrelet antérieur de la lame basilaire un vaste hiatus fermé en dessous par l'épaisse lame du sphénoïde. Les homologies existant entre ces dispositions et celles de l'adulte se déterminent aisément, si l'on prend comme terme de comparaison l'état intermédiaire d'un très jeune immature (15 mill.).

Les progrès du *squelette viscéral* suivent ceux du squelette crânien. Du début du stade à la fin, on assiste à l'extension et encore plus à l'épaississement des unités osseuses antérieurement développées. En même temps, les cartilages primordiaux perdent en partie leur structure propre, de sorte qu'au moment du passage

---

(¹) *Ethmoïde* de Cuvier.
(²) *Frontal antérieur gauche,* Cuvier.

à la phase immature, la portion diaphysaire de la plupart des pièces longues a
subi à un degré marqué la nouvelle transformation, quoique conservant des traces
nettes de la première structure ; le cartilage normal se restreint de plus en plus aux
épiphyses. Sur d'autres points, où la substitution ostéoïde marche d'une allure moins
rapide, sur les pièces larges particulièrement, on observe des indices de division se
traduisant par le tassement et la stratification des chondroplastes selon la ligne de
prochaine séparation. — Ces différentes modalités évolutives se rencontrent sur l'arc
mandibulo-palatin. L'aspect et les dispositions d'ensemble décrits au stade O-OP se
retrouvent sans modification importante pendant tout le présent stade ; les mutations
structurales retentissent peu, au début, sur la forme des parties. — A l'époque du
type $P_1$, la pièce temporale se fait remarquer par la forte proéminence de ses con-
dyles articulaires supérieurs (figurant, avec l'origine de la diaphyse, une sorte d'X) ;
le corps est long, étroit, surtout au-dessous de son coude (niveau de l'articulation
styloïdienne), qui est encore situé vers sa partie moyenne. Sa pointe finit à une faible
distance au-dessus de l'articulation jugo-maxillaire et, derrière lui, la pointe de l'os
préoperculaire arrive aussi jusqu'au même point. C'est la disposition larvaire, laquelle
persistera pendant tout le stade. La structure cartilagineuse apparaît seulement
altérée au-dessus et au-dessous du coude, là où existent les lames spiculaires de l'os
temporal et du symplectique. La portion répondant au coude paraît se circonscrire.—
En suivant le sort de ces parties, on assiste au retrait et à l'effacement graduels des
chondroplastes qui, à la fin du stade (sujet $P_5$) n'ont conservé leur aspect normal
qu'au voisinage des extrémités articulaires. Le styloïde, ossifié dans sa diaphyse,
s'articule avec le nodule cartilagineux (non isolé) séparant le segment temporal
du segment symplectique. Ce dernier est encore long et effilé ; sa partie terminale
reste cartilagineuse et la lame spiculaire de revêtement s'arrête à une certaine
distance au-dessus. En arrière, la pointe du préopercule dépasse celle du symplectique et s'unit directement au col du jugal ; c'est un acheminement vers la conformation de cette région chez l'adulte, où on trouve (individu de 0,47 mill.) l'extrémité
inférieure du temporal séparée du jugal par un cartilage étendu, au milieu duquel
apparaît, entièrement isolé et assez réduit, le noyau osseux du symplectique. Chez ce
même spécimen $P_5$, le jugal (quadrate) et le transverse (ptérygoïde) sont bien dessinés par la différenciation ostéoïde ; mais les autres pièces de l'appareil maxillo-palatin (palatin, méso- et métaptérygoïde) sont indiquées seulement par la sériation des
chondroplastes dans le cartilage primitif (palato-carré), partiellement altéré dans les
points répondant aux corps des futurs os. — Le cartilage maxillaire garde sa structure
normale et sa forme dans toute son étendue, sauf, comme nous l'avons vu, au voisinage de la symphyse. L'armature osseuse de la mandibule a acquis alors une certaine
puissance. Il est intéressant de signaler la persistance possible, jusque dans le courant
du stade, de dents transitoires sur le côté droit de cette mâchoire ; nous en trouvons

une seulement chez l'alevin $P_2$ et l'alevin $P_3$. Du côté gauche, une série de dents aiguës, encore incluses dans la muqueuse, sont rangées en deux ou trois séries longitudinales sur la moitié postérieure du demi-arc mandibulaire. A la mâchoire supérieure, du même côté, existe une semblable armature intra-muqueuse. Le maxillaire supérieur et le prémaxillaire restent peu développés. — La forme de l'hyoïde ne varie guère ; on la retrouve ici telle qu'au stade O. Mais les lames spiculaires, devenues plus épaisses, et les files orientées des cellules du cartilage y dessinent les contours du basihyal, du cératohyal et de la lame ventrale qu'on retrouve à l'état de cartilage chez l'adulte. Nous comptons chez la plupart de nos alevins 7 rayons branchiostèges ; le nombre est parfois de 8. Le cartilage hypohyal (unique, par soudure des noyaux primitifs) a tout à fait, chez le spécimen $P_5$, et presque, chez les types plus jeunes du stade, la forme trapézoïdale de l'os adulte et la lame ostéoïde développée sur lui réserve la place de la boutonnière dont on peut, chez les Soles plus âgées, constater l'existence sur la moitié supérieure de cet os. — Le cartilage de la carène reste continu ; mais sa prochaine division est annoncée par la sériation du cartilage au milieu de chaque renflement ; dans les entre-nœuds, la structure cartilagineuse disparaît (alevin $P_5$). — C'est au stade P qu'apparaît seulement le *cartilage lingual*. On le trouve sur le type $P_1$, mais petit, un peu contourné en arc. A la fin ($P_5$), il est long et rectiligne, un peu ossifié dans sa moitié postérieure ; il est uni par du tissu fibreux à l'extrémité même du premier segment basal (basihyal ou $1^{er}$ basibranchial), où s'attache aussi l'hypohyal, tandis que, plus tard, cette première pièce basale poussera sa pointe au-dessous de lui et lui donnera insertion sur sa face dorsale. — Les dents restent peu nombreuses sur les pharyngiens supérieurs et moins encore sur les inférieurs. — A partir de la forme $P_2$, un tractus spiculaire se développe sous le bord ventral, courbe, des muscles unissant de chaque côté la partie inférieure de la clavicule à l'hyoïde correspondant (sterno-hyoïdiens). Cette production figure le bord antéro-inférieur de l'*os jugulaire*, dont elle a la forme. A l'époque $P_5$, elle pénètre probablement, en haut et en arrière, entre les deux muscles. Sa partie descendante, soutenant l'éperon sternal, est presque entièrement encore à l'état de simple faisceau fibreux. — Les pièces de l'appareil operculaire étaient toutes présentes au commencement du stade ; elles ne font que s'étendre et se renforcer durant son cours.

On sait combien peu, chez la Sole, la forme de l'*encéphale* est affectée par la distorsion oculaire et faciale. Cela s'explique, comme l'indique Cunningham (6 — p. 66), par ce fait que « l'extrémité antérieure du cerveau repose dans les portions postérieures des os frontaux et que ceux-ci conservent leur position originelle ». Cette extrémité antérieure est « seulement très légèrement tournée sur le côté ». En outre, « le lobe olfactif gauche est un peu plus grand que le droit, différence qui est en relation avec le plus grand développement de la capsule olfactive gauche » (*ibid.*, p. 67).

— Étant donné le peu d'importance de cette asymétrie cérébrale à l'âge adulte, elle
ne saurait, *a fortiori*, offrir grand intérêt pendant le développement. Mais d'un
autre côté, la masse encéphalique éprouve, dans le courant du stade P, des modifications de situation et de forme dont il y a lieu de tenir compte.

Son inclinaison par rapport à l'axe médullaire varie peu ([1]) ; ce sont les autres
organes qui se déplacent autour de lui et entraînent les changements observés dans
sa position relative. Ainsi, par suite de la progression en avant et de l'élévation du
profil supéro-antérieur, il paraît s'abaisser, avec les progrès du développement. Il
n'est plus au large, comme auparavant, dans la cavité crânienne, qu'il remplit dans
la plus large mesure (types 1 à 5). Nous avons vu plus haut (note 2, p. 156) que sa
masse ne subit pas de diminution proportionnelle notable au stade P. Il se modifie
surtout dans sa conformation et se rapproche, sous ce rapport, de son aspect définitif. Dans son ensemble, il est devenu plus massif et il y a moins de disproportion
entre ses différentes parties, les lobes optiques ayant perdu de leur volume et de leur
proéminence ; l'arrière-cerveau a inversement augmenté ; il constitue la portion la
plus volumineuse de l'encéphale, comme chez l'adulte. Le trajet des nerfs optiques
se modifie avec la marche de la migration oculaire ; sur la forme $P_5$, le nerf optique
gauche croise l'extrémité du cerveau antérieur, selon la disposition qu'il doit conserver.

Nous n'avons pas à décrire à cette place l'*appareil digestif*, étudié plus loin.
Il n'est le siège de transformations réellement appréciables que dans le dernier tiers
du stade et, au moment où la Sole sort de la phase larvaire, il est encore loin
d'avoir acquis sa forme permanente et ses véritables proportions.

La *vessie natatoire* n'augmente plus de dimensions depuis le stade O (le grand
axe a env. 0,3 mill., le petit axe 0,18 à 0,2 mill.). Par suite, elle apparaît proportionnellement beaucoup plus petite à l'époque de l'achèvement des métamorphoses
et, en fait, perd son action hydrostatique, devenue inutile. Elle reste visible jusqu'au
delà du stade P, régulièrement distendue par son contenu gazeux, et nous la retrouvons
encore, derrière le rein, chez l'immature de 15 mill. Ne l'ayant pas suivie au delà,
nous ignorons l'époque de sa disparition.

Pour les raisons indiquées au début de ce chapitre, nous laissons de côté les organes
de la respiration, de la circulation et de la sécrétion urinaire. En ce qui concerne les
premiers, leurs très grandes analogies avec l'état adulte leur enlèvent beaucoup d'intérêt. Quant à l'appareil urinaire, il est devenu d'un examen trop complexe pour se
prêter à l'étude par transparence *in situ*.

---

([1]) Du commencement du stade O jusque chez l'immature de 76 mill., nous avons trouvé cette inclinaison
communément voisine de 25°, à quelques légères différences individuelles près.

En résumé, nous constatons qu'au lendemain de l'accomplissement de sa dernière transformation larvaire, transformation assez saillante par ses caractères immédiatement saisissables pour mériter la désignation de métamorphose, la jeune Sole se présente sous un aspect très comparable à celui de la phase adulte : mais qu'elle s'écarte encore de cette forme achevée sur de nombreux points et par certains caractères dont l'existence est la marque distinctive de la phase jeune ou immature. Si nous comparons à une Sole âgée de plus de deux ans notre petit alevin de 14 à 15 mill., qui vient de franchir le stade P, nous voyons qu'il diffère essentiellement de la première par :

sa forme moins allongée, sa tête et sa nageoire caudale plus arrondies, sa ventrale non complètement développée, sa pectorale (permanente) rudimentaire ;

la position de son œil supérieur, trop rapproché encore du profil facial, les dimensions relatives, plus grandes, des deux yeux, le faible écartement de ses orifices olfactifs du côté gauche, et les dimensions exagérées des capsules auditives ;

le peu de densité de sa pigmentation, la dispersion des papilles faciales, du côté gauche, l'absence d'écailles ;

les dimensions et l'état de la corde dorsale et, en général, la constitution encore sommaire du squelette osseux ;

les proportions exagérées du volume encéphalique et la petitesse relative du cervelet ;

le faible nombre de ses dents buccales et pharyngées, la brièveté de son tube digestif, en particulier de l'intestin, qui est à peine convoluté, et le calibre plus grand de ces cavités ;

la présence de la vessie natatoire transitoire ;

les grandes dimensions du cœur ;

l'absence d'organes reproducteurs microscopiquement visibles.

La suppression de ces caractères différentiels sera l'œuvre du travail évolutif pendant les premiers mois de la phase immature, pour la plupart d'entre eux et de toute cette époque de la vie du poisson, pour quelques-uns.

*Fonctions.* — Nos observations sur les allures et les mœurs de la Sole larvaire l'ont laissée à la fin du stade O, pourvue au plus haut degré des appétits carnassiers propres à la seconde époque de sa vie pélagique et munie d'une organisation en rapport avec son activité fonctionnelle. Toute cette activité se résume, aux yeux de l'observateur, dans les manifestations de la faculté motrice et de la capacité digestive. Les autres points de l'histoire physiologique de nos élèves n'ont pas été l'objet d'une étude suivie de notre part.

Pendant tout le cours du stade O, les larves continuent à mener l'existence de chasseurs voraces que nous avons essayé de dépeindre sous ses principaux aspects. Elles se nourrissent presque exclusivement d'autres larves de poissons et vivent constamment

dans la masse de l'eau. Ce sont alors des formes exclusivement pélagiques. A l'état
de nature, on doit rencontrer les larves de cet âge plutôt en dehors de la zone littorale qu'au voisinage même des côtes. En fait, les coups de filet fin très fréquemment
donnés dans les environs de notre station, aux époques où certainement ces formes
pré-métamorphiques font partie de la faune pélagique, ne nous en ont jamais fourni
un seul échantillon. Cela n'implique pas l'absence forcée des formes en question
dans les eaux côtières, mais laisse au moins supposer que leur séjour y est passager et
qu'elles n'en font pas leur habitat préféré pendant les derniers stades qui précèdent
la métamorphose.

Le stade P est marqué non seulement par la transformation des caractères anatomiques, mais aussi par celle des mœurs de la Sole. Au début de cette époque, tout en
restant encore pélagique, la larve commence déjà à fréquenter davantage les parties
périphériques du tonneau et à rechercher certaines proies qui ne faisaient auparavant
partie de son menu que d'une manière exceptionnelle ; les Copépodes, par exemple,
vont faire de plus en plus le fond de son alimentation et seront, pendant le stade de
métamorphose, la grande ressource alimentaire de l'élevage.

A mesure que s'accomplit la transformation caractérisée par la migration oculaire,
les allures de l'alevin changent. Il stationne de plus en plus longtemps contre les
parois de son bac. Son corps n'y adhère pas, comme cela a lieu après la métamorphose achevée, par l'étroite application du côté gauche et des nageoires impaires, sur
la surface solide ; les moindres aspérités de cette surface lui constituent un appui suffisant pour s'y maintenir. Lorsque l'œil migrateur a franchi le plan médio-frontal,
l'alevin prend une attitude commandée par les nouvelles conditions de son appareil
visuel. Quand il chasse en pleine eau, on le voit nager incliné sur son côté gauche
— qui sera prochainement aveugle — et cela dans la mesure déterminée par les progrès du cheminement de l'œil gauche vers le côté opposé.

Dès que l'œil a quitté le profil supérieur de la tête et se trouve placé véritablement
sur le côté droit (dernier tiers du stade), la jeune Sole se fixe sur le fond ou les parois
de son aquarium ; elle ne les quitte plus que pour exécuter de courts déplacements
ou de rapides incursions dans la masse de l'eau. A ce moment, nous l'avons vu,
ses nageoires pectorales, qui la soutenaient encore aux premières périodes du stade,
sont tombées, et la vessie natatoire, au volume stationnaire, a perdu, comme flotteur
adjuvant, une grande partie de son action. La suppression de ces organes ne lui laisse
que des moyens restreints ; aussi, beaucoup moins apte à se tenir en suspension dans
l'eau, de puissant et actif nageur qu'elle était, devient-elle un tranquille poisson de
fond. Cette évolution a lieu très rapidement, ce qu'explique la marche même du
développement anatomique. La période de transition de la vie pélagique à la vie
sédentaire peut fort bien échapper, même en aquarium, pour peu qu'on laisse inob-
servés pendant quelques jours les bacs d'élevage.

Le passage du milieu marin pélagique aux plages littorales, où on rencontre les plus jeunes sujets transformés, se fait aussi, sans nul doute, pendant le court laps de temps employé par l'œil gauche à franchir le relief de la région fronto-nasale. C'est, estimons-nous, affaire d'un très petit nombre de jours. Les spécimens les moins avancés, parmi ceux que l'on rencontre à la côte, sont comparables, par leur degré de développement à notre type P₁. L'échantillon dont notre collection est redevable à l'attention de M. Émile Deyrolle a l'œil supérieur à droite, mais encore rapproché du profil de la tête et, chez lui, la chute de la pectorale est de date récente, comme le démontre la présence sur la cicatrice d'un petit lambeau de limbe non flétri. Ce précieux échantillon fixe bien nettement, pour la Sole évoluant à l'état libre, la période d'arrivée sur le littoral et la date du début de l'existence sédentaire.

Pour en revenir à nos élèves, toujours enfermés dans leur tonneau à rotation, au sein d'une eau non renouvelée, non régénérée même depuis le début du développement, ils nous ont paru accomplir là sans peine, et à la même époque que dans le milieu naturel, leur importante mutation anatomo-biologique. Nous avons pu même constater l'influence, évidemment favorable à leurs progrès, des conditions tout exceptionnelles de cet étroit cosmos.

Les exigences alimentaires des petites Soles pendant le stade P et après la métamorphose constituent un des côtés intéressants de leur histoire pour l'éleveur. Au commencement, nous le répétons, l'alevin du dernier stade larvaire se comporte comme ceux du stade O. Il fait entrer plus fréquemment dans sa nourriture les gros Copépodes, pour lesquels son goût paraît s'éveiller à un degré de plus en plus prononcé. A cet égard, l'observation des bacs et celle du contenu intestinal des pièces fixées est très significative. Les petites Soles poursuivent ou happent au passage ces crustacés dans les régions du vase où elles évoluent ; mais elles les recherchent surtout contre la paroi éclairée du bac. C'est là que les proies se massent en plus grande abondance, là que les chasseurs les peuvent le plus facilement saisir, là qu'on voit ces derniers stationner de longs moments, amplement utilisés au gré de leur appétit. — Dès que la métamorphose a atteint l'étape critique indiquée plus haut et que la stabulation est devenue l'ordinaire *modus vivendi* des jeunes Pleuronectes, ceux-ci se comportent comme l'adulte, au choix près des aliments préférés. Ils s'adressent toujours volontiers aux Copépodes, mais à ceux-là seulement qui passent dans leur voisinage immédiat, sous leur nez, peut-on dire. Jamais ils ne leur donnent activement la chasse pendant le jour. La nuit venue, on peut les voir manifester un certain retour à leur ancienne activité et se livrer à des écarts de mouvement contrastant avec la placidité habituelle de leur existence diurne. Souvent on les trouve luttant avec ténacité pour s'emparer d'une des petites Annélides vivant dans le limon qui s'est formé au fond du tonneau. D'autres fois, posés sur des touffes de Conferves, ils en avalent de longs filaments (parfois intentionnellement, parfois peut-être par accident, en saisissant une proie posée) et il nous est arrivé d'en retirer hors de l'eau, suspendus à ces traînées vertes, dont une bonne partie se trouvait déjà pelotonnée dans le canal digestif.

Parvenues à la taille de 15 à 30 mill. (dimensions des plus petits et des plus grands spécimens), nos jeunes Soles furent transportées dans un bac à eau courante, garni de sable fin, où elles ne tardèrent pas à s'enterrer, au point de devenir le plus souvent invisibles. La seule nourriture qu'elles acceptèrent dès lors consista en Copépodes. Il reste douteux qu'elles aient touché à des fragments de petites Annélides mis aussi à leur portée. Elles périclitèrent lorsque la difficulté de leur procurer en assez grande abondance les crustacés de leur choix nous les fit négliger. A ce moment, du reste, elles avaient atteint la taille de 4 à 7 centimètres et ne nous offraient plus qu'un faible intérêt, étant donné notre véritable but.

*Bibliographie.* — En présence de la figure et de la description données par Cunningham de son plus jeune alevin du stade P (**10**, pl. XIV, fig. 2, p. 327-329), nous restons aussi embarrassés que l'auteur déclare lui-même l'avoir été au sujet de la véritable spécification de cet échantillon, recueilli en mer. Dans l'impossibilité où nous sommes de nous prononcer avec certitude, nous noterons simplement les analogies et les différences qu'il présente au regard de nos types de même âge évolutif. L'alevin du naturaliste anglais ayant été dessiné vivant et à la chambre claire, nous pouvons faire état de l'aspect et des proportions fournis par la figure.

En comparant cet alevin aux formes de notre planche VI, on voit tout de suite la ressemblance que présente sa tête avec celle de notre sujet $P_2$. De part et d'autre, l'œil gauche est au voisinage du profil medio-frontal, encore sur le côté gauche ; le petit poisson étant vu par son côté droit, la cornée gauche fait un peu saillie hors de la ligne de contour apparent du nez. La disposition de l'œil migrateur par rapport à la nageoire dorsale, la forme de cette dernière dans sa région antérieure, la configuration du museau, de la bouche et de la mandibule, des orifices de la narine droite, de la boîte crânienne rapprochent complètement les deux alevins. — D'un autre côté, cet échantillon s'éloigne des nôtres sous quelques rapports. Il y a une différence dans certaines proportions : tel est le cas pour les nageoires dorsale et post-anale, plus élevées sur l'alevin de Plymouth, pour la caudale, qui est chez lui d'un quart plus courte que chez nos Soles, pour la vessie natatoire, figurée et déclarée très grande par Cunningham, à une époque où nous l'avons trouvée relativement petite ([1]).

De plus, la petite Sole anglaise montre un tube digestif assez développé pour la

---

([1]) Nous faisons, dans cette appréciation, la part qu'il convient à la contraction déterminée chez nos alevins par la fixation dans l'eau de mer formolée (5 pour 100).

place que nous pensons devoir lui assigner dans la série ; sous ce rapport elle est plus avancée que notre type P₄. Mais cela peut tenir à l'influence de l'état libre, dans son cas. La plus profonde différence réside dans les caractères de la pigmentation ; les aires colorées des nageoires dorsale et anale, signalées par Cunningham, n'ont jamais été vues par nous. Nous ajouterons même que cet aspect n'existait pas chez les spécimens du même âge de *Solea lascaris* faisant partie de notre élevage. Quant à l'absence, à une telle période, du caractère spécifique de la narine gauche, il ne saurait être invoqué en faveur de telle ou telle détermination ; ce caractère ne se montre avec une netteté suffisante qu'après la métamorphose.

L'autre spécimen, figuré par le même auteur (**6**, fig. 3, pl. XVI) ne laisse planer aucun doute sur sa spécification : c'est un alevin de la fin du stade P ou un immature tout à fait au début. La forme du museau et la longueur de la nageoire ventrale parlent en faveur de la seconde hypothèse, que n'infirment pas les autres caractères. Il s'agit là, en tout cas, d'un individu petit, relativement à nos élèves. La figure coloriée est bonne. Le dessin de la pigmentation ne diffère pas de celui de notre alevin P₅.

# ACCROISSEMENT DU TUBE DIGESTIF

# SQUELETTE BASAL DE LA NAGEOIRE CAUDALE

Dans les chapitres précédents, chaque type adopté pour caractériser une des étapes du développement a été décrit en quelque sorte comme une espèce distincte. A propos de chacun, nous avons dû refaire le tableau détaillé des formes extérieures et de la constitution. L'étude complète d'un même organe s'est trouvée ainsi dissociée dans une série de descriptions partielles, laissant forcément un peu indécise dans l'esprit l'image des transformations successives de cette individualité anatomique. Une telle méthode ne conviendrait assurément pas à l'exposé d'une question d'organogénie pure. Mais, en dépit des longueurs et des redites auxquelles elle nous condamnait, nous l'avons jugée la plus capable de guider le lecteur au milieu de la multiplicité et de l'intrication des phénomènes du développement.

D'autre part, deux points particuliers de l'histoire larvaire et post-larvaire de nos Soles prêtent à quelques développements qui auraient perdu tout intérêt à être dispersés dans les descriptions partielles des différentes périodes du développement. Nous avons trouvé préférable de traiter chacune de ces questions isolément et sous une forme plus rapide. La première est relative à l'accroissement et à la complication progressive du canal digestif; la seconde à l'origine, à la transformation et aux homologies du squelette de la nageoire caudale.

## 1. *Extension du canal digestif.*

Au moment de l'éclosion (stade L), le tube digestif, encore privé de toute communication avec l'extérieur, suit un trajet très simple et on ne peut lui distinguer que trois portions (¹) : *œsophagienne, gastro-intestinale* et *rectale.* Les deux premières ont une direction antéro-postérieure et une faible incurvation en S renversé, la portion œsophagienne étant convexe en dessus. La seconde est un peu plus renflée que les deux autres et passe par un coude assez brusque à la troisième, dirigée en bas. A la fin du stade L, cette portion moyenne est plus volumineuse et plus saillante en dessous.

Le stade M est marqué par l'ouverture à l'extérieur de l'extrémité antérieure du canal, ou parfois des deux extrémités. Au milieu de la deuxième portion apparaît une première coudure, en V, qui a son sommet dans la direction ventrale ; la branche antérieure de ce V (devenue la 2ᵉ portion ou p. *stomacale* du tube digestif) est à gauche, la branche postérieure (3ᵉ portion ou p. *intestinale*) est à droite. Le *rectum* est devenu la 4ᵉ portion ; il descend un peu obliquement en arrière.

Au stade N (fig. 24), les deux extrémités buccale et anale, sont toujours ouvertes. La coudure en V devient la boucle en α de Raffaele ; cette disposition va persister, avec

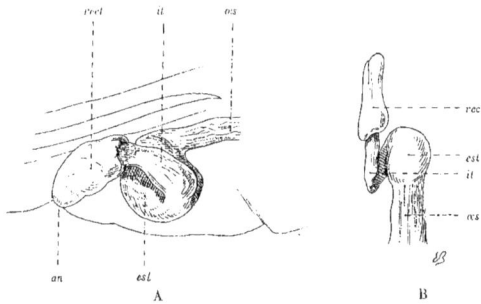

Fig. 24. — Tube digestif d'une larve de 5 mill., à la période moyenne ou au début de la période terminale du stade N. — A, vu par le côté droit ; B, vu par en dessus. — Grossissement $\frac{30}{1}$.

seulement quelques modifications de forme des cavités, jusqu'au commencement du stade P. La 2ᵉ portion (gauche) devient par amplification une véritable *poche stomacale*, bien différenciée de la 1ʳᵉ et de la 3ᵉ. La direction du rectum est assez oblique en arrière. L'anus est *plus élevé* que le sommet de la boucle.

_____

(¹) Nous laissons de côté, dans ces considérations, la *bouche* et le *pharynx.* Le canal n'est examiné qu'à compter de l'origine de l'œsophage.

Pendant le stade O, les choses demeurent à peu près en l'état (fig. 25); mais le coude intestino-rectal diminue d'ouverture, de telle sorte, qu'à la période OP, le rectum est devenu presque vertical et l'anus s'est fortement rapproché du fond de l'ampoule stomacale. Celle-ci est moins globuleuse et commence à s'étirer en panse de cornue. Le rectum reste volumineux, comme au stade N. L'œsophage diminue un peu de calibre proportionnel, d'un stade à l'autre; en général, comme le montre le diagramme (fig. 30, p. 193), il croît lentement en longueur.

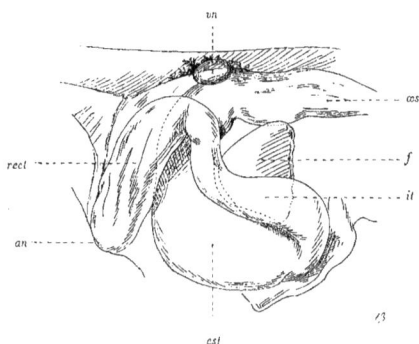

Fic. 25. — Tube digestif d'un sujet de 6,75 mill., à la période O₃ (côté droit). — Grossissement $\frac{25}{1}$.

Au stade P débutent les transformations de l'*intestin*. Resté court et sans circonvolutions jusqu'à ce moment, il va prendre peu à peu l'extension relativement grande qu'on lui connaît chez l'adulte. Ce changement de forme correspond à un changement de régime. Pendant les stades N et O et au commencement du stade P, les petites larves de poissons servant de nourriture habituelle aux alevins de Sole ont une constitution qui rend leur absorption rapide; celle-ci se fait en grande partie sur place, dans l'estomac, sans résidu abondant; les cavités digestives sont amples et courtes, l'intestin est peu étendu, comme c'est la règle chez les animaux carnassiers. A la fin du stade P et dans les périodes suivantes, le régime est moins succulent; les Crustacés, les Annélides, les Mollusques, les Échinodermes (Synaptes), les corps végétaux contiennent des parties dures, non assimilables, ralentissant le travail intestinal et donnant une masse résiduelle assez forte; l'intestin et le rectum s'allongent, le premier surtout, et cet allongement entraîne la formation de plusieurs replis.

Pendant la 1ᵉ période (1ᵉʳ tiers environ) du stade P et une partie quelque peu variable de la 2ᵉ, la disposition est analogue à celle de la fin du stade O. L'estomac est plus allongé et plus redressé et le rectum, devenu vertical, un peu oblique en bas et en avant, s'accole aux deux portions qui le précèdent. Le paquet viscéral est alors très ramassé, plus étendu en hauteur qu'en longueur (l'œsophage non compris). L'anus est *plus bas* que le sommet de l'anse gastro-intestinale.

A partir de ce moment (âge de l'alevin représenté dans la figure 4 de la planche VI), le principal travail d'extension va se passer au niveau de la portion intestino-rectale du

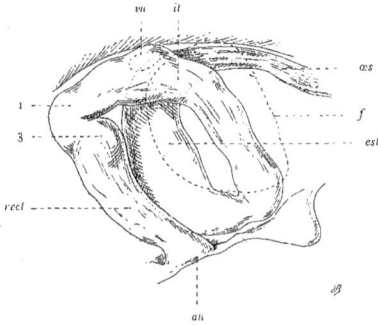

Fig. 26. — Tube digestif (en place) d'un sujet de 11 mill., de la forme P₄ (côté droit). — Grossissement $\frac{22}{1}$.

1. Premier coude de l'intestin. — 3. Coude intestino-rectal.

tube digestif (fig. 26). Le point de départ en est le coude situé à l'union de la 3ᵉ et de la 4ᵉ portions du canal. On voit d'abord (alevin du type P₄) l'intestin initial ou 1ʳᵉ portion (*it*l) s'allonger et se courber dorsalement, repoussant en arrière le coude intestino-rectal qui forme une courte élevure postérieure (trace du 1ᵉʳ repli ou 2ᵉ portion intestinale, *it*lI) suivie d'une très légère inflexion, en avant, de la partie supérieure du rectum (2ᵉ repli ou 3ᵉ portion intestinale, *it*lII). Si on compare cette disposition aux suivantes, on saisit tout de suite la signification de la double plicature indiquée déjà sur l'intestin, et dont l'évolution consiste désormais en l'allongement de chacune des portions ainsi définies. Chez un alevin un peu plus âgé (long de 12,5 mill. et voisin de notre forme P₅ — fig. 27), le développement de ces parties est encore très faible ; mais les coudures se dessinent plus nettement. Tout à la fin du stade ou chez l'immature du début (fig. 28), les mêmes parties se sont notablement étendues et chevauchent l'une sur l'autre. Le coude du rectum et de la 3ᵉ portion intestinale s'avance, en arrière, un peu au delà du milieu de la 2ᵉ portion et le coude formé par celle-ci et la 3ᵉ confine, en avant, à la courbure postérieure de l'estomac. Le paquet viscéral est, dès ce moment, plus long que haut

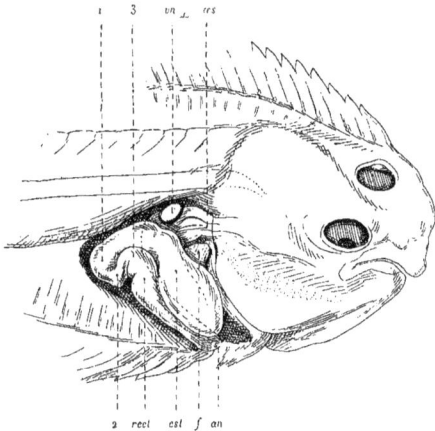

Fig. 27. — Tube digestif (en place) d'un sujet de 12,5 mill., de la forme P₅. — Grossissement $\frac{14}{1}$.

1. Premier coude intestinal. — 2. Second coude intestinal. 3. Coude intestino-rectal.

et la disproportion va augmenter au profit de la longueur, chacune des trois

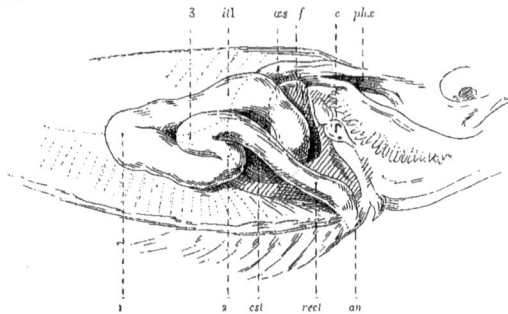

Fig. 28. — Tube digestif (en place) d'un sujet de 13,3 mill., tout au début de la phase immature. — Signification des chiffres comme ci-dessus.
Grossissement $\frac{14}{1}$.

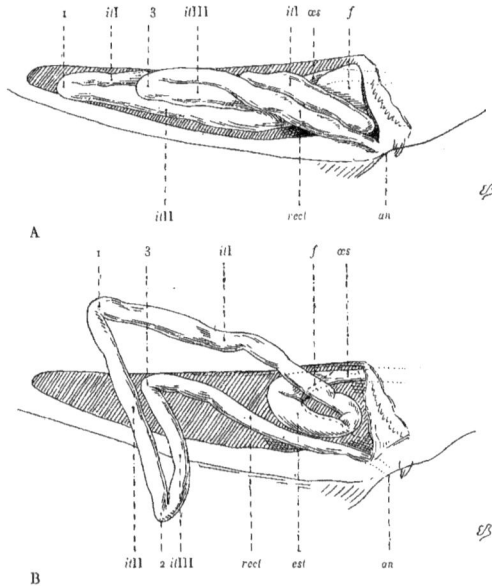

A

B

Fig. 29. — Tube digestif (A, en place; B, étalé), d'un immature de 35 mill.
Grossissement $\frac{4,4}{1}$.

portions intestinales et le rectum prenant une part relative égale à cette extension (fig. 28 et 29).

A dater de la fin du stade P, les portions d'intestin et de rectum qui se développent en arrière de l'estomac le font en dehors de la cavité péritonéale primitive et occupent un cul-de-sac de cette cavité, qui s'allonge peu à peu avec elles, entre le gril osseux de la nageoire post-anale et les muscles latéraux, sur le côté droit du corps. La disposition de l'âge adulte, déjà largement réalisée chez un immature de 17,5 mill., l'est à peu près complètement sur un autre de 35 mill. (fig. 29, A et B).

Dès l'apparition de la première trace des replis intestinaux (type $P_1$), le calibre de l'intestin et du rectum va en diminuant. Ce dernier conduit, en s'étendant, incline en arrière de plus en plus son extrémité supérieure et, à la fin, il est couché dans une position peu éloignée de l'horizontale, à la surface et sur la droite

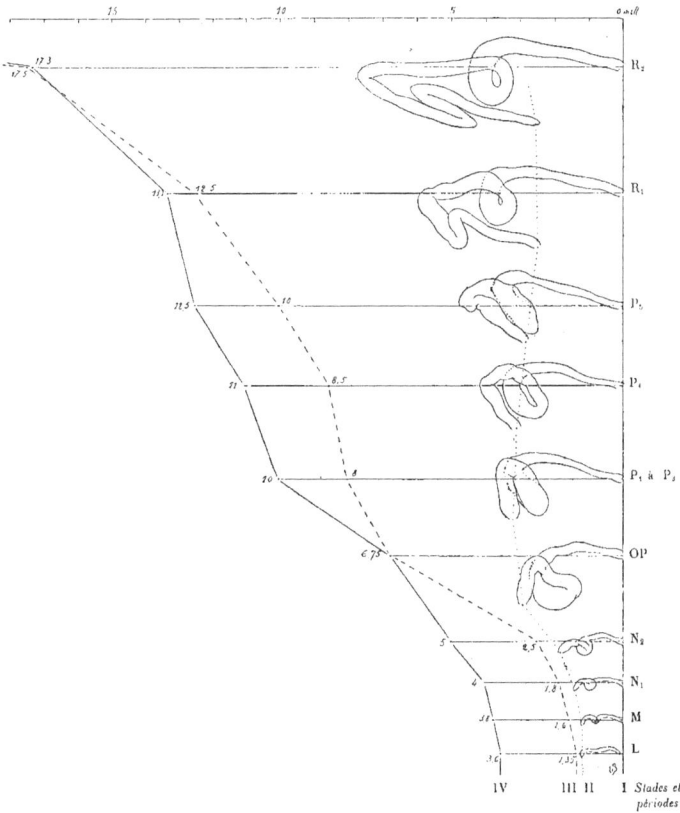

FIG. 30. — Diagramme relatif à l'accroissement du tube digestif.

I. Verticale passant par l'orifice buccal, sur tous les croquis. — II. Tracé correspondant aux positions de l'orifice anal. III. Longueur du tube digestif, de la bouche à l'anus. — IV. Longueur totale du corps.

du paquet viscéral, accolé à la 1re portion de l'intestin et à la 3e, dont il recouvre le coude d'union à la 2e. Le diagramme (fig. 30) montre que, pendant ce temps, la position de l'anus ne varie plus que très faiblement par rapport à l'origine de l'œsophage. Le sommet de l'anse gastro-intestinale le surmontait vers la fin du stade P ; mais, en raison du peu de déplacement relatif de l'anus, dans la suite du développement, l'allongement de l'œsophage reporte l'estomac en arrière (forme $P_5$ et au delà).

Ce dernier organe change peu de caractères, à partir du moment où il est arrivé à la phase immature. L'anse qu'il forme avec l'extrémité antérieure de la $1^{re}$ portion intestinale est courte et d'abord verticale (fig. 3o, $R_1$ et $R_2$). Puis, en s'allongeant davantage (fig. 29), il se couche très obliquement en arrière, occupant toujours la gauche et le fond de la grande cavité péritonéale, adossé à l'arc des interépineux ventraux antérieurs ; il a pris là la place d'abord occupée par le rectum. Cette disposition est celle de l'adulte.

Si on compare, pour chaque type, la longueur ($l$) du canal digestif déroulé (de l'origine de l'œsophage à l'anus) à la longueur totale (L) du corps, on constate que la première, pendant les stades L et M est un peu inférieure à la moitié de la seconde. A la fin du stade N, $l$ est égal à $\dfrac{L}{2}$ environ. Pendant les stades O et P, $l$ se rapproche de plus en plus de L et se montre très peu inférieur à cette dimension à la fin du dernier stade larvaire. Nous avons trouvé les deux valeurs semblables chez un immature de 17,3 mill. A dater de ce moment, le canal digestif s'allonge beaucoup plus rapidement que le corps : chez un immature de 35 mill., $l$ mesure déjà 5o mill. et l'écart va en augmentant encore dans la suite.

## II. *Squelette basal de la nageoire caudale.*

Nous avons assisté, vers le début du stade O, à l'apparition des premiers éléments de ce squelette. Elle se produit avant toute incurvation de l'extrémité de la corde dorsale et c'est au-dessous de celle-ci, dans le tissu indifférent de la lame bordante, que commencent à s'individualiser les rudiments des pièces basales. Peu auparavant, se sont délimités à la surface de la corde les segments correspondant aux corps des vertèbres. Leurs arcs dorsaux et ventraux sont représentés, vers la partie postérieure de la corde, qui nous intéresse seule ici, par de courtes tigelles cartilagineuses, dont une paire se voit en haut et en bas, à cheval sur chaque segment. Dès ce moment on peut compter les 49 à 5o (et même 51) vertèbres existant normalement chez nos larves. Sur la figure 31, provenant d'un individu de la période $O_1$, la dernière vertèbre vraie porte le chiffre 49 ; la $5o^e$ vertèbre, non délimitée en arrière par un segment intervertébral, appartient à la base du tronçon terminal de la corde, tronçon que nous pouvons considérer et désigner comme l'*urostyle* ([1]). Celui-ci offre uniquement, alors, comme indication de sa destination, une légère concavité longitudinale de sa paroi inférieure et, au même niveau, une

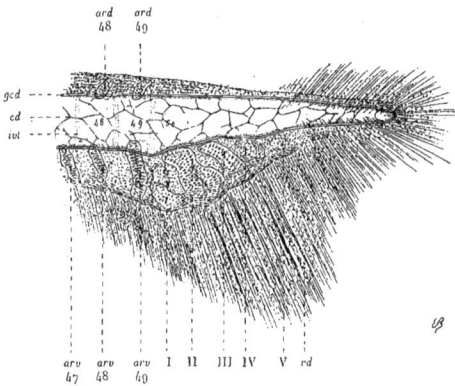

séric de dépressions peu marquées répondant à l'extrémité proximale des *pièces basales propres* ([2]).

Ces noyaux cartilagineux sont ici au nombre de 4. Le plus grand, en avant, a déjà un peu la forme spatulée et son bord externe porte une trace de division annonçant sa prochaine séparation en deux cartilages secondaires. Les pièces échelonnées en arrière sont de moins en moins développées ; la dernière, encore éloignée de la pointe de la corde, est un nodule arrondi, assez vaguement délimité. Un cordon de cellules stratifiées réunit, en les englobant, les extrémités distales ces

FIG. 31. — Extrémité postérieure (côté gauche) du tronc chez la larve O₄a (6 mill.). — Grossissement $\frac{127}{1}$.

Les chiffres ordinaires marquent le rang des vertèbres et de leurs annexes, les chiffres romains celui des pièces basales propres de la nageoire caudale. Les uns et les autres désignent les mêmes parties sur toutes les figures relatives au même objet (31 à 36).

pièces ; nous le verrons persister dans la suite. Au-devant de la principale des pièces basales, existe une autre ébauche cartilagineuse, plutôt digitiforme qu'aplatie latéralement et analogue aux cartilages voisins constituant l'arc hémal de la 49ᵉ vertèbre. Mais il y a entre elle et ces derniers une importante différence ; les cartilages hémaux, comme les cartilages neuraux, sont des pièces paires, sur lesquelles apparaîtra l'arceau osseux formé par les lames vertébrales, tandis que le cartilage en question est le premier de la séric des cartilages impairs médians appartenant en propre au squelette

---

([1]) Dans le cas particulier, les chiffres donnés correspondent exactement au rang des vertèbres qui les portent. Pour éviter des confusions et simplifier la lecture des figures, nous continuerons à appliquer, sur toutes, les mêmes chiffres et les mêmes lettres aux pièces occupant le même rang, par rapport à l'extrémité de la corde ; ainsi, le n° 50 désignera partout la vertèbre basale fondue dans la pièce urostylienne, le n° 49, la dernière vertèbre proprement dite.

([2]) Pour ne pas préjuger la position de ces organes premiers, nous éviterons l'expression de *pièces hypurales* qui sert souvent à les dénommer. Nous les appellerons simplement pièces ou lames basales, cartilages basilaires primitifs.

caudal. Nous verrons plus loin s'accuser la différence entre ces organes premiers non homologues. — En haut, il n'existe de traces d'aucune pièce basilaire s'appuyant sur l'urostyle. Mais de très courtes et très rudimentaires paires cartilagineuses figurent les arcs neuraux, jusqu'à la 49° vertèbre inclusivement. — On a vu antérieurement que les rayons définitifs apparus dans le lophioderme, en rapport avec les cartilages ventraux, sont encore très peu développés.

Dès maintenant, on doit considérer comme devant entrer dans la composition du squelette basal définitif de la nageoire caudale : l'urostyle, les cartilages basilaires ventraux (il en apparaîtra un autre, dorsal), la 49° vertèbre avec ses deux arcs et l'arc hémal de la 48°. Nous n'avons pas eu à enregistrer de dérogation à cette règle

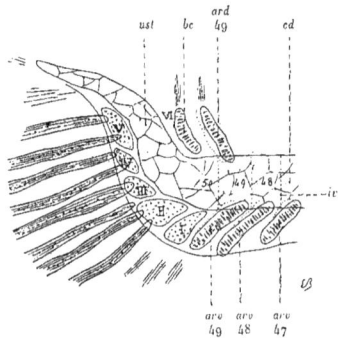

Fig. 32. — Squelette de la nageoire caudale d'une larve O₂ (6,8 mill.). — Grossissement $\frac{90}{1}$.

dans l'examen de tous nos types larvaires. Les seules variations notées portent sur la forme et le nombre des pièces basales. Ce nombre augmente normalement, à mesure que l'animal avance vers la forme adulte, par division des pièces premièrement apparues. Mais, outre cela, il peut varier d'une ou deux unités, à la même époque du développement, selon les individus.

La figure 32, dessinée d'après une larve du type O₂, nous donne une étape plus avancée de la différenciation caudale. La portion urostylienne de la corde est redressée et doublement infléchie. Les pièces basales ventrales, au nombre de 5 et plus distinctes maintenant l'une de l'autre, sont devenues en partie postérieures ; elles donnent insertion à un certain nombre de rayons permanents, beaucoup plus complètement développés que dans le cas précédent. En haut, un nouveau cartilage *impair*, de forme cylindroïde, existe entre la corde relevée et l'arc neural de la dernière vertèbre. Il est à remarquer que son extrémité profonde n'atteint pas la corde, en quoi il se comporte comme la première pièce basale ventrale, à laquelle il correspond. La participation de ce nouveau cartilage à la constitution du squelette de la nageoire est affirmée par la présence, en face de son extrémité libre, d'une ébauche de rayon permanent. Des ébauches semblables se voient aussi en regard des arcs neural et hémal de la 49° vertèbre ; il n'y en a pas en relation avec l'arc hémal de la 48°. A ce moment, les cartilages dorsaux et ventraux des vertèbres nous ont paru constituer des chevrons complets, par prolifération et union (accolement ou fusion ?) de leurs extrémités libres, au-dessus et au-dessous de la corde.

Vers la fin du stade O ou à la période OP, la disposition est analogue à la précédente (fig. 33) ; mais les pièces sont plus longues. Le nombre des cartilages

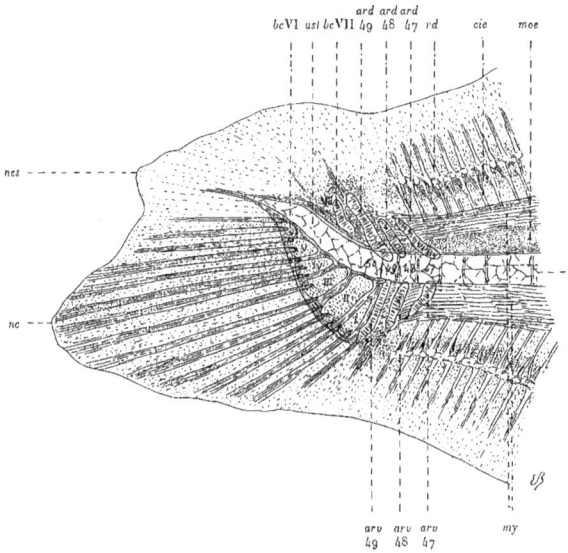

Fig. 3. — Extrémité caudale de la larve OP (8,1 mill.) des figures 1 et 2, pl. V. Grossissement $\frac{68}{1}$.

basilaires ventraux varie de 4 à 6. Les rayons se sont multipliés et on en voit un, seulement indiqué, en regard de l'extrémité du 48e chevron ventral, qui prend alors définitivement place dans le squelette de la nageoire.

La fin du stade P et le début de la phase immature sont marqués par un sensible progrès du squelette de la caudale (fig. 34). L'ossification l'a envahi en partie. Les différentes pièces se sont disposées de manière à donner au tronçon de la queue sa forme régulière définitive (homocercie externe) et les rayons sont au complet, fortement ossifiés déjà et segmentés en nombreux articles. On voit maintenant de la manière la plus nette la signification et la destinée définitive des cartilages primordiaux, qui subsistent encore sous l'encroûtement spiculaire. Les corps des vertèbres sont individualisés, nous l'avons vu, à l'état d'anneaux très minces de matière ostéoïde et, sur la plupart d'entre eux, les arcs sont uniquement composés de cette substance, depuis la résorption des chevrons cartilagineux qui s'est effectuée dans la dernière période du stade O et la première du stade P. L'urostyle est ossifié dans toute son étendue et forme un organe nettement distinct de la dernière vertèbre, à laquelle il est seulement

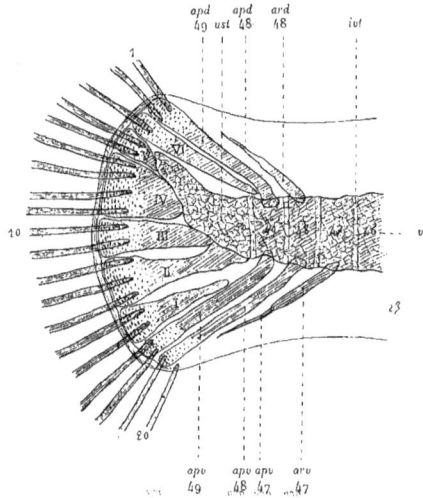

uni, comme les vertèbres le sont entre elles, par un étroit anneau, non ossifié, de la gaine cordale.

Cette pièce n'est, du reste, ici, qu'un mince doigt de gant ostéoïde, complètement rempli par les cellules persistantes du tissu propre de la corde. En arrière, les dépressions correspondant aux pièces basales se montrent d'autant plus accusées que nous avons affaire à un sujet plus fortement ossifié. Les lames inférieures de la série ventrale et l'unique lame dorsale ont dû s'allonger beaucoup pour amener leur bord libre à l'alignement général de l'arête postérieure du tronçon caudal. Cet allongement a été plus considérable encore pour les apophyses ventrales, dont les extrémités libres arrivent au même niveau. Le nombre des pièces basales n'a pas augmenté depuis

Fig. 34. — Squelette de la nageoire caudale d'un sujet de la forme P$_4$ (11,5 mill., pl. VI, fig. 4). — Grossissement $\frac{72}{1}$.

l'étape précédente. L'étendue de l'ossification est un peu variable ; mais, le plus habituellement, à l'époque envisagée ici, elle respecte seulement la portion distale des cartilages, de telle sorte que cette portion libre ait la même longueur sur tous, ou à peu près. Il en résulte que la partie postérieure du tronçon de la queue est comme bordée par un ruban cartilagineux régulier, en dedans du surtout ligamenteux qui enserre son contour. Cette zone de cartilage non transformé est de largeur variable. Sous le revêtement spiculaire, la structure cartilagineuse se laisse reconnaître jusqu'à une petite distance de la zone marginale ; mais, vers leur extrémité opposée, les lames sont entièrement ossifiées. Les prolongements qui figurent les apophyses dorsale et ventrale de la 49$^e$ vertèbre, et ventrale de la 48$^e$ font exception à la règle commune d'ossification des arcs vertébraux et se comportent comme les pièces basales propres ; ils sont formés de cartilage libre, à leur extrémité distale, et jusqu'à une certaine distance sous l'encroûtement spiculaire. Immédiatement en avant, on voit l'arc neural de la 48ᵉ vertèbre et l'arc hémal de la 47ᵉ complètement ossifiés et terminés chacun par une grêle épine apophysaire. L'extrémité profonde de la lame basilaire dorsale et de la lame inférieure de la série ventrale reste libre entre les pièces voisines, maintenue seulement par les tissus mous et surtout par les muscles caudaux. Les bases bifurquées des rayons chevauchent assez loin sur le bord cartilagineux du tronçon caudal. La répartition de ces rayons, par rapport aux pièces sous-jacentes, est assez constante ; nous en avons toujours compté 3, insérés sur l'apophyse dorsale et le plus souvent aussi 3 sur les deux apophyses ventrales ; mais, en ce dernier point, il peut en exister 4. Les 14 (ou parfois 13) autres rayons, dits *rayons principaux*, sont distribués sur les pièces basilaires ventrales.

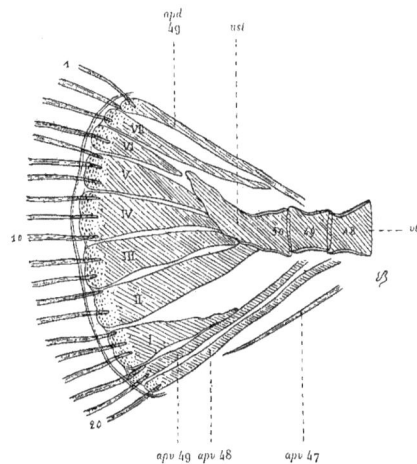

Fig. 35. — Squelette de la nageoire caudale d'un immature de 18 mill. — Grossissement $\frac{55}{1}$.

Chez un immature de 18 mill., les choses ont encore peu changé d'aspect (fig. 35). L'ossification est seulement plus complète, plus profonde. La zone cartilagineuse terminale a diminué de largeur. L'extrémité libre de chacune des lames basilaires ventrales porte une encoche médiane, marque d'une incisure longitudinale à venir. Un point particulièrement à noter est l'union (par symphyse, mais non par soudure) de l'extrémité profonde de chacune des deux lames restées flottantes avec l'apophyse vertébrale adjacente (apophyses neurale et hémale de la 49ᵉ vertèbre). On voit combien est fixe la disposition de toutes ces parties.

De là, nous passons sans transition à la forme adulte avancée (sujet de 0ᵐ,47). Entre les os du squelette présent et les pièces à structure mixte du jeune immature, les similitudes s'aperçoivent immédiatement (fig. 36). L'urostyle s'est fusionné, en arrière, avec les extrémités convergentes des lames basales en rapport avec lui (lames moyennes), lames plus ou moins confondues ensemble à ce niveau, mais dessinées, en arrière, par des incisures ou des cannelures de profondeur et de longueur variables, partant du bord libre. Le nombre de ces lames incomplètes, ainsi indiquées, est très supérieur à celui des cartilages originels (au moins trois fois plus grand). L'os unique résultant de leur union ensemble et avec l'urostyle, la *plaque terminale* de certains auteurs([1]), forme un éventail régulier, continuant l'axe vertébral, et réalise l'homo-

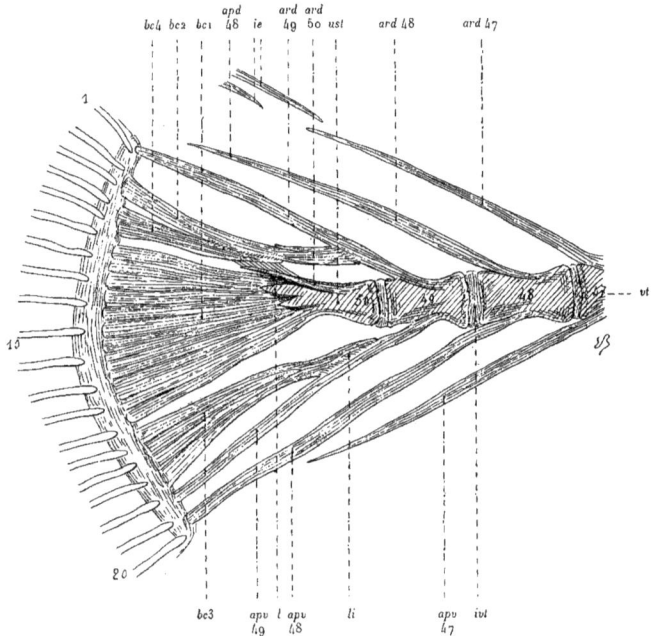

Fig. 36. — Squelette de la nageoire caudale de l'adulte. — Grossissement $\frac{2,7}{1}$.

*bc*1. Os basicaudal; réunion des lames basales supérieures de la série ventrale. — *bc*2. Lame basale supérieure. — *bc*3. Lames basales inférieures de la série ventrale. — *bc*4. Première lame supérieure de la série ventrale, exceptionnellement placée au-dessus de l'urostyle. — *l*. Lames inférieures de l'urostyle. — Pour les autres lettres, voir l'index commun.

cercie du squelette basal accompagnant la forme homocerque extérieure, sauf dans un détail de sa base, où apparaît toujours l'ancien urostyle asymétrique. La portion

---

([1]) On pourrait l'appeler aussi *os basicaudal*.

antérieure de l'os en question (la poignée de l'éventail) est un demi-corps vertébral bien dessiné, représentant la 50ᵉ vertèbre ; celle-ci subsiste encore dans son arc neural, lequel est figuré ici par une épine couchée sur le bord supérieur de l'os (basicaudal), libre dans ses deux tiers postérieurs et soudée en avant, par les lames de sa base bifurquée, au dos de la portion urostylienne. Le bord postérieur de l'ancien urostyle est, en outre, indiqué par des lamelles aiguës qui s'étalent à droite et à gauche, à la surface des lames basilaires soudées, et se montrent étagées en escalier comme l'étaient les ondulations ventrales de l'urostyle primitif. Nous retrouvons intacte la disposition des apophyses de la 49ᵉ et de la 48ᵉ vertèbres, de même que celle des deux lames basales extrêmes, dorsale et ventrale ; toujours indépendantes, mais reliées comme auparavant aux apophyses voisines. De ces deux pièces, la ventrale, toujours plus large que son opposée, porte plusieurs cannelures longitudinales. — Chez le spécimen présent, il y a à noter un détail exceptionnel : la lame basilaire supérieure de la série ventrale s'est trouvée sans doute séparée de sa voisine par l'apophyse neurale de la vertèbre urostylienne, qui s'est insinuée sous elle, et elle se trouve rattachée (par symphyse) à l'apophyse en question et à la lame basilaire dorsale. La répartition des rayons est telle que nous l'avons signalée (3 dorsaux, 3 ventraux, 14 moyens).

Les transformations anatomiques que nous venons de suivre entraînent naturellement l'homologation des pièces basales impaires aux interépineux, dont elles continuent la série, en haut et en bas. Le nombre de ces interépineux, dont plusieurs, on le sait, peuvent être compris dans un même intervalle interapophysaire, impliquerait la fusion de plusieurs vertèbres dans l'urostyle.

# CROISSANCE

Nos données sur la croissance de la Sole larvaire sont traduites graphiquement dans le tracé ci-contre (fig. 37). La courbe des longueurs moyennes exprime d'une manière approchée, croyons-nous, les résultats d'un élevage normal.

Pour ce qui concerne la phase immature, les chiffres que nous avons obtenus ne sauraient jusqu'à présent offrir le même intérêt, en raison des conditions anormales de l'alimentation de nos sujets. Nous attendons des observations complémentaires avant de traiter d'une manière générale la question de la croissance de la Sole en captivité. Ajoutons seulement qu'au bout du 8ᵉ mois, terme de notre expérience, la longueur maxima atteinte par nos sujets était de 76 millim. et la longueur moyenne de 55. Mais les retards de croissance pathologiques d'un certain nombre de sujets ont fortement abaissé ce chiffre moyen.

De l'inspection du diagramme se dégage ce fait : que la larve croît d'abord avec une certaine lenteur et que son augmentation de taille ne semble pas, jusqu'au stade P, en rapport avec l'activité de la fonction alimentaire ([1]). L'accroissement devient sensiblement plus rapide à partir de l'époque où le jeune poisson gagne le fond et devient sédentaire.

On tiendra compte ici de ce que nous avons dit à propos de la concordance des longueurs et des temps. Elle n'est qu'approximative, surtout pour ce qui concerne les derniers stades.

---

([1]) Le fait peut tenir à ce que l'alevin, obligé de chercher exclusivement dans le milieu pélagique les proies nécessaires à sa nutrition, dépense dans l'exercice continu de son système automoteur une quantité considérable de force vive ; les matériaux producteurs de celle-ci sont perdus pour l'accroissement corporel. Il n'y a pas compensation suffisante entre l'abondance du produit de la chasse et la perte subie par les réserves provenant de l'utilisation de ce produit ; l'animal consommant alors beaucoup en tant que source d'énergie, le bilan des acquisitions cellulaires définitives se maintient, pendant les périodes de vie pélagique, à un taux peu élevé. Les habitudes de stabulation qui suivent la métamorphose, en supprimant pour une grande part le déficit par action musculaire, permettent à la jeune Sole d'utiliser au maximum les produits de son alimentation pour l'accroissement de sa masse.

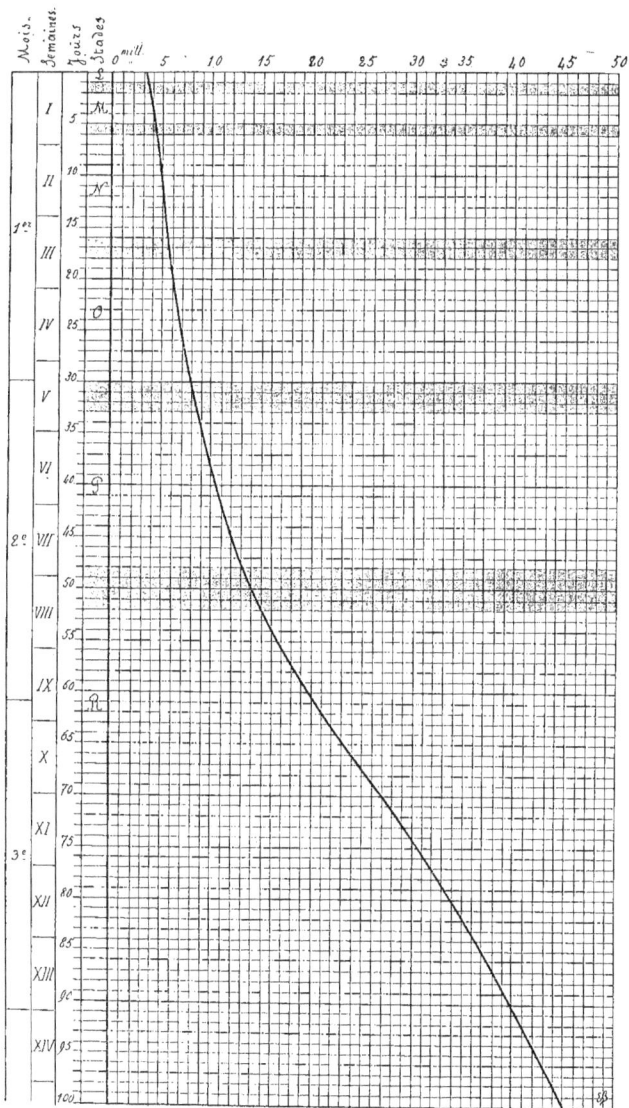

Fig. 37. — Diagramme de la croissance.

Les zones horizontales ombrées répondent aux périodes établissant la transition d'un stade à l'autre ; les parties claires, intermédiaires à ces zones teintées, figurent, en jours (divisions verticales), l'étendue proportionnelle des différents stades.

Pour plus de netteté, chaque longueur, mesurée à partir de la verticale de o mill. (division horizontale), est égale au double de la valeur vraie de la taille, pour le moment considéré.

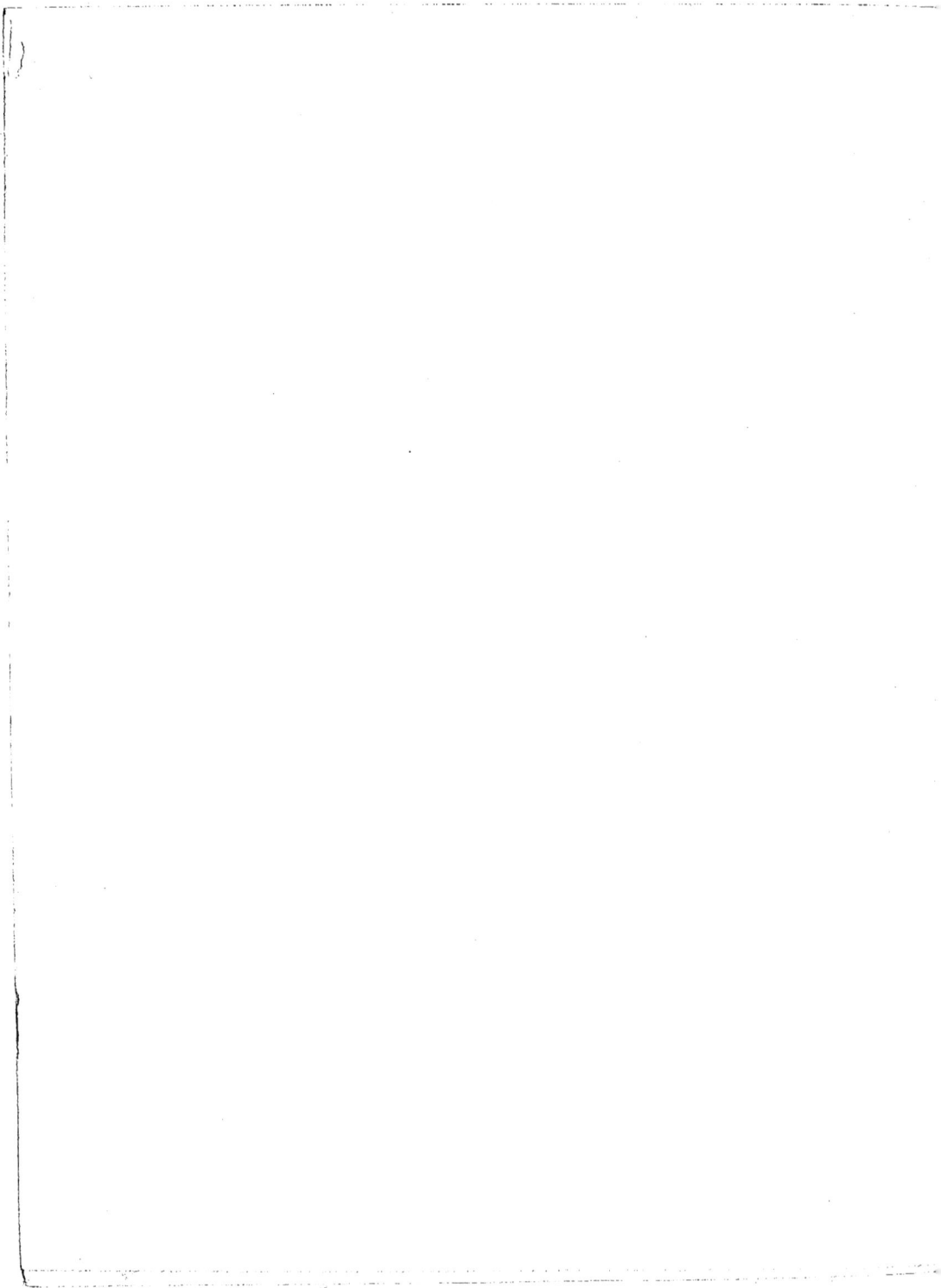

## DEUXIÈME PARTIE

# INTRODUCTION A L'ÉTUDE DE LA PISCICULTURE MARINE

## CONSIDÉRATIONS GÉNÉRALES

De tous les faits contenus dans la première partie de ce travail découlent un certain nombre de conséquences pratiques sur lesquelles nous avons à dessein évité d'insister pour ne pas allonger outre mesure des chapitres déjà longs et ne pas rompre l'ordre de nos descriptions anatomiques. Nous nous proposons d'exposer très brièvement ici la façon dont nous avons été amenés au cours de cette étude à comprendre l'avenir de la Pisciculture marine. Mais nous nous garderons bien d'ébaucher quoi que ce soit qui puisse ressembler à un traité didactique d'une industrie qui n'existe encore que de nom. Trop de lacunes restent à combler, trop de points de la biologie des poissons comestibles marins demeurent plongés dans l'obscurité pour que nous puissions considérer notre modeste contribution comme autre chose que comme une petite pierre déposée à la base même d'un édifice dont nul ne peut, pour le moment, prévoir l'importance à venir.

Et tout d'abord, deux voies absolument distinctes, pour ainsi dire contradictoires, s'offrent aux regards de ceux qui suivent avec quelque intérêt les progrès de l'Aquiculture en général. D'un côté, nous voyons se poursuivre de généreuses tentatives en vue de créer une œuvre d'utilité publique destinée à repeupler nos eaux appauvries ; de l'autre, nous assistons aux efforts de ceux qui, moins altruistes, entrevoient dans la « culture de l'eau » un moyen de travail, une source de richesses individuelles comparables à celles que procure de temps immémorial la culture de la terre.

Très motivées déjà en ce qui concerne la Pisciculture d'eau douce, plus avancées peut-être en ce qui concerne la Pisciculture privée qu'en ce qui a trait à la Pisciculture publique de nos fleuves et de nos rivières, ces espérances ne sont encore que des songes lorsqu'on tourne ses regards du côté de la Pisciculture marine. Et rien ne permet jusqu'ici, nous ne dirons pas d'affirmer, mais simplement de supposer que les efforts tentés dans cette voie aient abouti à autre chose qu'à augmenter dans une certaine mesure la somme de nos connaissances biologiques et à préparer, par les leçons du passé, un champ d'expériences moins aride et moins fertile en mécomptes pour ceux qui tenteraient de l'exploiter.

Qu'il s'agisse de multiplier telle ou telle espèce de poisson pour l'enrichissement des fonds de pêche d'une région ; que l'on se propose au contraire de cultiver la même espèce dans des réservoirs particuliers, le problème demeure pour nous le même, à savoir : produire des individus viables, susceptibles de prospérer et d'atteindre, en liberté ou en captivité, dans les délais normaux, la taille d'utilisation commerciale. Nous nous sommes attachés à le résoudre pour la Sole d'abord — et la première partie de ce travail n'est que l'exposé de nos recherches sur cette espèce — nous avons depuis lors poursuivi nos investigations sur quelques autres espèces de valeur tout aussi grande et le lecteur ne nous saura pas mauvais gré si dans les lignes qui vont suivre nous étendons nos déductions un peu au delà du cadre que comporterait strictement le développement de cette première espèce envisagée isolément.

Sans nier le moins du monde le haut intérêt qui s'attache aux travaux de ceux qui ont entrepris la reproduction intensive de quelques espèces de poissons marins, nous ne pouvons, en conscience, admettre avec eux que ces tentatives présentent véritablement aujourd'hui un caractère quelconque d'efficacité.

Nous ne voulons pas revenir ici sur une discussion dont nous avons à plusieurs reprises entrepris l'exposé complet, mais qu'il nous soit permis d'insister sur un seul point de ces études qui, à notre avis, constitue le nœud même de la question.

Pour se flatter de produire des poissons de mer il faut pouvoir créer des « immatures » et non des « larves »[1]. Il faut surtout posséder la certitude que ces larves ne sont pas vouées par le fait même de leur élevage et de la « protection » dont on les entoure à une mort inévitable. Or toutes les connaissances récemment

---

[1] Cette nécessité nous paraît ressortir très nettement de la comparaison des procédés mis en œuvre par la nature pour assurer la conservation de l'espèce chez les Téléostéens et chez les Sélaciens. Ces derniers produisent annuellement un très petit nombre d'œufs ou de jeunes qui n'excède guère une vingtaine par portée. Mais les jeunes Sélaciens ont à leur naissance tous les caractères de l'adulte. Ils en ont tous les moyens d'attaque et de défense. Or, bien que certaines espèces de cette classe soient tout aussi pourchassées par l'homme que leurs congénères Téléostéens, la production annuelle ne paraît pas éprouver une diminution plus accentuée d'un côté que de l'autre.

Nous pouvons en conclure que la conservation de l'espèce de n'importe quelle forme de poisson osseux n'exige pas la survie de plus de jeunes parvenus à un degré de développement équivalent à celui des Sélaciens venant d'éclore qu'elle n'en exige pour ces derniers ; que, par conséquent, sur les six ou huit millions d'œufs pondus par une Morue ou par un Turbot, quelques douzaines au maximum parviennent à la fin de leur développement.

On voit ainsi à quel point sont illusoires les procédés de la Pisciculture marine actuelle et l'on comprend l'avantage que présenterait au contraire une technique permettant de « semer » dans la mer un nombre d'immatures suffisant pour influencer efficacement la productivité des mers.

acquises sur ce point nous prouvent qu'il en est ainsi dans les établissements consacrés à ce genre de travaux. Étant donné qu'il est démontré par les observations de Meyer sur le Hareng, de Dannevig sur la Plie, de Garstang sur le Blennius pholis, de nous-mêmes sur le Cotte, sur la Sole et plus récemment encore sur le Bar, que l'alimentation extérieure est nécessaire au jeune alevin dès que la conformation de son tube digestif lui permet de manger ; étant donné qu'il est prouvé par l'examen histologique que, livrée à elle-même sans autre nourriture que son vitellus, la jeune larve commence à péricliter dès sa naissance pour aboutir finalement à la mort dès la fin de la résorption de son vitellus, comment peut-on espérer logiquement obtenir un repeuplement effectif des eaux libres par le moyen d'une technique qui consiste à garder plusieurs semaines sans nourriture ces larves dont la survie réclame impérieusement des aliments presque dès leur éclosion ?

Convaincus de la nécessité de résoudre avant tout le problème de la nourriture des larves et de leur élevage complet jusqu'à la forme adulte nous en avons poursuivi sans relâche la solution et nous estimons que pour toute espèce « cultivable » la même opération s'impose avant que soit abordée la moindre tentative de multiplication artificielle publique ou privée.

Que deviendront par la suite les jeunes immatures produits par nos soins, si nous les utilisons pour les besoins de la pisciculture publique ? C'est là une question à laquelle nous croyons ne pouvoir encore répondre. L'intervention humaine peut-elle agir efficacement dans l'immense réservoir où s'élaborent tant de millions d'êtres dont nous n'utilisons qu'une très infime partie ? Seule l'expérience directe, portant sur une espèce déterminée, semée à profusion dans une région choisie permettra peut-être un jour de décider de la question, mais faut-il encore cependant pour que cette expérience présente quelque valeur qu'on soit absolument certain de jeter dans la mer autre chose que des cadavres microscopiques.

L'industrie privée sera-t-elle plus heureuse lorsqu'elle tentera d'appliquer à la Pisciculture marine les connaissances accumulées par les études des biologistes ? Ici encore la question reste ouverte, mais de solution beaucoup plus aisée et nos convictions personnelles nous conduiraient à espérer beaucoup plus des tentatives effectuées sous l'empire de l'intérêt particulier, que de celles qui verront toujours se dresser contre elles l'indifférence, l'ignorance, peut-être même l'hostilité du plus grand nombre et la destruction imprévoyante du produit livré à une exploitation aussi hâtive que désordonnée.

De telles considérations ne sont d'ailleurs pas pour nous arrêter. De la découverte de la vérité sort toujours un avantage dont l'avenir seul peut démontrer l'importance. Bornons-nous donc, pour le moment, à examiner les points principaux de la technique qui nous occupe et à en déterminer exactement les conditions.

La réunion d'un nombre de reproducteurs suffisant pour fournir annuellement et régulièrement la provision d'œufs nécessaire au fonctionnement d'un établissement, la collecte de ces œufs, leur incubation, l'élevage en captivité des larves qui en sont issues, enfin la conduite des immatures résultant de la transformation de ces larves jusqu'au moment de leur utilisation, soit dans un but d'utilité publique, soit en vue de l'exploitation privée, telles sont les questions dont la solution parfois très délicate s'impose impérieusement pour chaque espèce qu'il s'agit de multiplier.

# REPRODUCTEURS. — OBTENTION ET COLLECTE DES OEUFS

La première condition requise pour n'importe quel établissement de Pisciculture publique ou privée, c'est de pouvoir compter d'une façon absolument certaine et régulière sur la quantité d'œufs nécessaire à son fonctionnement. En Pisciculture d'eau douce ce résultat s'obtient aisément — pour les Salmonides tout au moins — grâce à la conservation dans des bassins fermés d'une collection de reproducteurs. Le moment venu, ces reproducteurs sont capturés, les femelles débarrassées en une ou deux fois de la totalité de leurs œufs ; ceux-ci sont fécondés par la laitance que l'on obtient en abondance des mâles et l'incubation s'effectue dans les appareils bien connus qu'il ne nous appartient pas de décrire (¹). Mais les Salmonides constituent une heureuse et trop rare exception dans la classe des poissons osseux. Chez la plupart des femelles appartenant aux autres familles de la même classe, la maturation des œufs n'est pas simultanée ; elle exige un temps variable souvent fort long et qui pour certaines espèces n'est pas inférieur à plusieurs mois et, par surcroît, ce temps ne se trouve pas encore très exactement déterminé. On comprend que dans ces conditions toute tentative de ponte artificielle par expression des œufs n'aboutit qu'à l'obtention d'une très petite quantité de produits mûrs mélangés à des éléments imparfaitement développés quoique assez avancés pour se détacher des parois ovariennes sous l'influence d'une pression un peu brutale. Les fécondations artificielles réalisées par ce procédé sont bonnes tout au plus à fournir les éléments d'une étude embryologique, elles ne sauraient servir de base à une exploitation industrielle que si une observation attentive du développement intra-ovarien des œufs de l'espèce visée démontrait la parfaite uniformité de leur maturation, que si, en un mot, cette espèce se comportait, au point de vue qui nous intéresse, à la façon des Salmonides. Cer-

---

(¹) Voir Raveret-Wattel, Rapport sur la situation de la Pisciculture à l'étranger. *Bull. Soc. d'Acclimatation*, 1881-83 et *Traité de Pisciculture*, 1904. Klincksieck, édit.

tains faits semblent venir à l'appui de cette dernière hypothèse et nous avons tout lieu de croire que chez plusieurs poissons marins, la durée de la ponte est extrêmement courte. Quand par exemple, on ouvre une femelle de Sardine parvenue à parfaite maturité on trouve ses ovaires gonflés d'une matière rosée transparente, un peu analogue à de la gelée de groseille, matière qui n'est autre chose que la masse des œufs arrivés à leur complet développement. Dans ce cas évidemment la fécondation artificielle peut nous donner des résultats appréciables. Quelques formes plus intéressantes au point de vue de la Pisciculture marine sont peut-être dans le même cas et le Bar notamment nous a paru avoir une période de ponte si abrégée qu'il possède vraisemblablement des ovaires à maturation extrêmement homogène.

D'autres espèces par contre mettent trois ou quatre mois à se défaire de leurs œufs. Earll (¹) admet le premier chiffre pour la Morue, Butler (**13**), sans fixer un terme aussi précis pour la Sole, a observé qu'elle émet ses œufs un à un à intervalles réguliers, fait qui, joint à l'examen des ovaires chez les femelles mûres de cette espèce, laisse pressentir pour elle une période de ponte de très longue durée. Enfin, pour la Plie, les naturalistes de Dunbar ont reconnu également que la maturation et l'émission des œufs demandait un certain temps.

On ne saurait penser par conséquent à tabler sur les œufs recueillis par expression pour l'approvisionnement d'un établissement de pisciculture vraiment digne de ce nom, qu'à la condition de démontrer d'abord l'homogénéité de maturation ovarienne des espèces exploitées et c'est pourquoi nous envisageons avec quelque scepticisme les méthodes employées par les pisciculteurs marins en Amérique pour se procurer les œufs dont ils ont besoin. La multiplication de la Morue, par exemple, est basée tout entière à Gloucester sur la « traite » des femelles recueillies par les pêcheurs et le nombre des éléments vraiment viables recueillis par ce moyen doit abaisser singulièrement la proportion réelle de survie des larves. Cette nouvelle cause d'incertitude venant s'ajouter à celles que nous connaissons déjà rendrait indispensable l'étude de la survie *in vitro* des germes obtenus en vue du repeuplement des eaux libres.

Quoi qu'il en soit, et dans l'état actuel de nos connaissances, le seul moyen rationnel, employé jusqu'ici en Pisciculture marine pour se procurer des œufs parfaitement mûrs d'une espèce de poisson donnée, consiste à réunir dans un espace clos un certain nombre d'individus adultes, mâles et femelles, de cette espèce, à les y laisser pondre naturellement et à en recueillir tous les jours les œufs flottants à mesure que le courant d'eau les emporte dans un récipient adapté au trop-plein du bassin.

Pour si simple que paraisse ce programme il n'est pas sans présenter quelques difficultés. N'oublions pas que si, chez l'immense majorité des poissons osseux, il

---

(¹) R. E. Earll, A report on the history and present condition of the shore cod-fisheries of cape Anne Mass. U. S. com. of fish. *Report for 1878*, p. 685-740.

n'y a pas accouplement, la sortie des éléments sexuels n'en est pas moins soumise chez ces êtres à l'empire de la volonté. Cette sortie s'accompagne de jeux variés, de manœuvres parfois compliquées précédant la fécondation, l'assurant même, parce qu'elles ont pour but la rencontre des œufs et des spermatozoïdes et les poissons ne procèdent à ces exercices, ne frayent en un mot, que s'ils trouvent dans leur prison toutes les conditions de sécurité, de bien-être, toute la liberté d'allure qu'ils sont habitués à avoir dans la nature. Il importe donc de réaliser avant tout ces conditions et de les déterminer pour chaque espèce. Or, leurs exigences à cet égard nous ont paru extrêmement diverses et d'importance fort inégale. En résumant les observations effectuées dans quelques établissements et en y joignant les nôtres, nous voyons, en effet, certaines espèces procéder à la fraye dans des bacs de quelques centaines de litres. D'autres auxquelles on assure les conditions de milieu les plus favorables, en apparence, se refusent absolument à toute émission d'œufs et retiennent leurs œufs jusqu'à complète altération.

A Dunbar, les Plies destinées à la reproduction sont contenues au nombre de deux ou trois cents dans un bassin alimenté par une pompe et d'une capacité de 270 mètres cubes et d'une profondeur de 3$^m$,50. On en obtient régulièrement plusieurs millions d'œufs fécondés susceptibles de se développer normalement. Nous ignorons si cette espèce ne s'accommoderait pas de bassins plus étroits, mais une espèce voisine, le Flet, nous a toujours, à Concarneau, présenté certaines tendances à la rétention.

A Plymouth, par contre, Butler a conservé des Soles mûres dans un aquarium de 300 litres à parois de verre et y a étudié de très près le phénomène de la ponte chez cette espèce.

Nous avons nous-mêmes obtenu de façon répétée des œufs de Tacaud *(Gadus luscus)* dans les mêmes conditions que notre savant collègue de Plymouth et l'émission nocturne des produits sexuels était accompagnée de jeux si vifs qu'il nous est souvent arrivé de retrouver le matin sur le carrelage de l'aquarium un ou deux de nos reproducteurs qui avaient bondi par dessus les bords de leur bac.

Dans des conditions toutes différentes, c'est-à-dire dans un bassin extérieur communiquant par des vannes avec la mer et alimenté d'eau seulement grâce au jeu des marées, des Bars en petit nombre (10) nous donnent chaque année du 25 avril au 15 mai une abondante récolte d'œufs dont nous avons pu suivre à deux reprises le complet développement.

Enfin la Morue dans divers établissements européens ou américains (Arendal, Dildo, Woods Holl) n'a fait aucune difficulté de frayer même dans des viviers flottants en bois.

A côté de ces observations si encourageantes cependant, nous devons en relater d'autres qui laissent présager que parmi les espèces les plus dignes d'intérêt toutes ne se comportent pas de façon aussi satisfaisante. Parmi les plus réfractaires nous citerons le Turbot qui, soit à Dunbar, dans les conditions mêmes où frayent les Plies, soit à Concarneau dans les bassins où se trouvent nos Bars, se montre absolument réfractaire à toute tentative de fraye. Les femelles — et en cela nos remarques concordent avec celles de M. Dannevig — sont constamment sujettes à une rétention d'œufs et ne fournissent que des œufs altérés et inféconds. Plus heureux que nous cependant, M. Dannevig a pu réaliser sur cette espèce des fécondations artificielles tandis que nos tentatives échouaient en raison de l'altération des œufs que nous pouvions recueillir par pression. Il n'a pu, jusqu'à présent du moins, pousser la croissance de ces larves au delà de la résorption du vitellus.

Ces faits sont en contradiction, il est vrai, avec ceux relatés par M. Malard et observés par lui au laboratoire de Tatihou Saint-Vaast. Il eût été très intéressant de vérifier à plusieurs reprises ces observations, de les voir confirmer par une description complète des larves obtenues, établissant nettement l'objectivité des faits. Malheureusement la note qui les relatait n'a été suivie d'aucun travail plus détaillé et nous avons appris par notre excellent collègue que les reproducteurs sur lesquels avaient été faites ces observations n'existaient plus à Tatihou ([1]).

En somme, à part le Turbot qui paraît présenter des difficultés spéciales nous voyons que la plupart des espèces dont on s'est donné la peine de réunir des reproducteurs frayent en captivité, souvent même dans des conditions relativement défavorables et dans des bassins de très faible capacité. Tout permet donc d'espérer que ce problème initial de la Pisciculture marine n'offre pas trop d'inconnues et que des bassins en ciment de quelques mètres cubes de contenance, d'un ou de deux mètres de profondeur, alimentés d'un jet d'eau de mer suffisant fourniraient assez aisément des résultats satisfaisants. Quelques tâtonnements seraient nécessaires pour déterminer le nombre des individus par rapport au cube d'eau total, mais ce sont là des détails que résolvent vite ceux qui ont un peu la pratique de l'aquarium. Nous pensons également que les soins donnés à l'alimentation des reproducteurs peuvent — comme l'ont d'ailleurs reconnu les pisciculteurs d'eau douce — exercer la plus grande influence sur leur production sexuelle. Varier la nourriture, la donner aussi semblable que possible à celle que les animaux trouvent dans la nature, éviter toute surabondance pendant les mois qui précèdent la période de fraye de façon à éviter l'engraissement si nuisible au bon fonctionnement des organes sexuels, telles sont les règles dont nous

---

([1]) D'après des renseignements tout récents, dus à l'obligeance de M. Dantan, chargé de faire pour le compte du Département de la Marine à Tatihou, des recherches de Pisciculture, il aurait obtenu au cours de cet été des œufs de Turbot fécondés provenant de quelques sujets conservés dans les bassins de l'établissement, mais sans parvenir à en pousser l'élevage au delà de la période critique.

tâchons de ne pas nous écarter et dont l'observance, basée sur la connaissance des mœurs des espèces à multiplier, est une simple affaire de mesure et de tact.

Toutes ces études sont loin d'être aussi compliquées qu'on pourrait se le figurer si l'on veut bien tenir compte de ce fait que les espèces comestibles marines dignes d'être artificiellement multipliées, soit pour le repeuplement des eaux libres, soit pour l'exploitation industrielle, sont en somme très peu nombreuses. Et d'abord l'immense tribu des poissons pélagiques échappe par son abondance, sa mobilité et l'amplitude de son aire de dispersion, à nos procédés de destruction aussi bien qu'à nos tentatives de conservation. Restent donc les sédentaires. Parmi ceux-ci les poissons plats sont représentés par deux espèces de haute valeur: la Sole et le Turbot ; si jamais un jour la « Piscifacture » officielle est tentée en France sur des bases quelque peu rationnelles, la première de ces espèces se trouve toute désignée et la seconde ne lui céderait rien en intérêt si son histoire pouvait être complétée. Les autres poissons plats, Barbue, Plie, Limande, Flet, etc., sont de moindre importance et ne sauraient, en tout cas, tenter au même degré l'initiative privée.

En ce qui concerne les espèces sédentaires de poissons ronds, le Bar, peut-être le Muge et quelques Sparidées seront un jour l'objet de la sollicitude des pisciculteurs, mais nous avouons que la première de ces espèces surtout nous semble, par sa haute valeur commerciale, la rapidité de sa croissance, la facilité de sa reproduction, la plus digne d'attirer l'attention avec la Sole et le Turbot. Or nous possédons pour les deux premières espèces toutes les données nécessaires. Seule la troisième constitue encore un problème d'autant plus intéressant que ce que nous en savons touchant la croissance en captivité de ses immatures jusqu'à la taille d'utilisation nous promet un avenir véritablement séduisant.

*Récolte des œufs.* — Lorsque, dans un bassin pour si vaste qu'il soit, des poissons émettent leurs œufs flottants il suffit, si la surface n'en est pas agitée, de promener un filet fin le long de ses bords pour trouver à coup sûr un certain nombre de ceux-ci. Tous les dispositifs destinés à la collecte des œufs pélagiques sont donc basés sur le fait que ces œufs sont entraînés par le courant de surface qui déverse au dehors le trop-plein du bassin.

On a imaginé, en vue de la collecte des œufs flottants, plusieurs appareils tous basés sur l'emploi de cribles à mailles assez fines pour les retenir sans s'opposer au passage de l'eau. A Dunbar, par exemple, le trop-plein du bassin est formé d'un large canal en maçonnerie en travers duquel, à l'époque de la fraye, on place des cadres garnis de soie à bluter à mailles de 1 millimètre. On facilite la chasse des œufs vers ce canal en élevant légèrement le niveau de l'eau un peu avant le moment où on désire les recueillir.

Notre installation plus modeste consiste simplement en un grand vase de verre à tubulure supérieure dans lequel plonge un cylindre également en verre portant un crible en soie à son ouverture inférieure. L'eau tombe dans ce cylindre, en sort par le crible et les œufs se trouvent ainsi retenus sans danger d'altération.

Tout dispositif, approprié à l'importance du débit de l'eau et au nombre des œufs à recueillir donnerait en réalité d'aussi bons résultats ; l'essentiel est d'éviter l'obstruction des mailles, l'accumulation des œufs contre elles et par là leur rapide détérioration.

# INCUBATION

Les œufs des espèces qui intéressent le pisciculteur marin étant tous flottants, très délicats, d'un diamètre variant entre 1 et 2 millimètres, transparents comme du verre, il a fallu imaginer pour les incuber des appareils absolument différents de ceux qui servent à conserver dans un courant d'eau ceux des Salmonides. Le problème consiste à répartir aussi uniformément que possible ces éléments flottants dans une masse d'eau toujours renouvelée en évitant leur entraînement au dehors. On a dans ce but combiné une foule de systèmes qui donnent tous d'excellents résultats mais dont la description nous entraînerait beaucoup trop loin. Les plus pratiques, ceux qui conviennent le mieux à un élevage en grand, sont ceux dans lesquels le mouvement des éléments flottants est obtenu soit par de brusques dénivellations du liquide lui-même (appareil Chester), soit par des oscillations du vase qui contient les œufs et qui plonge lui-même dans un récipient où circule l'eau de mer (appareil Dannevig).

L'appareil Chester se compose de bocaux à large ouverture dont le fond est enlevé et dont l'ouverture est garnie d'une soie à bluter bien tendue à mailles de 1 millimètre environ. Renversés, l'ouverture en bas, dans un bassin commun, ces bocaux y sont maintenus fixes, plongeant dans l'eau sur les deux tiers de leur hauteur. Un siphon intermittent à très grand débit fait brusquement varier le niveau du bassin dont l'eau remonte ensuite peu à peu par l'apport du courant constant qui l'alimente. Ces variations de niveau déterminent à travers le crible un brassage assez fort pour répartir dans la masse de l'eau les œufs contenus dans les bocaux.

On peut reprocher aux appareils Chester de ne pas agir d'une façon uniforme et de favoriser parfois le dépôt des œufs le long de leurs parois. L'appareil Dannevig remédie à ces deux inconvénients. Il se compose de boîtes carrées en bois sans couvercle ni fond. Ce dernier est remplacé par un crible en soie ou en crin. Chaque boîte plonge dans un canal en bois au bord duquel elle est reliée par une charnière en cuir clouée sur un de ses bords et l'ensemble des boîtes reçoit, par l'intermédiaire d'une petite roue mue par l'eau même d'alimentation de l'appareil, une série de mouvements qui les font s'abaisser et s'élever en oscillant sur leurs charnières de cuir. Dans ces appareils l'incubation se fait parfaitement et les larves peuvent y être conservées après l'éclosion aussi longtemps qu'on le désire. Elles y résorbent complètement leur vésicule vitelline sans présenter en apparence du moins, le moindre trouble organique et c'est ainsi que, dans beaucoup d'établissements de Pisciculture actuels, sont gardées pendant deux ou trois semaines les Morues et les Plies qui font l'objet d'une reproduction artificielle intensive. Dans certains au contraire (Gloucester) les larves sont jetées à la mer aussitôt après l'éclosion et sont livrées dès leur naissance à tous les dangers de la vie libre. Pour si défectueux que paraisse ce dernier mode il a tout au moins l'avantage de ne pas tout perdre tandis que le premier conduit sûrement à la mort la population entière de l'établissement.

Les appareils que nous venons de décrire présentent tous un inconvénient. Excellents pour assurer le développement des œufs pendant la durée de leur incubation, parfaitement appropriés même à la conservation des larves qui éclosent de ces œufs aussi longtemps qu'on ne tient aucun compte de leurs exigences alimentaires, ils cessent de convenir dès que l'on renonce au système de l'inanition pour recourir à l'alimentation prématurée et que l'on se propose de pousser les jeunes poissons au delà de leur résorption vitelline.

Nous décrirons plus loin le dispositif que nous avons imaginé pour cet élevage, disons cependant ici qu'il se prête parfaitement aussi à l'incubation des œufs et que son emploi évite le maniement des jeunes larves, leur transport d'un appareil dans un autre, justement à la période la plus critique de leur vie.

# ÉLEVAGE DES LARVES

On peut considérer comme à peu près résolue, du moins en ce qui concerne un certain nombre de poissons marins, la question de l'obtention de leurs œufs et de leur incubation. Quelques espèces se montreront évidemment plus ou moins réfractaires à l'emploi des méthodes générales ; elles exigeront peut-être des conditions différentes, mais il s'agira alors de cas particuliers et probablement assez rares. Abordons maintenant le problème beaucoup plus complexe de l'élevage des larves et de leur développement jusqu'à la forme adulte.

En supposant même en tous points rationnelle la méthode actuellement en honneur en Pisciculture publique, qui consiste à conserver le moins longtemps possible les petits êtres provenant de l'incubation artificielle, une pareille technique ne saurait, cela va sans dire, s'appliquer à la Pisciculture privée dont le but consiste à pousser l'élevage de ses produits jusqu'à leur utilisation commerciale. Et le problème consiste dès lors beaucoup moins à produire des millions de larves qu'à conduire quelques milliers d'alevins jusqu'à cette phase d'utilisation. C'est à sa solution que nous nous sommes attachés, avec la conviction que de là dépendait non seulement l'avenir de la Pisciculture en bassins fermés, mais aussi celui de toutes les tentatives futures de repeuplement des eaux libres.

Il s'agissait donc, avant tout, de trouver un moyen véritablement pratique de conserver nos élèves après leur naissance, de leur faire franchir, en les nourrissant dès le moment opportun, cette redoutable période critique qui caractérise les derniers jours de la résorption vitelline. Il s'agissait enfin, cette période critique franchie, de leur assurer dans des bassins convenablement aménagés, les conditions d'existence requises pour en obtenir le plus rapide accroissement.

Mais la recherche de ces diverses solutions comporte deux phases bien distinctes que nous aurons à étudier séparément. D'une part, nous nous trouvons en présence de jeunes êtres extrêmement délicats, très exigeants non seulement sous le rapport de l'alimentation mais aussi en tout ce qui concerne leur fonctionnement vital. Un peu plus tard nous avons affaire à de véritables petits poissons, relativement résistants, qui ne demandent qu'à s'adapter aux conditions un peu spéciales de leur captivité pourvu toutefois que l'alimentation ne leur soit, à aucun moment ménagée. Nous distinguerons donc l'élevage des larves de celui des immatures, et ce que nous allons dire dans ce chapitre ne s'applique qu'aux premières.

Bien qu'il soit possible, en ayant recours à la seule alimentation prématurée, ainsi que le démontrent nos observations sur le Cotte et celles de H. Dannevig sur la Plie, d'arriver à obtenir quelques jeunes poissons adultes dans des réservoirs à eau stagnante ou partiellement renouvelée, le déchet résultant d'une pareille technique ne permet en aucune façon de compter pratiquement sur son emploi. Si aérée que soit l'eau employée, si variée que soit la nourriture offerte aux alevins, ils diminuent de nombre progressivement et de rares survivants parviennent seuls au terme de leur période critique. L'expérimentateur sent bien qu'il manque à son élevage un facteur essentiel, vital, et ce facteur n'est autre que le mouvement même du milieu.

Nous avons déjà, dans un travail antérieur (**32**), exposé la genèse de notre technique, mais nous devons cependant y revenir en quelques lignes pour insister sur l'importance du principe que nous considérons comme la pierre angulaire de la Pisciculture marine et pour rendre à ceux qui nous ont précédés dans cette voie le juste hommage qui leur revient.

Le premier observateur, à notre connaissance, qui utilisa l'agitation pour conserver en bonne santé des animaux qui périclitaient dans l'eau courante la mieux aérée fut M. Browne (**24**) du laboratoire de Plymouth. Son appareil consistait en une grande cloche renversée, pleine d'eau, dans laquelle par le jeu d'un vase suspendu à siphon intermittent un disque plongeur s'élevait et s'abaissait alternativement. Grâce à ce dispositif, cependant bien simple, et en prenant seulement la précaution de renouveler en partie l'eau de son récipient, Browne réussit à garder vivantes pendant plusieurs semaines des Méduses d'espèces diverses (*Phialidium, Sarsia gemmipara*, etc.) qui se développèrent normalement en capturant les Copépodes dont on les entourait.

Dans le même laboratoire M. Garstang (**33**), appliquant aux poissons l'idée de Browne et expérimentant sur une espèce à œufs démersaux, le *Blennius ocellaris*, constata chez ses larves une survie de 5o pour 1oo.

Nous n'hésitons pas à déclarer que ces deux observations de laboratoire, véritables traits de lumière jaillissant dans l'obscurité où se trouvait encore à ce moment plongée la technique de la Pisciculture marine, ont décidé de l'avenir de cette industrie. En adjoignant à la découverte du laboratoire de Plymouth nos propres constatations sur l'alimentation prématurée pendant la période de résorption vitelline (**31**), nous avions la clef des questions si péniblement retournées par nous pendant plusieurs années et il ne nous restait plus qu'à appliquer ces deux principes à la détermination d'une technique, mieux appropriée au but qui nous était assigné.

Le mouvement imprimé à l'eau par un disque plongeur à déplacement vertical est toujours un peu irrégulier, son action est difficile à régler et de plus, l'agitateur lui-même, en se déplaçant dans toute la masse du liquide risque, de blesser ou de heurter les fragiles animaux qui y sont conservés. Nous y substituons donc un ou plusieurs disques inclinés à 45° sur l'horizontale et tournant à un niveau constant. Ces disques qui fonctionnent comme des hélices, grâce à leur inclinaison, impriment à la masse de l'eau un lent déplacement giratoire admirablement approprié à la vie de tous les organismes qui y sont plongés.

Notre premier appareil, celui dont nous avons donné la description en 1901 (**32**) et dont nous reproduisons ici la figure était ainsi combiné :

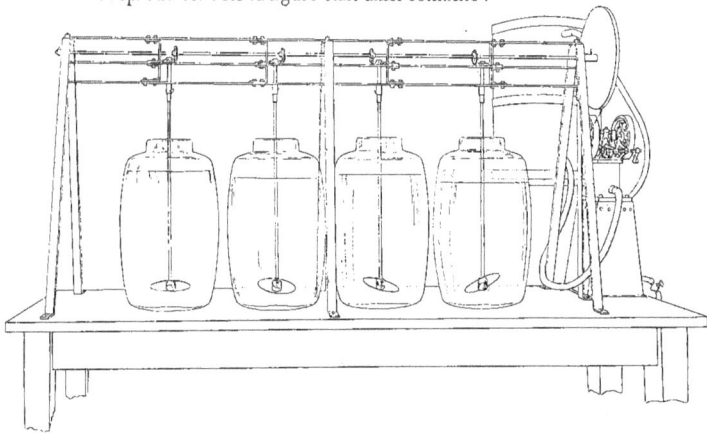

Fic. 37. — Appareil à rotation en usage au Laboratoire de Concarneau pour l'incubation des œufs et l'élevage des larves de poissons marins.
A droite se trouvent le moteur à air chaud et le tonneau qui sert à son refroidissement.

Quatre tonneaux de verre, d'une contenance de 50 litres environ, sont placés côte à côte au-dessous d'un bâti en fer fixé sur la table même qui les supporte. La partie supérieure du bâti porte un arbre horizontal muni à l'une de ses extrémités d'une poulie de transmission. Le long de cet arbre et au-dessus de chaque récipient, deux pignons d'angle transmettent le mouvement à un petit axe vertical muni inférieurement d'une douille en bronze. Dans cette douille s'engage, maintenue par une vis de pression, une tige de verre parfaitement droite, à la partie inférieure de laquelle se trouve fixé un disque de verre soigneusement arrondi et poli sur ses bords. Le disque est percé en son milieu d'une ouverture de diamètre un peu supérieur à celui de la tige qui le porte, de manière que l'on puisse lui donner une inclinaison convenable et déterminée par la direction de section de deux bouchons de liège glissant à frotte-ment dur sur la tige de verre et le maintenant solidement fixé.

La distance la plus favorable du disque au-dessus du fond nous a paru être d'une dizaine de centimètres. Dans quelques cas particuliers, pour l'incubation des œufs très légers, du Bar par exemple, nous ajoutons un deuxième disque en opposition au premier et placé au voisinage de la surface de l'eau. Les deux disques déterminent dans ce cas deux mouvements contraires du milieu et les veines liquides, en se rencontrant vers la région moyenne du tonneau, y produisent un remous qui brasse plus complètement les corps flottants tenus en suspension.

Le mouvement est imprimé à l'appareil par un petit moteur à air chaud d'Heinrici, de la force d'un quarantième de cheval, chauffé par une lampe à pétrole. L'emploi d'un bec de gaz est évidemment plus commode, mais nous avons dû

FIG. 38. — Appareil à rotation modifié de façon à permettre le déplace-ment des systèmes agitateurs (A) et le rapprochement ou l'écarte-ment des appareils d'élevage.

y renoncer par suite des irrégularités et des arrêts qui se produisent fréquemment, surtout la nuit, dans le débit du gaz à Concarneau.

L'appareil ainsi monté fonctionne avec une régularité parfaite pendant plusieurs mois sans la moindre discontinuité et ne réclame d'autre soin que le renouvellement journalier de sa provision de pétrole et le graissage hebdomadaire du petit moteur.

Sous l'influence de la rotation des disques, la masse de l'eau contenue dans cha-que tonneau subit un double mouvement, l'un de giration totale peu sensible à la périphérie et à la surface, l'autre ascensionnel d'où résulte, pour les êtres en suspen-sion, un transport continuel à tous les niveaux du vase. Ceux qui arrivent au contact

du disque sont repoussés sans même le toucher et rejetés dans la circulation générale. Il est à remarquer cependant que cet entraînement régulier ne se produit que
pour les êtres bien vivants dont la densité se maintient au voisinage de celle de l'eau
de mer tandis que ceux qui subissent un commencement d'altération et d'imbibition
tombent assez rapidement sur le fond pour ne plus être soulevés par le disque. Le
même phénomène s'observe sur les particules inertes que l'on peut placer dans l'eau
et qui, malgré leur faible excès de densité, ne tardent pas à gagner les parois du
vase, particularité qui rend très difficiles tous les essais d'alimentation artificielle auxquels on est d'abord tenté d'avoir recours (jaune d'œuf, amidon, chair pilée, etc.).

Pour obtenir la suspension des êtres vivants, point n'est besoin d'ailleurs d'im-
primer au disque rotatif un mouvement rapide. Trente tours à la minute environ
correspondent à la vitesse *optima* pour les sujets dont nous nous sommes occupés.

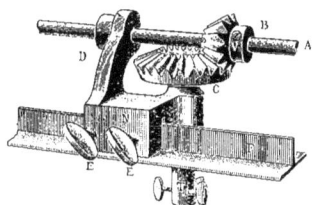

Fig. 39. — Détail d'un des systèmes agitateurs (A)
de la figure précédente. Vu par l'arrière.
F.   Fer en T portant l'ensemble des agitateurs.
N.   Noyau en fonte portant le grand pignon horizontal C,
     la douille porte-tige D et la douille porte-agita-
     teurs T.
EE.  Vis de pression permettant de fixer le noyau N sur
     le fer en T.
A.   Tige horizontale recevant le mouvement par la poulie.
B.   Petit pignon pouvant se déplacer le long de cette tige
     et s'y fixer au moyen de la vis V.

Sous sa première forme l'appareil que
nous venons de décrire fonctionne encore
actuellement au laboratoire de Concarneau.
Désireux d'en diminuer les difficultés de
construction et de lui appliquer d'autres
perfectionnements nous en avons, depuis,
modifié certains détails. Le système assez
compliqué qui portait les pignons d'angle
et la tige horizontale a été remplacé par un
fer en T sur lequel coulissent des noyaux
en fonte portant chacun une tige verticale
destinée à recevoir un agitateur et son
pignon horizontal. Au-dessus de ce fer en T
règne une tige qui traverse les consoles

fixées aux noyaux porte-agitateurs. Cette tige reçoit des pignons d'angle verticaux
plus petits qui coulissent sur toute sa longueur et peuvent venir s'engrener en un
point quelconque avec les pignons horizontaux. Chaque système agitateur, constitué
par un noyau et un pignon vertical, peut donc être fixé par une vis de pression, en un
point quelconque du fer en T qui le supporte. On peut en mettre autant et d'aussi
rapprochés qu'on le désire de façon à employer des vases plus petits et plus nombreux.
Enfin, grâce à la démultiplication résultant de la différence des diamètres du pignon
transmetteur et du pignon récepteur, on a pu réduire notablement les dimensions
de la poulie couplée au petit moteur et remplacer la grande roue en bois du modèle
primitif par une légère roue à gorge, en fonte (¹).

---

(¹) Ces divers appareils ont été très obligeamment construits par M. Cogit, 49, boulevard Saint-Michel, à qui
nous adressons ici nos remerciements.

Disons enfin pour terminer ce qui a trait à notre appareil que nous ne le considérons nullement sous sa forme actuelle comme une machine industrielle mais bien plutôt comme un simple accessoire de laboratoire d'embryologie.

Le principe de l'agitation appliqué à l'élevage en grand des poissons marins doit comporter d'autres perfectionnements. Il doit permettre non seulement l'incubation des œufs flottants mais encore l'élevage, jusqu'à la fin de la transformation en immatures, d'un nombre relativement considérable de jeunes poissons. Or l'alimentation de ceux-ci nécessite dans l'appareil un apport quotidien de plankton vivant qui, ajouté sans précautions, produit un fort déchet et est susceptible d'altérer gravement la pureté du milieu non renouvelé dans lequel se décompose ce déchet. Il importe par conséquent d'assurer non seulement l'agitation de l'eau, mais encore son renouvellement assez fréquent pour que soient entraînés au dehors tous les produits résiduels provenant de la vie même de ses habitants, ou de la putréfaction partielle du plankton ajouté. Les tonneaux se prêtent mal à l'adaptation du courant continu et doivent être remplacés par de vastes aquariums rectangulaires pourvus d'un trop-plein garni d'une large crépine en toile métallique.

L'appareil agitateur, au lieu d'être constitué par des disques inclinés de 45° sur l'horizontale, se trouve ici pourvu de disques obliques portés sur un axe horizontal traversant toute la longueur de l'aquarium et recevant le mouvement par l'intermédiaire d'une petite roue placée à l'une de ses extrémités. Un appareil de ce genre, d'un mètre cinquante de long sur quarante centimètres de hauteur et de largeur, tel que celui actuellement en construction dans notre laboratoire, suffirait vraisemblablement à l'incubation de plusieurs milliers d'œufs et à l'élevage complet des larves qui en émaneraient.

Mais l'exposé très complet que nous avons donné de l'élevage de la Sole aura permis au lecteur de deviner que, si l'agitation est un facteur indispensable au maintien de la vie des jeunes larves, celles-ci n'en réclament pas moins des soins d'un autre ordre parmi lesquels se place en premier lieu l'alimentation. Or, cette alimentation, indispensable au jeune être dès que sa bouche est formée et que son œsophage lui permet le premier mouvement de déglutition, varie énormément selon les espèces.

Dès le début de la période alimentaire les proies les plus ténues conviennent seules à nos larves et ces proies qu'elles rencontrent si largement et si aisément dans leur élément naturel échappent absolument à nos engins de récolte. Elles passent à travers les mailles les plus serrées de nos filets à plankton et comprennent dans leur ensemble cette masse d'êtres microscopiques, algues, infusoires ou larves d'invertébrés que nous désignerons sous le nom de plankton fin par opposition à celui qui se trouve retenu dans nos larges filets de pêche pélagique.

Sans être absolument certains que toutes les espèces de poissons se contentent, *au début,* des proies que nous avons pu faire accepter indistinctement à nos Soles, à nos Bars, aux Sprats et aux Sardines, nous croyons qu'à cette phase de leur vie, le choix de la nourriture est moins important que plus tard et que la « culture » de quelques organismes microscopiques de couleur verte, brune ou rouge viendrait très heureusement au secours du pisciculteur pendant les premiers jours de la résorption vitelline ([1]). Nous nous sommes donc tout particulièrement appliqués à rechercher un moyen commode et sûr d'avoir toujours sous la main cet « urnahrung » indispensable et nous croyons y être parvenus grâce à l'étude d'un Flagellé, le *Monas Dunali*, excessivement abondant dans les marais salants auxquels il communique pendant l'été les curieuses colorations rouges et vertes bien connues de tous ceux qui les ont visités.

Dès le début de nos recherches, en effet (**32**), nous avions pensé à utiliser ce matériel si aisé à se procurer et nous nous étions assurés, par l'aimable intervention d'un de nos amis, M. P. Bachelier du Croisic, des envois réguliers de ces organismes. Pressés d'ailleurs à cette époque par la nécessité de poursuivre nos expériences, nous avions négligé de déterminer exactement les êtres auxquels nous avions recours et ce ne fut que plus tard que nos loisirs nous permirent de poursuivre l'étude dont il ne sera pas sans intérêt de donner ici le résumé.

Chacun sait que la fabrication du sel en marais salants consiste à recueillir l'eau de mer dans des bassins extrêmement plats, les « œillets » des saulniers et à l'y abandonner à une lente évaporation sous l'action des rayons solaires. L'eau ainsi traitée éprouve donc une augmentation progressive de densité jusqu'au moment où, sursaturée, elle commence à laisser déposer les sels qu'elle tenait en dissolution. Or, c'est à partir de ce moment que commence à se développer dans les « œillets » le *Monas Dunali* et nous nous trouvons ainsi en présence d'un être qui, par une lente adaptation, s'est accoutumé à vivre dans un milieu si habituellement nuisible aux protophytes et aux protozoaires qu'il constitue, dans la vie pratique, le meilleur liquide conservateur de nos matières alimentaires, la saumure.

Que se passe-t-il dans les « œillets » au moment de l'apparition des *Monas*? Pourquoi ceux-ci s'y développent-ils en si grande abondance et aux dépens de quoi vivent-ils? Autant de questions fort intéressantes puisque d'elles dépendait pour nous la possibilité de cultiver à volonté notre précieuse denrée. L'hypothèse suivante qui nous vint à l'esprit et que confirma l'expérimentation nous donna la clef du problème.

L'eau de mer qui pénètre dans les bassins d'évaporation contient à l'état normal un grand nombre d'organismes fort divers, dont beaucoup trouvent là des condi-

---

([1]) Signalons dans cet ordre d'idées les cultures de Zoochlorelles, sur pommes de terre, obtenues par M. Hérouard (*Arch. de zool. expér.* Notes et revues, 1894) et dont M. le Professeur Delage s'est très bien trouvé pour l'alimentation des larves d'Echinodermes élevées par lui dans un appareil analogue au nôtre.

tions de milieu éminemment favorables (chaleur, lumière, stagnation), se multiplient d'abord rapidement. Peu à peu cependant, la concentration augmentant, cette
population commence à mourir et il arrive un moment où l'eau saturée des œillets
ne renferme plus que les êtres adaptés à ce milieu spécial. Mais alors ce milieu n'est
plus seulement une solution saline concentrée ; par le fait que ne peuvent s'y développer les microbes habituels de la putréfaction dont le rôle naturel est la transformation des matières organiques, il renferme, en dissolution, une proportion considérable de substances albuminoïdes résultant de la destruction ou, pour mieux dire,
de la macération de tous les organismes qui y sont morts après y avoir prospéré.
Ces matières albuminoïdes si rapidement détruites par les saprophytes en eau normale forment ici évidemment un excellent milieu de culture pour qui sait se les
approprier et c'est à leurs dépens que doivent vivre les *Monas*, défiant désormais, de
par leur spécialisation physiologique, toute concurrence vitale étrangère.

Pour vérifier notre hypothèse nous fîmes concentrer de l'eau de mer jusqu'au
voisinage de la saturation, nous y ajoutâmes une assez forte proportion de matière
albuminoïde sous forme de bouillon de morue salée et nous y ensemençâmes un peu
de notre ancienne provision conservée de l'année précédente(¹). Soumise à l'agitation dans un cristallisoir placé sous notre appareil à rotation, le cristallisoir contenant cette culture nous donna au bout de quelques jours une magnifique purée de
*Monas*.

Renouvelé à plusieurs reprises ce même essai de culture nous a constamment
donné les mêmes résultats, abstraction faite de la coloration des organismes qui ne
revêtent dans nos vases que la couleur verte, forme sous laquelle nous les avions utilisés au début.

Ainsi qu'on a pu le voir dans la première partie de ce travail (p. 113 et suiv.) il
ne nous a pas été possible de déterminer d'une façon absolument précise le moment
où la jeune larve de Sole commence à absorber des proies vives, mais si nous constatons sans aucun doute l'alimentation externe dans le voisinage du dixième jour nous
n'en avons pas moins de bonnes raisons de croire que celle-ci commence beaucoup
plus tôt et qu'elle se compose au début d'organismes très petits comparables aux
corps verts qui existent dans nos appareils d'élevage.

---

(¹) Cette expérience a été faite par l'un de nous en 1902 dans le Laboratoire d'embryologie comparée du Col-
lège de France avec des *Monas* rouges rapportés du Croisic, conservés à la lumière, et qui avaient formé au fond
du vase une couche d'un vert très intense entièrement constituée par des kystes à parois épaisses, mélangés à des
cristaux de sel. Abandonné ensuite pendant plus de deux ans à l'air libre et à la poussière, entièrement desséché
sous forme d'une croûte saline, ce résidu fut apporté à Concarneau dans le courant de décembre 1904, remis en
culture et c'est de lui que dérive toute notre réserve actuelle. Celle-ci néanmoins ne comprend que des organismes verts et nous ne sommes pas encore parvenus à déterminer les conditions voulues pour en obtenir à coup
sûr la variété rouge.

La culture en grand des *Monas* nous fournit donc non seulement un moyen très pratique de subvenir immédiatement aux premiers besoins de nos larves de poissons comestibles; mais encore, par la facilité d'y procéder sur une échelle aussi vaste qu'on peut le désirer, elle nous servira par la suite de matériel intermédiaire pour l'élevage des organismes plus élevés qu'exigent ultérieurement certaines de ces larves.

Presque dès le début de la phase alimentaire, la jeune Sole, admirablement organisée pour la préhension des grosses proies, s'attaque aux larves de poissons qui vivent dans son voisinage et fait notamment de celles des Sprats une consommation à laquelle permet heureusement de subvenir l'abondance considérable dans la mer des œufs de cette espèce au moment où l'on en a besoin. Mais il n'en va pas de même de toutes les autres espèces de poissons comestibles dont nous avons en vue la reproduction. Le Bar, par exemple, qui au début se contente de *Monas*, ne tarde pas à exiger des larves de Copépodes en quantité d'autant plus considérable que ce matériel est plus ténu. Il en sera probablement de même du Turbot; or si pour des essais de laboratoire qui ne portent jamais que sur quelques centaines d'œufs ou de larves on peut toujours, au prix de quelques efforts et de beaucoup de soins, récolter en mer du plankton en quantité suffisante, le trier au retour pour en écarter les organismes nuisibles ou dangereux, le séparer du déchet résultant de la mort d'une partie de ces organismes et le verser enfin dans les tonneaux d'élevage, on ne saurait songer à compter sur un pareil moyen pour assurer les besoins autrement importants d'une « Industrie » publique ou privée.

De même que nous avons trouvé le moyen de cultiver le *Monas Dunali*, de même aussi devra-t-on, par des études de laboratoire patiemment conduites, déterminer les procédés d'élevage en grand de telles ou telles espèces d'organismes appropriés aux besoins de l'espèce que l'on se propose d'obtenir. Et c'est ici que le *Monas* passant au second plan servira cependant de base à la nourriture de ces organismes.

L'avenir de la Pisciculture marine industrielle se trouve, peut-on dire, entièrement subordonné désormais pour chaque espèce de poisson cultivable envisagée isolément : 1° à la détermination des proies vives qu'exigent ses larves depuis le commencement de la période alimentaire jusqu'au moment où pourra se réaliser l'alimentation artificielle; 2° à la culture du ou des organismes reconnus nécessaires. Ces questions ne sont pas aussi difficiles à résoudre qu'il semblerait au premier abord et si les tentatives, effectuées par nous dans ce sens, ne sont pas assez avancées pour qu'il nous soit permis de les mentionner, du moins pouvons-nous affirmer qu'elles sont extrêmement encourageantes. On ne doit pas oublier en effet que pour un établissement opérant sur des œufs recueillis dans ses bassins et provenant d'un nombre de reproducteurs suffisants, la période difficile de l'élevage ne dépassera pas deux ou trois semaines, que la date de cette période peut être fixée à l'avance et que toutes les précautions peuvent être prises en vue d'en rendre les opérations aussi peu aléatoires que possible. De plus

— et c'est le cas de la Sole par exemple — certains aliments, tels que les larves récemment écloses du Sprat, existent en telle abondance dans la nature qu'on peut raisonnablement compter sur des pêches pélagiques régulières pour se les procurer à coup sûr. Les variations observées par nous (v. p. 117, note 2) sur la production de cet élément tiennent vraisemblablement à la faible portée de nos moyens d'investigation et nous avons tout lieu de croire qu'en poussant un peu plus au large nous eussions dans ces années pauvres fait d'aussi larges récoltes que dans les années les plus riches.

# ÉLEVAGE DES ALEVINS

Bien que nous ayons jusqu'ici employé indistinctement les termes de larves et d'alevins en parlant de nos Soles, nous croyons devoir envisager séparément ici, au point de vue pratique, les besoins des jeunes poissons qui n'ont pas encore résorbé leur vésicule et ceux de ces êtres alors que, débarrassés de cet organe encombrant, ils ne doivent plus compter, pour assurer leur alimentation, que sur le produit de leur chasse. C'est de cette seconde catégorie d'individus que nous allons maintenant nous occuper sous la désignation d' « alevins ».

Pressés sans doute par la faim, mieux aptes à livrer bataille à qui leur paraît bon à prendre et à manger, les alevins se montrent beaucoup moins éclectiques que les larves ; les soucis du pisciculteur diminuent en même temps que les difficultés qu'il éprouve à nourrir ses élèves et c'est ici que peuvent se donner librement carrière — dans un appareil à rotation pourvu d'un courant d'eau — toutes les tentatives premières d'alimentation artificielle.

Force nous est pourtant de reconnaître que nos essais n'ont pas été, dans cette voie aussi poussés qu'il eût été désirable de le faire. La raison en est que jamais, à aucun moment, le gros plankton ne nous a fait défaut, que nous trouvions dans les flaques d'eau voisines du laboratoire des Copépodes en abondance et que, tout entiers au plaisir de voir croître nos élèves, nous ne songions qu'à leur donner la nourriture qu'ils acceptaient le plus volontiers.

Pourrait-on dans le cours d'un élevage en grand subvenir avec la même facilité aux besoins de quelques dizaines de mille de jeunes êtres toujours affamés et toujours disposés à faire honneur aux repas qui leur sont offerts ? C'est là une question à laquelle nous n'oserions répondre nettement par l'affirmative. Il est en tous cas évident que plus tôt le pisciculteur pourra faire passer ses élèves de l'alimentation par proies vives à l'alimentation artificielle et plus vite il sera débarrassé d'un souci et de travaux en somme assez absorbants. Or on sait depuis longtemps, en Pisciculture d'eau douce, utiliser la pulpe de rate pour nourrir les jeunes alevins de Salmonides et cela de façon assez régulière pour que les suppléments d'alimentation en proies vives puissent être considérés comme un adjuvant fort précieux mais non indispensable. Il serait absolument nécessaire pour les poissons marins de procéder, dès la fin de la vie larvaire, à des essais du même genre et si nous ne l'avons fait, cela tient à ce que, démunis à ce moment de tout appareil à agitation pourvu d'eau courante, nous craignions de contaminer sans remède le contenu de nos travaux d'élevage.

Quoi qu'il en soit, le but que nous nous proposions — à savoir l'obtention en captivité, de l'œuf à la forme adulte, de poissons comestibles marins — se trouve pleinement atteint et l'avenir seul décidera du sort réservé à la mise en œuvre de nos observations.

# CONSÉQUENCES PRATIQUES
# ET CONCLUSIONS DE CE TRAVAIL

Grâce à l'introduction méthodique, dans la technique piscicole, de deux principes également indispensables, l'agitation du milieu et l'alimentation prématurée, la Pisciculture marine se trouve désormais en mesure de produire non plus des larves imparfaites de quelques millimètres de longueur mais de véritables poissons. De plus ceux-ci peuvent être gardés en captivité aussi longtemps que cela paraît désirable et être utilisés au moment voulu, soit en vue du repeuplement des eaux libres soit en vue de la Pisciculture privée. Nous avons maintenant à envisager séparément ces deux applications, absolument différentes par les méthodes qu'elles comportent, aussi bien que par le but qu'elles se proposent et à nous demander quel bénéfice peut résulter pour elles de l'étude à laquelle nous venons de nous livrer.

## A. — Pisciculture publique.

Écartons d'abord comme insoluble par le simple raisonnement la question qui se pose au début de toutes les tentatives de Pisciculture publique en général et de Pisciculture marine en particulier : l'intervention humaine est-elle susceptible, en regard de l'immense productivité naturelle, d'exercer une influence favorable ou défavorable sur la faune des océans ? Ce sujet a donné lieu à de nombreuses discussions dans lesquelles les meilleurs arguments n'ont manqué ni en faveur d'une opinion ni en faveur d'une autre. Le lecteur les trouvera très longuement exposés dans le savant ouvrage du P$^r$ Mac Intosh, *The resources of the Sea,* et dans un très intéressant article de M. Garstang, *The impoverishment of the Seas,* paru dans le journal du *Laboratoire de Plymouth,* vol. VI, 1900, p. 1-69.

Nous croyons inutile pour notre part de grossir le nombre des partisans ou des adversaires de la théorie de l'Inépuisabilité des mers attendu que nous n'avons aucun argument nouveau à porter dans la discussion. Bornons-nous à faire observer que la réglementation des pêches tout entière est basée sur la croyance à l'utilité de l'intervention humaine et que le meilleur moyen de décider de quel côté se trouve la vérité serait évidemment de tenter la multiplication artificielle d'une ou plusieurs espèces de poissons comestibles.

Nous sommes, avons-nous dit, en mesure de produire des alevins de Sole en quantité suffisante pour tenter l'enrichissement d'un point donné du littoral avec la certitude absolue de ne jeter à la mer que des individus parfaitement viables et bien armés pour la vie libre. Pouvons-nous en conclure que notre tentative sera immédiatement et sûrement couronnée de succès ? Nous nous garderons bien de l'affirmer pour la raison qu'ignorant dans quelles proportions la production naturelle exerce ici son action, nous n'avons aucun criterium pour déterminer l'étendue de l'effort que nous serions obligés de fournir pour aider efficacement à cette production. Les lois qui régissent l'équilibre vital dans un milieu aussi complexe que la mer sont si nombreuses, si étroitement liées entre elles que nul ne peut prévoir l'effet ultime d'une modification artificielle apportée par l'homme à leur libre exercice. Abstraction faite de la destruction, à coup sûr considérable, exercée par les engins littoraux sur les petites Soles immatures provenant de la multiplication naturelle de cette espèce, il est bien évident que cette multiplication se trouve limitée par le développement des espèces animales qui vivent à ses dépens. Et qui peut dire à coup sûr que l'enrichissement en alevins de Soles d'une région déterminée du littoral ne se traduira pas en fin de compte par un accroissement inattendu de telle ou telle forme animale qui en vit et qui se développera en raison directe de la prébende nouvelle que nous lui fournirons ? Ce n'est là évidemment qu'un simple point d'interrogation, mais point qu'il était de notre devoir de poser pour délimiter la portée de nos propres recherches et pour éviter aux autres aussi bien qu'à nous-mêmes toute exagération.

Quoi qu'il en soit il est bien évident que l'objection perd d'autant plus de sa force que nous libérons des animaux plus âgés, mieux armés pour la lutte, capables par conséquent de survivre en plus grand nombre aux causes de destruction qui les menacent.

Rien ne prévaut d'ailleurs contre les faits et le but de nos efforts étant justement de fournir aux promoteurs de la Pisciculture publique un moyen réel de la mettre en pratique, voyons comment pourraient maintenant se comprendre l'établissement et le fonctionnement d'une « Piscifacture » destinée à la multiplication de la Sole.

Bien que très difficiles à capturer sans lésions mortelles, les Soles de forte taille, une fois franchie la période délicate de l'acclimatement, se comportent parfaitement en captivité, même dans des aquariums relativement petits. Cunningham (6) qui en a bien étudié les mœurs dans sa belle monographie nous dépeint la Sole comme

231

un poisson éminemment nocturne qui, le jour, se tient constamment enterré dans le sable, mais qui, dès le crépuscule, entre en activité et parcourt en tous sens les parois de son bassin. Nous avons pu maintes fois vérifier l'exactitude de ce détail dans nos bacs du laboratoire et nous pensons qu'il y a lieu d'en tenir grand compte pour les distributions de proies mortes (poisson coupé) auxquelles on a le plus souvent recours pour l'alimentation des reproducteurs. Au début de sa captivité, surtout, la Sole accepte difficilement ce genre de nourriture et nous avons observé qu'elle l'accueillait beaucoup mieux pendant la nuit que pendant le jour.

Il n'y a pas lieu, semble-t-il, de construire de très vastes bassins pour les reproducteurs. Tout au moins ne paraissent-ils pas exiger de grandes profondeurs d'eau pour frayer puisque Butler (13) a pu observer le phénomène dans un simple aquarium. On peut donc rationnellement supposer qu'un bassin en maçonnerie de $1^m,50$ à 2 mètres de profondeur sur 40 mètres de long et 10 mètres de large se prêterait aisément à la vie et aux fonctions de 250 reproducteurs de 38 à 40 centimètres de longueur ([1]). Sur ce nombre il ne faudrait pas admettre plus de 50 à 60 individus mâles qui suffiraient largement à la fécondation pendant toute la période de ponte([2]). Comme on évalue que le nombre des œufs pondus par une Sole oscille entre 4 et 600 000, les deux cents femelles donneraient *théoriquement* de 80 à 120 millions d'œufs par an. Nous disons théoriquement parce qu'à notre avis l'évaluation du nombre des œufs ovariens ne peut indiquer que d'une façon très approximative celui des œufs « viables ». Quoi qu'il en soit et en nous basant sur les résultats obtenus à Dunbar pour la Plie, ce chiffre de reproducteurs est amplement suffisant pour alimenter les appareils d'incubation de la « Piscifacture » la mieux outillée.

Bien qu'il soit possible, à la rigueur, de concevoir un réservoir à reproducteurs en communication avec la mer et alimenté uniquement par le jeu des marées, ce dispositif présente de tels inconvénients pour la santé des animaux aussi bien que pour l'utilisation de leurs pontes qu'on ne saurait le préconiser qu'à titre de véritable pis aller. La solution réellement rationnelle consiste dans l'emploi d'une machine à vapeur ou à pétrole qui pompe l'eau dans la mer et la rejette dans le bassin d'une façon plus ou moins continue. Un moteur à vent, couplé à une pompe, viendrait heureusement compléter l'installation en évitant pendant d'assez longues périodes la dépense relativement élevée qu'exige l'alimentation d'eau.

---

[1] L'expérience nous a appris, pour les Pleuronectes en général, qu'en attribuant à chaque individu une aire carrée dont le côté est égal à sa longueur et moyennant une alimentation d'eau convenable, on assure aux habitants d'un bassin l'espace nécessaire à leur existence normale.

[2] La distinction des sexes est très aisée à faire chez la Sole parvenue à l'âge adulte. L'ovaire, se prolongeant très loin en arrière vers le côté ventral du corps, apparaît comme une zone opaque, rougeâtre, qui fait complètement défaut chez les individus mâles. Chez ceux-ci, en effet, le testicule, toujours très petit, ne dépasse pas la cavité splanchnique.

La récolte des œufs qui, pour la Sole, doit s'étendre dans notre région de l'Ouest de mars à juin avec son maximum en avril et mai, ne présente aucune difficulté et s'effectue au moyen du filtre à œufs dont nous avons parlé plus haut.

En ce qui concerne l'incubation nous pensons que les récoltes journalières seraient sans aucun inconvénient réunies, si nécessaire, dans un même appareil tous les trois ou quatre jours. Nous avons, en effet, élevé simultanément des œufs et des larves présentant une différence d'âge beaucoup plus grande encore et cela sans autre inconvénient que celui de voir les individus mal venus servir d'aliments de choix à leurs compagnons de captivité. Bien qu'il ne nous ait pas été possible d'évaluer la quantité d'œufs qui peuvent être incubés dans un aquarium de $1^m,50 \times 40 \times 40$ à eau courante et à agitateurs multiples, nous pensons qu'il conviendrait de ne pas dépasser le chiffre de quatre à cinq mille. Il ne faut pas oublier, en effet, que nous nous proposons non plus de faire éclore des larves et de les conserver pendant quelques jours avant de les jeter à la mer, mais bien d'en obtenir la transformation en poissons plats. L'expérience apprendra si cette transformation ne s'effectuerait pas plus commodément et plus sûrement dans des récipients spéciaux, à agitateurs, beaucoup plus vastes que ceux qui serviraient uniquement à l'incubation et dans lesquels seraient transportées les larves à l'époque où elles réclament le secours de l'alimentation externe. Ces données ne pouvant s'acquérir qu'après un certain nombre d'essais portant sur une quantité d'œufs considérable, nous pensons qu'il vaut mieux pour commencer s'en tenir à des aquariums de taille relativement restreinte, faciles à surveiller et à alimenter, quitte à en multiplier le nombre au fur et à mesure des besoins.

La première alimentation des larves se trouve, comme nous l'avons vu, largement assurée par les cultures de *Monas Dunali* dont nous avons indiqué l'emploi. Ces cultures peuvent se réaliser avec la plus grande facilité sur une échelle aussi vaste qu'on peut le désirer et cela non pas au moyen d'aquariums à eau courante mais bien de simples tonneaux avec disques de rotation. Plus tard des pêches pélagiques donneraient des œufs de Sprats en quantité suffisante pour atteindre le stade de transformation pleuronecte, époque où les mœurs de l'alevin se modifient peu à peu pour se rapprocher de celles de l'adulte. Là encore des pêches de Copépodes pélagiques fourniraient au pisciculteur un précieux appoint, mais ce n'est pas selon nous la véritable méthode dont on sera appelé à se servir dans l'avenir.

Si l'on veut bien se rappeler que nos essais d'élevage n'ont porté que sur un nombre relativement restreint d'œufs récoltés en mer ; que ces œufs ont été incubés dans des tonneaux de verre à eau non renouvelée ; qu'enfin les larves qui en étaient issues ont subi toute leur évolution dans les mêmes conditions forcément un peu défavorables, on comprendra que nous n'ayons pu nous livrer à des essais d'alimentation artificielle qui eussent promptement corrompu l'eau de nos récipients et par conséquent coupé court à nos expériences, chose que nous voulions éviter avant tout. Dans des aquariums à eau courante, au contraire, rien ne serait plus aisé que de se livrer aux essais les plus divers et nous pensons qu'aucune raison ne s'oppose à leur réussite. Chacun sait avec quelle avidité les jeunes alevins de Salmonides accueillent la pulpe de rate qui leur est distribuée sous forme d'une bouillie très claire répandue dans l'eau de leurs bassins. Il suffit d'une ou deux tentatives pour accoutumer tous ces jeunes êtres à une alimentation bien différente cependant de celle qu'ils trouvent dans la nature, et cela tient, croyons-nous, à l'abondance excessive des particules nutritives dont on les environne tout d'un coup, particules qui ne manquent pas d'être saisies par hasard d'abord, puis appréciées et enfin recherchées par tous ceux qui en ont une première fois dégusté la saveur. Or, nos propres expériences nous apprennent que la pulpe de rate offerte aux jeunes poissons marins (Bars) n'est pas moins favorablement acceptée par eux que par leurs congénères d'eau douce. Le seul point, un peu difficile à déterminer, c'est l'époque la plus favorable à cette première tentative d'alimentation. Les jeunes Soles accepteront-elles la rate dès le début de la phase alimentaire, exigeront-elles d'abord le secours des *Monas*, puis des larves de Sprats, et ne consentiront-elles à accepter la pulpe de rate qu'au moment de leur transformation? c'est là une question que nous nous proposons d'étudier par la suite. Lorsque dans un petit espace se trouvent réunis de nombreux poissons à peu près égaux en âge, on remarque chez eux, par suite de la concurrence vitale, une propension beaucoup plus marquée à prendre tout ce qui leur est offert que quand de rares individus se promènent isolément en s'ignorant pour ainsi dire les uns les autres. Nous n'avons pas eu la chance de réaliser encore la première de ces conditions ; elle est presque aussi indispensable pour l'alimentation artificielle que l'emploi des aquariums à eau courante.

Quoi qu'il en soit, nous envisageons nos Soles au point de vue de leur utilisation par une Piscifacture publique, et nous estimons que le rôle de celle-ci est rempli quand elle a conduit ses élèves à la taille de 15 à 20 millimètres. Certes, une conservation plus prolongée en captivité n'en vaudrait que mieux encore. Elle ne dépendra que des facilités d'alimentation et nous devons reconnaître que nous n'avons pas poussé très loin nos recherches de ce côté. Les jeunes Soles sont si faciles à nourrir avec des Copépodes que nous avons poussé les nôtres jusqu'à la taille de cinq ou six centimètres en leur distribuant uniquement ce genre de nourriture. Une semblable pratique ne serait pas industrielle et les efforts du pisciculteur marin devront, au contraire, tendre à la supprimer le plus tôt possible.

Quel serait le meilleur mode d'utilisation du produit d'une Piscifacture qui se vouerait d'abord entièrement à la reproduction de la Sole ? Ce serait à notre avis une très grave erreur de multiplier dès le début les points d'ensemencement des alevins résultant de son élevage. Il conviendrait, au contraire, de déterminer avec soin,

autour de la Piscifacture, les plages sablonneuses fréquentées naturellement par les
jeunes Soles, d'y déverser toute la production annuelle de l'établissement en prohi-
bant sévèrement sur ces plages l'emploi des engins traînants ou fixes, destructeurs
d'immatures et de persévérer dans cette voie pendant deux ou trois années afin d'apprécier le résultat de l'opération ainsi pratiquée. Une multiplication artificielle intensive d'une espèce comestible donnée doit, si elle est efficace, amener *dès la fin de sa
troisième année* un relèvement numérique de l'espèce, assez accentué *pour que la
constatation s'en impose matériellement au pêcheur lui-même.* Ce résultat que nous ne
pouvons prédire, mais qu'il ne nous est pas défendu d'espérer, serait la seule démonstration péremptoire du bien fondé de la Pisciculture publique. Cette démonstration
est encore à faire.

### B. — Pisciculture privée.

L'histoire des tentatives auxquelles a donné lieu, depuis cinquante ans, la multiplication artificielle, ou pour mieux dire la reproduction en eaux closes des poissons
marins, est véritablement bien curieuse à étudier et lorsqu'on parcourt le littoral de
la France en recherchant avec soin les vestiges des établissements créés dans cette
intention, on demeure confondu en constatant la somme considérable d'efforts et de
capitaux qui y a été dépensée. Pas une anse, pas un étang marin, susceptibles d'être
fermés et alimentés d'eau par un jeu de vannes plus ou moins compliqué, qui n'aient
été mis en valeur et exploités aussi longtemps que le permettaient la réserve de
capitaux et la provision d'espérances de leur propriétaire. L'ignorance absolue où
l'on était à cette époque du mode de reproduction des poissons marins se trouvait
comme masquée par la théorie des frayères littorales et les tentatives dont nous parlons
n'avaient pas d'autre but que de réunir des reproducteurs dans des lieux éminemment
favorables, croyait-on, au dépôt et au développement de leurs œufs dans l'espoir de
voir prospérer leur progéniture jusqu'au jour où, devenue poisson marchand, elle
rémunérerait largement le capital engagé.

Parmi les établissements ainsi constitués, quelques-uns ont survécu à la ruine. Ce
sont ceux qui, alimentés en amont par un filet d'eau douce, attirent invariablement
les alevins de Muges et leur offrent, une fois prisonniers, de larges pacages sous-
marins, où ils atteignent sans difficulté, en se nourrissant d'algues et d'animaux inférieurs, la taille de 25 à 30 centimètres. D'autres tirent aussi de l'Anguille un revenu,
sinon comparable à celui des fameux réservoirs de Comacchio, du moins fort appréciable.

Très intéressants par les résultats qu'ils fournissent, très dignes d'être soutenus
et encouragés, ces étangs marins ne sont cependant que des parcs d'élevage ou

d'engraissement. Peut-être pourront-ils un jour bénéficier des pratiques plus compliquées de la Pisciculture marine, mais la question demande encore les plus extrêmes
réserves.

Les précieux enseignements que nous donne la pratique aujourd'hui si avancée
de la Pisciculture d'eau douce et de l'élevage des Salmonides en particulier, nous
apprennent que la culture d'une espèce quelconque de poisson consiste en somme
— une fois assurées les conditions essentielles d'un milieu favorable — à transformer,
par l'intermédiaire de cette espèce, une matière alimentaire de valeur à peu près
nulle (débris de boucherie, poisson blanc, tourteaux, farines de viande, etc.) en un
produit de haute valeur commerciale : le poisson comestible. L'écart entre le prix
d'achat de l'aliment et le prix de vente du poisson constitue le bénéfice de l'entre-
prise, et ce bénéfice est d'autant plus élevé que l'espèce à laquelle on a recours présente une valeur marchande plus considérable [1]. Il y a loin, nous le reconnaissons, de
cette simple conception à celle encore plus simple qui voyait dans la Pisciculture un
moyen économique d'utiliser les propriétés « nutritives » de l'eau et qui, sous prétexte que le poisson vit très longtemps sans manger, supprimait à peu près les difficultés inhérentes à son alimentation dans les eaux closes. En réalité, au contraire,
tout le problème de la Pisciculture est là, et l'élevage industriel du poisson marin
n'est un peu plus compliqué que celui du poisson d'eau douce qu'en raison des difficultés spéciales que présente encore pour le moment sa multiplication artificielle.

Pour quiconque se donne la peine d'examiner la valeur commerciale des poissons
marins, la conviction ne tarde pas à s'imposer que très peu d'espèces, à la vérité,
sollicitent l'intérêt de la Pisciculture privée. Abstraction faite des poissons migrateurs,
(Hareng, Maquereau, Sardine, Thon) et des poissons de grand fond (Merluc, Morue,
*Pleuronecte megastome*) dont la caractéristique commune est de vivre habituellement
dans des régions inaccessibles aux engins de pêche et de ne se prêter à l'exploitation
humaine qu'à des intervalles périodiques assez courts pour éviter toute destruction
intensive, nous ne trouvons guère que la Sole commune, le Turbot et le Bar, dont
la multiplication artificielle puisse faire espérer quelque profit.

Toute la question est de savoir : 1° si ces espèces peuvent s'obtenir facilement à
l'état d'alevins ; 2° si leur courbe de croissance en captivité n'exige pas une dépense
disproportionnée avec leur prix de vente.

En ce qui concerne la production des alevins, nous pouvons dès maintenant

---

[1] Divers observateurs se sont efforcés, à propos des Salmonides principalement, de calculer le poids de nourriture nécessaire pour obtenir un kilogramme de Poisson. Les chiffres relevés par eux sont peu concordants ;
cela tient évidemment à la diversité des aliments employés et des conditions de milieu où se trouvaient les sujets
en expérience. On tend à admettre comme à peu près exact le rapport de 8 : 1 mais des études très intéressantes
poursuivies dans le bel aquarium du Trocadéro par son directeur actuel, M. Juilleral, il paraît résulter que ce
rapport serait susceptible d'être abaissé dans de notables proportions.

affirmer que la Sole et le Bar ne présentent aucune difficulté. Ce que nous avons dit de la première espèce dans la partie de ce chapitre qui a trait à la Pisciculture publique, s'applique aussi bien à la Pisciculture privée, avec cette différence qu'il ne s'agit plus dans ce cas de fabriquer des millions d'alevins, mais bien de cultiver quelques milliers d'individus pendant la période nécessaire à l'obtention de leur taille *optima* d'utilisation. Nos observations sur le Bar nous permettent d'affirmer que sa multiplication est, pour le moins, aussi aisée que celle de la Sole. Nous regrettons de ne pouvoir en dire autant du Turbot ; toutes nos tentatives pour en obtenir la ponte en bassins fermés ont échoué depuis dix ans que nous les poursuivons. Mais d'autres semblent avoir été plus heureux [1] et il y a lieu d'espérer que cette espèce ne se montrera pas plus réfractaire que les deux autres en ce qui a trait à son incubation et à la période de transformation de ses larves.

Quant au second point dont l'intérêt n'est pas moins grand et qui touche à la rapidité de croissance des trois espèces que nous envisageons ici, nos renseignements sont de valeur assez inégale.

La Sole présente une courbe de croissance assez accentuée et doit atteindre, d'après les appréciations de Cunningham (6) la taille de 3o ou 35 centimètres au bout de sa troisième année. C'est cependant, d'après nos propres observations, un poisson difficile à élever en grande quantité. Il accepte toujours avec peine la viande ou le poisson hachés, ou plutôt ne consomme cette nourriture que quand elle est tombée sur le fond. Peut-être parviendrait-on pourtant à tourner la difficulté en faisant les distributions sur le soir ou pendant la nuit ; peut-être aussi le grand nombre des élèves contenus dans le bassin créerait-il chez eux cet état d'excitation spécial dont nous avons parlé plus haut et qui facilite singulièrement la tâche du pisciculteur. Quoi qu'il en soit, nous nous garderons de dépasser ici les limites de notre propre expérience et nous ferons en ce qui concerne la Pisciculture privée de la Sole les plus extrêmes réserves, tout en préconisant très vivement de nouvelles recherches à son sujet.

Le Bar étant un poisson nageur par excellence se nourrit au contraire avec la plus grande facilité et saisit la nourriture avant qu'elle n'ait touché le fond. Nous croyons que son élevage peut se comparer à celui des Salmonides. Il reste à savoir si ce poisson qui — pendant son jeune âge tout au moins — fréquente assidûment les embouchures, n'exige pas pour croître rapidement au début de sa vie l'apport d'un peu d'eau douce. Les expériences effectuées par nous sur ce point n'ont pu être poussées bien loin en raison des conditions particulières où se trouve le laboratoire de Concarneau. Plus que la Sole cependant, cette espèce se désigne à l'attention du pisciculteur en raison de la très grande facilité que présente son alimentation.

---

[1] Voir la note de la p. 212 relative à la ponte du Turbot dans les bassins du laboratoire de Tatihou et aux observations de M. Dantan.

Par une coïncidence que nous regrettons, l'espèce dont nous avons le mieux étudié les mœurs et la croissance, le Turbot, se trouve être celle dont la reproduction artificielle présente encore le plus de difficultés. Mais quand celles-ci seront écartées nous posséderons en ce qui concerne le cycle évolutif le plus complet qu'on puisse désirer pour la culture d'un poisson de mer.

Nos recherches ont porté principalement sur des alevins de cette espèce récoltés sur les plages sablonneuses des sables blancs près de Concarneau. Là se rencontrent en abondance de jeunes Turbots dont la taille oscille entre 2 et 5 centimètres, c'est-à-dire de véritables alevins tels que pourrait sans aucun doute les fournir nos appareils d'élevage si nous les garnissions d'œufs de cette espèce. Or, autant la Sole se montre délicate et exigeante à cette période de son existence autant le Turbot est rustique et facile à nourrir. Chair de poisson coupée, pulpe de rate, plankton grossier, alevins les plus divers, tout lui est bon dès le premier jour de sa capture jusqu'à celui où, devenu véritable poisson adulte, il accepte sans se faire prier l'alimentation la plus uniforme. Voici à titre de renseignement le tableau que nous avons publié dans un travail antérieur (30) sur quelques individus dont la taille variait de 12,5 à 16,5 centimètres.

| NUMÉRO n°mot des individus | POIDS (EN GRAMMES) | | | LONGUEUR (EN CENTIMÈTRES) | | |
|---|---|---|---|---|---|---|
| | 27 JUIN 1896 | 22 SEPTEMBRE 1896 | 15 OCTOBRE 1896 | 27 JUIN 1896 | 22 SEPTEMBRE 1896 | 15 OCTOBRE 1896 |
| 1 | 34,5 | | 120 | 12,5 | 16 | 18 |
| 2 | 44 | | 120 | 13,5 | 16 | 18,5 |
| 3 | 43,5 | | Mort. | 14 | 17 | Mort. |
| 4 | 52 | Poids non estimé. | 140 | 14 | 18 | 19,5 |
| 5 | 52 | | 165 | 14 | 19 | 20 |
| 6 | 55 | | 185 | 15 | 19 | 21 |
| 7 | 62 | | 162 | 15,5 | 19,5 | 21 |
| 8 | 65 | | 185 | 15,5 | 20 | 21,5 |
| 9 | 64 | | 215 | 16 | 21 | 22 |
| 10 | 64 | | 223 | 16 | 21 | 22 |
| 11 | 82 | | 215 | 16 | 21,5 | 22,5 |
| 12 | 82 | | 230 | 16,5 | 21,5 | 22 |
| | 700 | | 1 960 | 4,25 | 1,5 (*) | |

(*) Ces deux derniers nombres désignent l'accroissement moyen pendant les périodes intercalaires.

Dans cette expérience 700 grammes de Turbot donnent en trois mois et demi 1 960 grammes, soit une augmentation d'environ 1 : 3 si l'on tient compte de la disparition du Turbot n° 3 dont le poids a été compris dans les pesées du 27 juin et omis dans celles du 15 octobre.

Une expérience effectuée antérieurement à celle-ci et portant sur un plus petit nombre d'individus nous avait donné en 7 mois une augmentation de 1 : 6.

Disons enfin pour terminer ce qui a trait au Turbot que, conservés dans les bassins du laboratoire pendant deux ou trois ans les mêmes individus y atteignent aisément la taille de 30 ou 40 centimètres.

Quoi qu'il en soit, la Pisciculture industrielle privée ou en viviers des trois espèces que nous venons de mentionner paraît dès aujourd'hui sinon immédiatement réalisable, du moins digne d'être étudiée et mûrement préparée au moyen de nouvelles observations faites sur une assez vaste échelle pour permettre d'en bien apprécier la portée pratique. Loin de nous la pensée de pousser dans la voie des coûteuses et imprudentes applications. Celles-ci ne sauraient offrir quelque chance de succès que si elles s'appuient constamment sur le terrain solide de l'expérimentation. Mais le moment viendra bientôt où, complètement exploré, ce terrain pourra être délaissé sans danger et c'est alors que notre labeur se trouvera amplement récompensé s'il nous est permis de penser que nous avons dans la mesure de nos forces contribué à la création sur notre littoral d'une nouvelle et utile industrie.

# INDEX BIBLIOGRAPHIQUE

A. — Travaux intéressant d'une manière plus spéciale l'histoire du développement de la Sole
(par ordre chronologique).

1. MALM, A. W.  Bidrag till Kännedom af Pleuronectoïdernas utveckling och byggnad. — *Kongl. Svenska Vetenskaps-Akademiens Handlingar,* Bd. VII, n° 4 (1868), p. 1-28, pl. 1.

2. RAFFAELE, F.  Le uova gallegianti e le larve dei Teleostei nel golfo di Napoli. — *Mittheil. aus der Zoolog. Station zu Neapel,* Bd. VIII (1888), p. 1-84, pl. I-V.

3. M'INTOSH.  On the pelagic fauna of the Bay of S. Andrews during the months of 1888. — *7th Annual report of the fishery board f. Scotland,* III (1889), p. 304, pl. III, fig. 4.

4. CUNNINGHAM, J. T.  Studies of the reproduction and development of Teleostean Fishes occurring in the neighbourhood of Plymouth. — *Journ. of the Marine Biological Association,* vol. I (1889-90), p. 10-54, pl. I-VI.

5. M'INTOSH, W. C. AND PRINCE, E. E.  On the development and life histories of the teleostean food -and other fishes. — *Transactions of the Royal Society of Edinburgh* (n° 19), vol. XXXV, pt. III (1890), p. 665-946, pl. I-XXVIII.

6.  CUNNINGHAM, J. T.    A treatise on the common Sole (Solea vulgaris). Plymouth (1890), 147 pages, 18 planches.

7.  CUNNINGHAM, J. T.    On some disputed Points in Teleostean Embryology. — *Ann. Mag. Nat. Hist.*, série VI, t. VII (1891), p. 204.

8.  MARION.    Œufs flottants et alevins observés dans le golfe de Marseille durant l'année 1890. — *Annales du Musée d'Histoire naturelle de Marseille*. Travaux du laboratoire de Zoologie marine, t. IV, fasc. I (juin 1891), p. 112-121, pl. I et II.

9.  CUNNINGHAM, J. T.    On some Larval Stages of Fishes. — *Journal of the Marine Biological Association*, vol. II (N. S.), (1891-92), p. 68-74, pl. III-IV.

10. CUNNINGHAM, J. T.    Ichthyological Contributions. — *Ibid.*, p. 325-332, pl. XIV.

11. HOLT, E.    Survey of fishing grounds, west coast of Ireland, 1890-1891. On the eggs and larval and post-larval stages of teleosteans. — *The scientific transactions of the royal Dublin Society*, vol. V (sér. II) (1893), p. 5-121, pl. I-XV.

12. CANU, E.    Pontes, œufs et larves des Poissons osseux, utiles ou comestibles, observés dans la Manche. — *Annales de la Station aquicole de Boulogne-sur-Mer*, sér. I, vol. I (1893), p. 119-132[ter], pl. VIII-XV.

13. BUTLER, G. W.    Report on the Spawning of the common Sole (Solea vulgaris), in the aquarium of the marine Biol. Association's Laboratory at Plymouth, during April and May 1895. — *Journal of the Marine Biological Association*, vol. IV (1895). p. 3-9.

14. CUNNINGHAM, J. T.    The natural History of the marketable marine Fishes of the British Islands. London, 1896.

15. EHRENBAUM, E.    Eier und Larven von Fischen der deutschen Bucht. — *Wissensch. Meeresuntersuchungen*, Bd. II, 1 (1896), pl. III-VI.

**16.** M'INTOSH and MASTER-MAN. The Life-histories of the British marine Food Fishes. London, 1897.

**17.** CANU, E. Rapport sur les travaux exécutés en 1896, à la station aquicole de Boulogne-sur-Mer (suite et fin). — *Bulletin de la Société nationale d'acclimatation de France* (février 1898), p. 63-74.

**18.** HOLT, E. Recherches sur la reproduction des Poissons osseux, principalement dans le golfe de Marseille. — *Annales du Musée d'histoire naturelle de Marseille.* Zoologie, t. V (1899), p. 1-128, pl. I-IX.

**19.** HEINCKE, Fr. und EHRENBAUM, E. Eier und Larven von Fischen der deutschen Bucht. — II. Die Bestimmung der schwimmenden Fischeier und die Methodik der Eimessungen. — Aus der *Biologischen Anstalt auf Helgoland* (1900).

**20.** FABRE-DOMERGUE, P. et BIÉTRIX, E. Sur l'élevage complet de la Sole au laboratoire de Concarneau. — *C. R. Ac. Sc.* (1901), t. CXXXII, p. 1136.

B. — Autres travaux consultés à propos du présent mémoire (par ordre alphabétique).

**21.** AGASSIZ, Al. On the young stages of some osseous Fishes. — I. Development of the Tail. — *Proceedings of the American Academie of arts and sciences,* XIII (1877-78), p. 117-127, pl. I-II.

**22.** BALFOUR, F. M. A monograph on the development of Elasmobranch Fishes. London, 1878.

**23.** BALFOUR, F. M. A Treatise on comparative Embryology. London, 1879-81. — Traduction française par H. A. Robin. Paris, 1883.

**24.** BROWNE. On Kœping Medusæ alive in an Aquarium. — *Journal of the Marine Biological Association,* vol. V (1898), p. 176-180.

25. CUNNINGHAM, J. T.   The Rate of Growth of some Sea Fishes and their distribution at different Ages. — *Ibid.*, vol. II (1891-92), p. 95-118.

26. CUNNINGHAM, J. T.   Breeding of Fish in the aquarium. —*Ibid.*, vol. II (1891-92), p. 195-196 (*Notes and Memoranda*).

27. CUNNINGHAM, J. T.   On the Rate of Growth of some Sea Fishes, and the Age and Size at which they begin to breed. — *Ibid.*, vol. II (1891-92), p. 222-264.

28. DANNEVIG, H.   On the rearing of the larval and post-larval stages of the Plaice. — *Rep. of the fishery Board for Scotland, for* 1896, p. 175-192, *and for* 1897, p. 223-224.

29. FABRE-DOMERGUE, P.   Étude sur le rôle et les procédés de la Pisciculture marine. — *Bulletin de la marine marchande,* 1900.

30. FABRE-DOMERGUE, P. ET BIÉTRIX, E.   Recherches biologiques applicables à la Pisciculture marine. Sur les œufs et les larves des Poissons de mer et sur le Turbot. — *Ann. des Sc. Nat., Zoologie,* VII<sup>e</sup> sér., t. IV (1897), p. 151-220.

31. FABRE-DOMERGUE, P. ET BIÉTRIX, E.   Rôle de la vésicule vitelline dans la nutrition larvaire des Poissons marins. — *C. R. de la Soc. de Biol.,* 30 avril 1898.

32. FABRE-DOMERGUE, P. ET BIÉTRIX, E.   Appareil à rotation pour l'élevage des œufs et des larves de Poissons marins.— *C. R. de l'Associat. franç. pour l'avanc. des Sc., Congrès d'Ajaccio* (1901), p. 639.

33. GARSTANG.   Preliminary experiments on the rearing of sea-fish larvæ. — *Journal of the Marine Biological Association,* vol. VI (1900), p. 70-93.

34. GUNTHER, A.   Handbuch der Ichthyologie. Traduction allemande de Von Hayek. Wien, 1886.

35. HENNEGUY, F.   Recherches sur le développement des Poissons osseux. Embryogénie de la Truite. — *Journal de l'Anatomie et de la Physiologie,* 1888.

36. HOLT, E.            Survey of fishing grounds, west coast of Ireland,
                        1890. — I. On the eggs and larvæ of Teleosteans.
                        *The scientific transactions of the royal Dublin
                        Society*, vol. IV (sér. II), VII, p. 435-474, pl.
                        XLVII-LII.

37. HOLT, E.            North Sea Investigations. I. On the Relation of
                        Size to Sexual Maturity in Pleuronectids. —
                        *Journal of the Marine Biological Association*,
                        vol. II (1891-92), p. 363-379.

38. LAGUESSE, E.        Recherches sur le développement de la rate chez
                        les Poissons. — *Journal de l'Anatomie et de la
                        Physiologie*, 1890.

39. MEYER, H. A.        Biologische Beobachtungen bei künstlicher Auf-
                        zucht des Herings der westlichen Ostsee. Mittei-
                        lungen aus der Kommission zur Wissenschaft.
                        Untersuchung der deutschen Meere in Kiel. —
                        *Im Auschluss an die Abhandlung VII, im IV-VI
                        Jahresberichte der Komm.*, 1878.

40. MOREAU, E.          Histoire naturelle des Poissons de la France.
                        Paris, 1881.

41. OELLACHER, J.       Beiträge zur Entwicklungsgeschichte der Knochen-
                        fische nach Beobachtungen am Bachforellenei.
                        — *Zeitschr. f. Wiss. Zoolog.*, XXII (1872) et
                        XXIII (1873).

42. PARKER, W. K.       On the structure and development of the Skull
                        in the Salmon (*Salmo Salar*). — Bakerian Lec-
                        ture. *Phil. Trans.*, 1873.

43. POUCHET, G.         Du développement du squelette des Poissons
                        osseux. — *Journal de l'Anatomie*, mai-juin 1875;
                        janvier-février 1878; mars-avril 1878.

44. POUCHET, G.         Des changements de coloration sous l'influence des
                        nerfs. — *Journal de l'Anatomie*, 1876.

45. VOGT.               Embryologie des Salmones. — Histoire naturelle
                        des Poissons de l'Europe centrale de L. Agassiz,
                        1842.

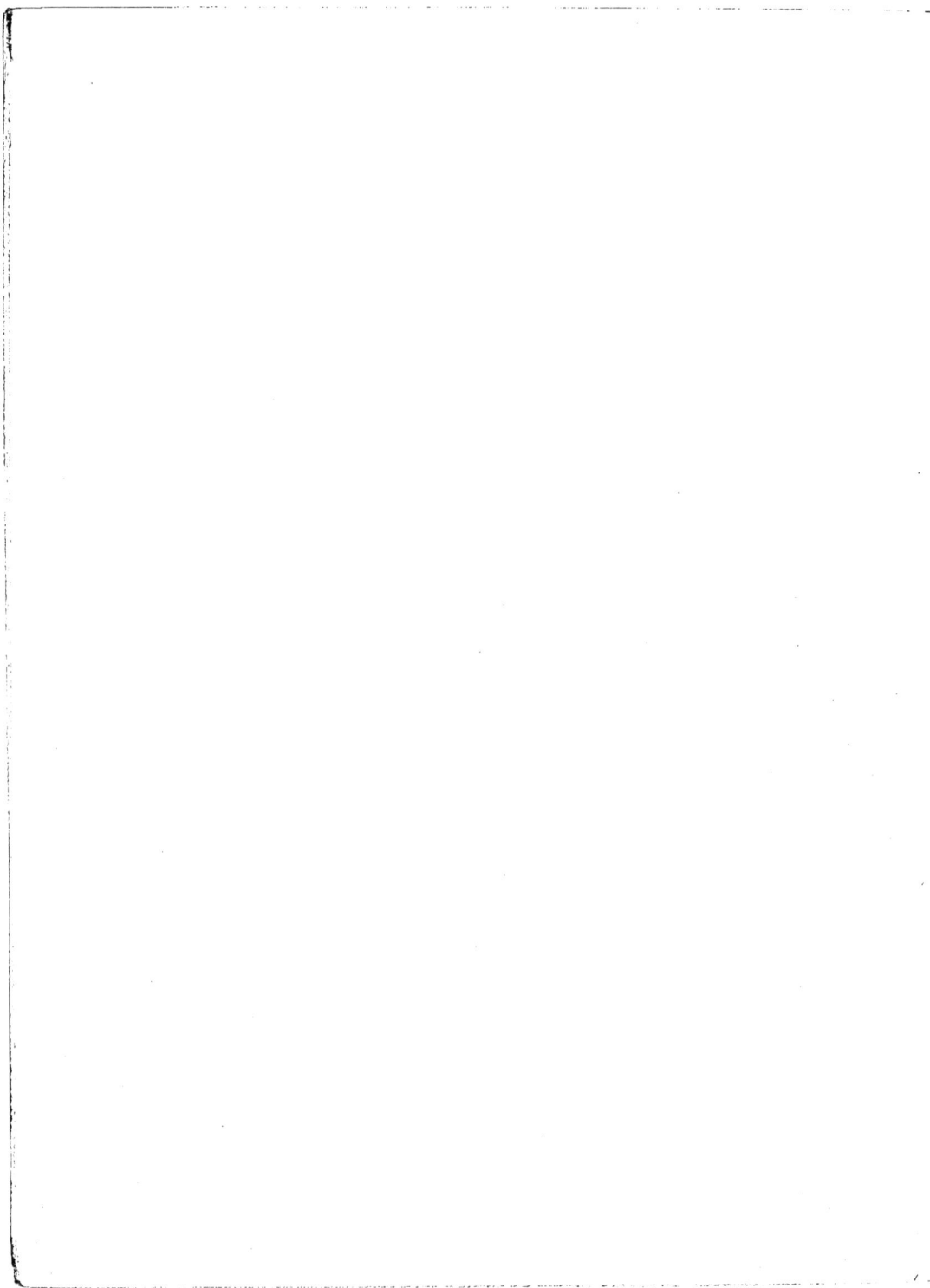

# EXPLICATION DES PLANCHES

---

## SIGNIFICATION DES LETTRES
## COMMUNES A TOUTES LES FIGURES

*abr* arcs branchiaux.
*an* anus.
*apd* apophyse dorsale des vertèbres; apophyse épineuse; neurapophyse.
*apv* apophyse ventrale des vertèbres; hémapophyse.
*ard* arc vertébral dorsal; arc neural.
*arv* arc vertébral ventral; arc hémal.

*bc* pièces basilaires de la nageoire caudale; pièces basicaudales.
*bo* bouche.
*br* branchies; bourgeons branchiaux.
*bst* rayons et membrane branchiostèges.
*bu* bulbe aortique.

*c* cœur.
*ca* extrémité caudale; bourgeon caudal chez le jeune embryon; lobe caudal de la membrane
 périphérique primitive.
*cam* canal médullaire, épendymaire.
*cc* capuchon céphalique, puis crête céphalique; « precranial vesicle » (Holt, **33**, p. 458).
*cd* corde dorsale; notochorde.
*ce* extrémité céphalique.
*cie* cartilages interépineux.
*cl* clavicule.
*clm* cloisons (septa) intermusculaires (voir *spt.*).
*col* colobome; fissure choroïdale.
*cor* cartilage coracoïde.
*cpi* cellules pigmentaires; chromoblastes.
*cpie* cellules pigmentaires propres de l'embryon.

*cpiv* cellules pigmentaires périvitellines.
*cr* cristallin.
*cWo* canal de Wolff; canal segmentaire.

*epv* espace périvitellin.
*est* estomac.

*f* foie.
*fo* fente operculaire; fente des ouïes.

*gcd* gaine de la corde dorsale.
*gl* globules huileux (ceux qui appartiennent au pôle non mis au point sont vus comme une tache estompée).
*gli* globules huileux; groupes du pôle inférieur.
*glr* glomérule rénal primitif; pronephros.
*gls* globules huileux; groupes du pôle supérieur.
*gpi* glande pinéale; épiphyse.

*hym* cartilage « hyomandibulaire »; arc maxillaire.
*hyp* pièces hypurales (voir *bc*).

*ifp* infundibulum branchial primitif.
*it* intestin; it I, it II, it III = 1re, 2e, 3e portion de l'intestin.
*ivt* segments intervertébraux; ligaments intervertébraux ou portions de la gaine de la corde qui les représentent au début.

*lb* lames bordantes.
*lbe* lame bordante, zone externe.
*lbi* lame bordante, zone interne.
*li* ligaments.

*mai* mâchoire inférieure; mandibule.
*mas* mâchoire supérieure.
*me* membrane d'enveloppe de l'œuf; capsule de l'œuf; « enclosing membrane »; « protective external capsule ».
*mie* muscles interépineux, collatéraux.
*moa* moelle allongée; myélencéphale; arrière-cerveau.
*moe* moelle épinière.
*my* somites musculaires; myomères; myotomes; myocommata; plaques musculaires; muscles du tronc.

*na* nageoire anale.
*nbr* nodules basilaires des rayons permanents des nageoires dorsale et anale.
*nc* nageoire caudale.
*nci* lobe inférieur de la nageoire caudale.
*ncs* lobe supérieur de la nageoire caudale

*nd*   nageoire dorsale.
*np*   nageoire pectorale.
*npr*   nageoire primordiale; membrane marginale; membrane périphérique; « fin membrane »;
      nageoire médiane; « mediane epidermal crest ».
*nv*   nageoire ventrale.

*o*    œil; vésicule optique.
*œs*   œsophage.
*oie*   os interépineux.
*olf*   organe olfactif; bourgeon olfactif; fossette olfactive.
*op*   opercule.
*or*   oreillette.
*ot*   otocyste; vésicule auditive; oreille.

*pc*   péricarde.
*phx*   pharynx; cul-de-sac de l'intestin antérieur.
*plb*   plaques basilaires (des arcs vertébraux).
*ppc*   paroi postérieure du péricarde.
*pyl*   pylore.

*rd*   rayons définitifs ou permanents; rayons secondaires.
*rect*   portion rectale du tube digestif.
*ro*   rostre.
*rp*   rayons primitifs.

*sinv*   sinus veineux.
*som*   somites mésoblastiques primitifs; protovertèbres.
*spt*   septa intermusculaires (comme *clim*).
*sv*   segments périphériques du vitellus; segments vitellins; « vesicles of the Yolk ».

*tr*   tronc.

*ust*   urostyle; portion relevée de l'extrémité postérieure de la corde dorsale, qui le précède.

*vIV*   quatrième ventricule.
*vc*   vésicules cérébrales; masse cérébrale dans son ensemble, au début.
*vca*   vésicule cérébrale antérieure primitive.
*vca¹*   cerveau antérieur secondaire; hémisphères cérébraux; prosencéphale.
*vca²*   cerveau intermédiaire; thalamencéphale.
*vcm*   vésicule cérébrale moyenne; cerveau moyen; lobes optiques; mésencéphale.
*vcp*   vésicule cérébrale postérieure; cerveau postérieur secondaire; cervelet; mésencéphale.
*vit*   vitellus.
*vn*   vessie natatoire.
*vt*   vertèbres; corps vertébraux; segments vertébraux.
*vtr*   ventricule (cardiaque).
*vu*   vessie urinaire.

# PLANCHE I

Les figures de cette planche reproduisent, à une échelle commune (10 diamètres), l'aspect général des principaux stades représentés plus complètement dans les planches suivantes. Elles permettront au lecteur de se faire une idée d'ensemble de la marche du développement, de l'accroissement de la jeune Sole depuis l'œuf jusqu'à sa transformation achevée en Pleuronecte. Les figures détaillées données dans les autres planches ont été dessinées à une dimension quelconque adoptée pour la plus grande facilité de l'exécution et commandée par les nécessités de la mise en page.

Au-dessus de chaque figure est indiquée la dimension réelle de l'objet représenté.

La notation des stades (comme dans toutes les planches) est conforme à celle du tableau général (p. 26-30).

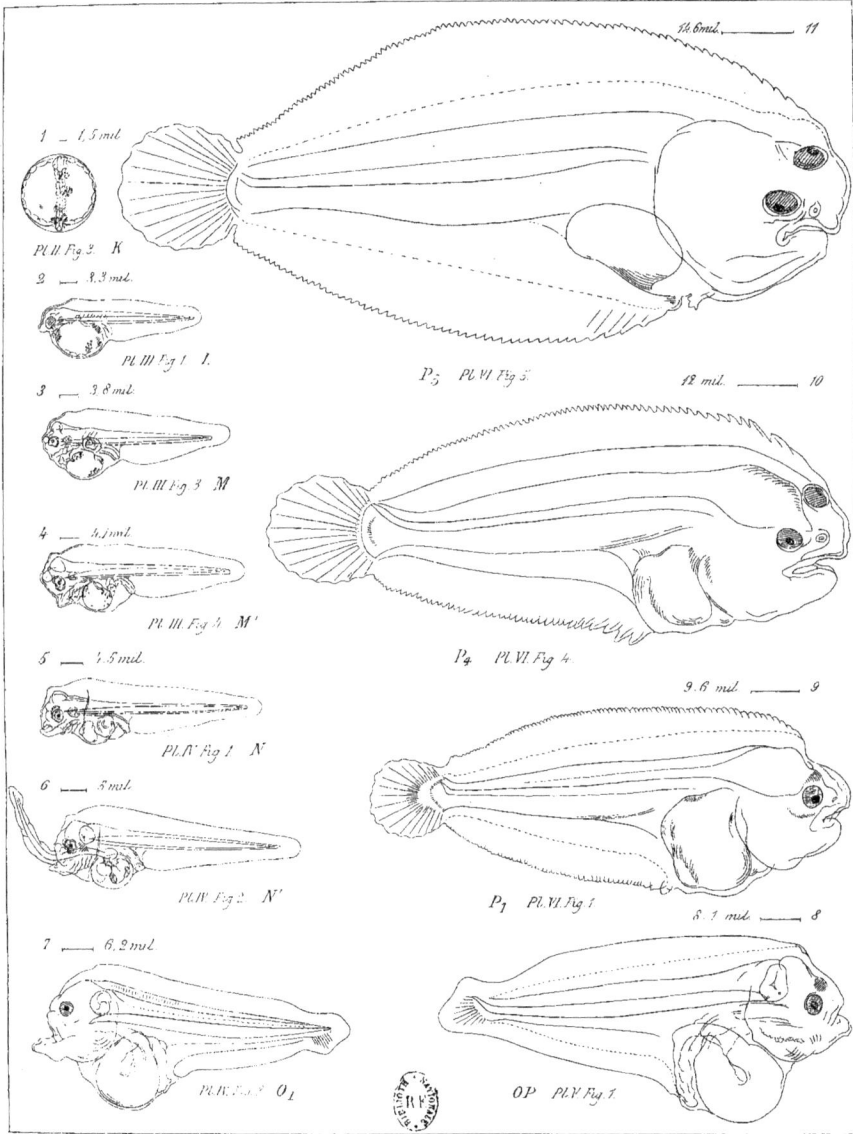

Pl. I.

DÉVELOPPEMENT DE LA SOLE

Tableau d'ensemble au grossissement uniforme de $\frac{10}{1}$

*non*

# PLANCHE II

Toutes les figures de cette planche ont été dessinées d'après des œufs récoltés en mer, à un grossissement uniforme de $\frac{44}{1}$ environ. On leur a supposé une taille identique de $1^{\text{mill}},5$.

**Fig. 1.** — Œuf vu par en haut. Mise au point sur le pôle inférieur occupé par l'embryon.

Espace péri–vitellin *(epv)* petit. — Embryon claviforme, de longueur moindre que la demi-circonférence du vitellus et ne déterminant pas encore d'étranglement sur cette masse. Groupes de globules huileux presque toujours rassemblés au voisinage de l'aire embryonnaire *(gli)* ; quelques groupes de faible importance appartiennent seuls au pôle opposé *(gls)*, non au point sur la figure. Vésicules optiques *(o)* et corde dorsale *(cd)* nettement distinctes. 7 somites mésoblastiques sont visibles *(som)*. Vitellus et embryon encore dépourvus de pigment. *Blastopore vitellin fermé* depuis peu. Ce dernier caractère, rapproché des précédents, permet de placer cet œuf *au commencement du stade I*.

**Fig. 2 et 3.** — Œuf vu par en haut. Mise au point sur le pôle supérieur dans la figure 2, sur le pôle inférieur et l'embryon dans la figure 3.

L'espace péri–vitellin s'est agrandi. Longueur de l'embryon égalant au moins ou dépassant un peu celle de la demi-circonférence du vitellus. Celui-ci présente, pour le loger, un sillon d'étranglement peu profond. Extrémité caudale détachée sur une petite étendue. Différenciation avancée des vésicules cérébrales, de l'œil, *dont le cristallin s'est individualisé*, des somites mésoblastiques, au nombre de plus de 15. Pigment vitellin, noir et jaune, très développé (affectant la distribution signalée dans le texte) ; de nombreux points mélaniques forment la pigmentation propre de l'embryon, disséminés à sa surface et surtout accusant ses contours et les lignes de séparation de ses différentes parties.

Cet œuf peut être considéré comme parvenu au *commencement du stade K*.

Pl. II.

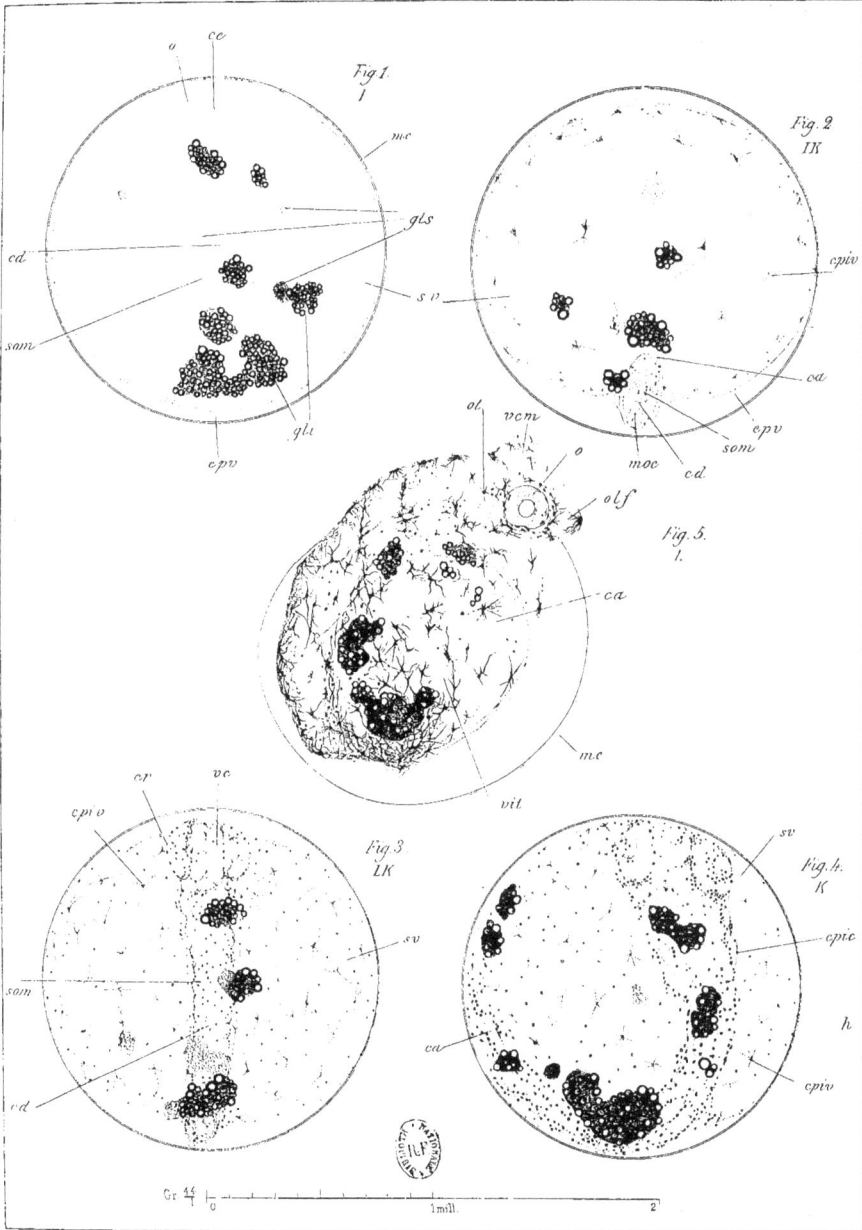

Fig 1.
l.

Fig. 2
IK

Fig. 5.
l.

Fig. 3
LK

Fig. 4.
K

Gr. 15/1

1 mill.

Imp. L. Lafontaine, Paris

DEVELOPPEMENT DE LA SOLE.

**Fig. 4.** — Œuf observé par en haut, l'embryon étant vu obliquement, par suite de son enroulement spiral. Mise au point sur l'ensemble de l'œuf.

A remarquer la longueur de l'embryon, presque égale à la circonférence vitelline, la libération de l'extrémité caudale sur une grande étendue, l'abondance du pigment embryonnaire propre, constitué encore uniquement par de petits éléments mélaniques plus ou moins isolés ou groupés. L'œil est toujours *dépourvu de toute pigmentation choroïdienne*. L'embryon exécute quelques mouvements.

Période terminale du stade K.

**Fig. 5.** — Œuf vu latéralement. — Embryon en voie d'éclosion.

Les détails de structure sont ici les mêmes que dans les figures 1 et 2 de la planche III ci-après.

Début de la *seconde période du stade L*.

# PLANCHE III

**Fig. 1.** — Larve peu après l'éclosion (âgée de moins de 24 heures), stade L. — Long. $3^{mill},2$ (pl. I, fig. 2).

**Fig. 2.** — La même observée sur fond noir, à la lumière réfléchie.

**Fig. 3.** — Larve au stade M. — Long. $3^{mill},8$ (pl. I, fig. 3).

**Fig. 4.** — Larve à la fin du stade M (M'). — Long. $4^{mill},1$ (pl. I, fig. 4).

Pl. III

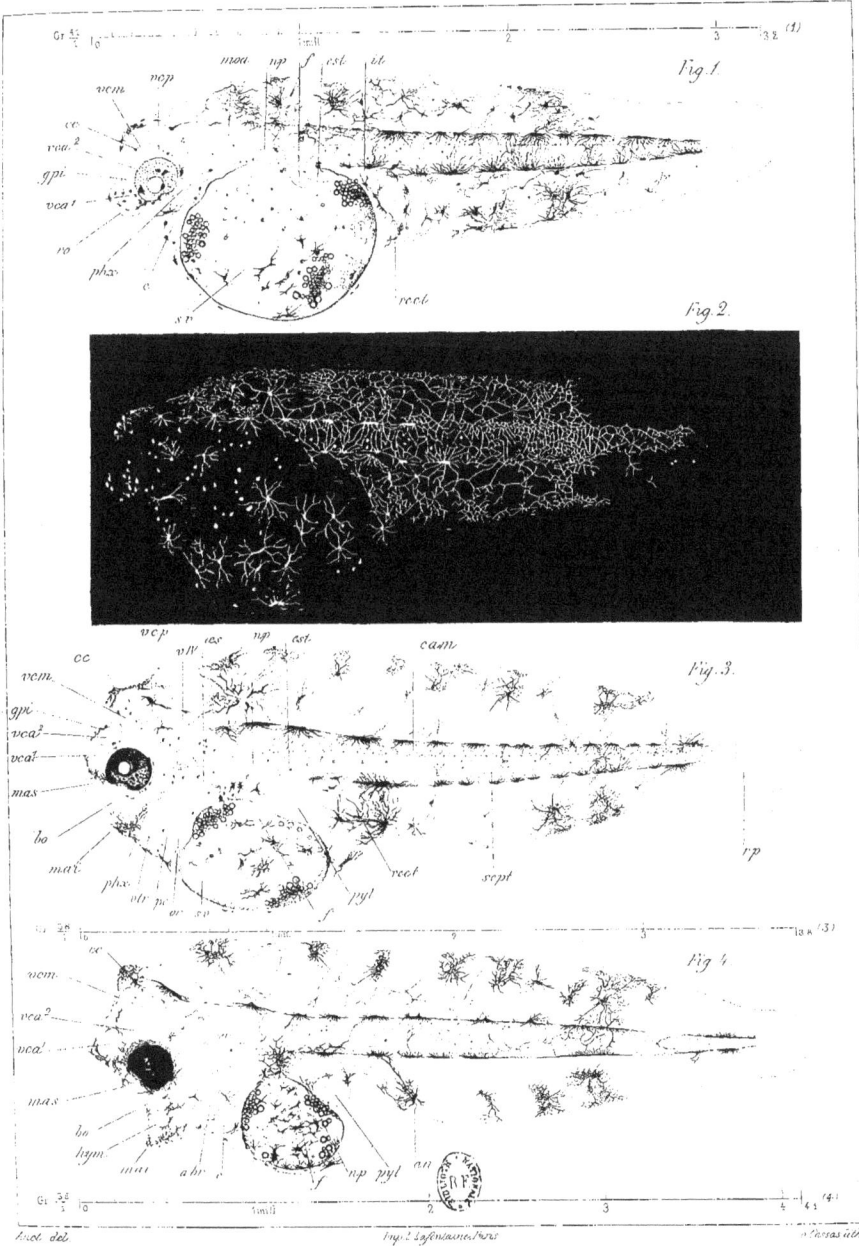

DÉVELOPPEMENT DE LA SOLE.

# PLANCHE IV

**Fig. 1.** — Larve à la première période du stade N. — Long. $4^{mill},5$ (pl. 1, fig. 5).

> *Erratum* : *bst* indique ici le bord de la membrane operculaire et le pli répondant au futur bord de la membrane branchiostège.

**Fig. 2.** — Larve à la période terminale du stade N ($N_2$). — Long. $5^{mill}$ (pl. I, fig. 6).

**Fig. 3.** — Larve à la première période du stade O. — Long. $6^{mill},2$ (pl. 1, fig. 7). Afin de laisser plus de netteté au dessin des organes représentés, on n'a pas figuré la pigmentation, encore très analogue à celle de la figure précédente.

**Fig. 4.** — Larve du courant du stade O ($O_2$). — Long. $6^{mill},8$.

> *Erratum* : au lieu de *oie*, lire *cie*.

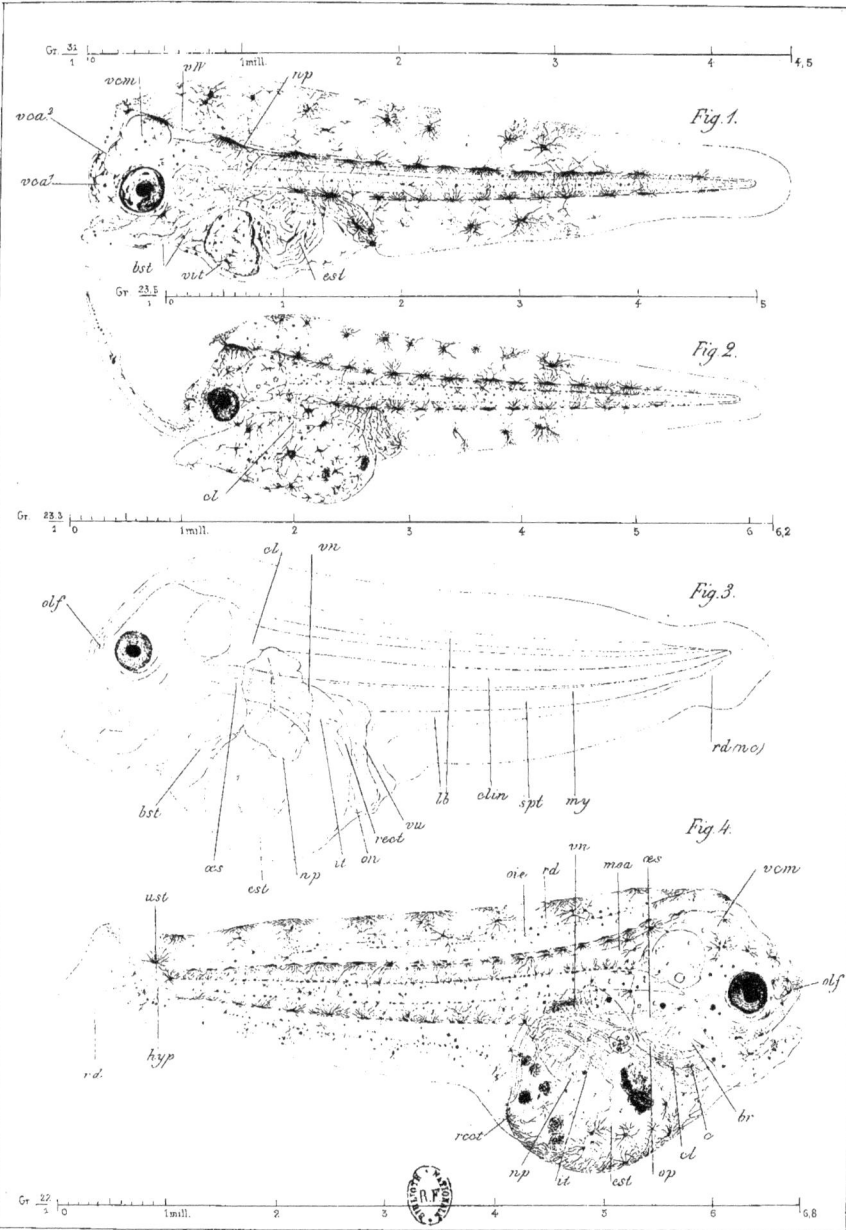

Pl. IV.

DÉVELOPPEMENT DE LA SOLE.

# PLANCHE V

**Fig. 1.** — Larve de la période de transition OP. — Long. $8^{mill}, 1$ (pl. I, fig. 8).

**Fig. 2.** — La même vue par son côté gauche et sans pigmentation. Cette figure est surtout destinée à montrer le léger déplacement déjà subi par l'œil gauche et le commencement d'asymétrie de la tête.

**Fig. 3.** — Larve au stade L (du $2^e$ jour) offrant un aspect particulier du limbe dorsal de la nageoire primitive et du capuchon céphalique. — Long. $3^{mill}, 5$.

**Fig. 4.** — Larve monstrueuse de la fin du stade P. — Long. $13^{mill}, 5$.

Pl. V.

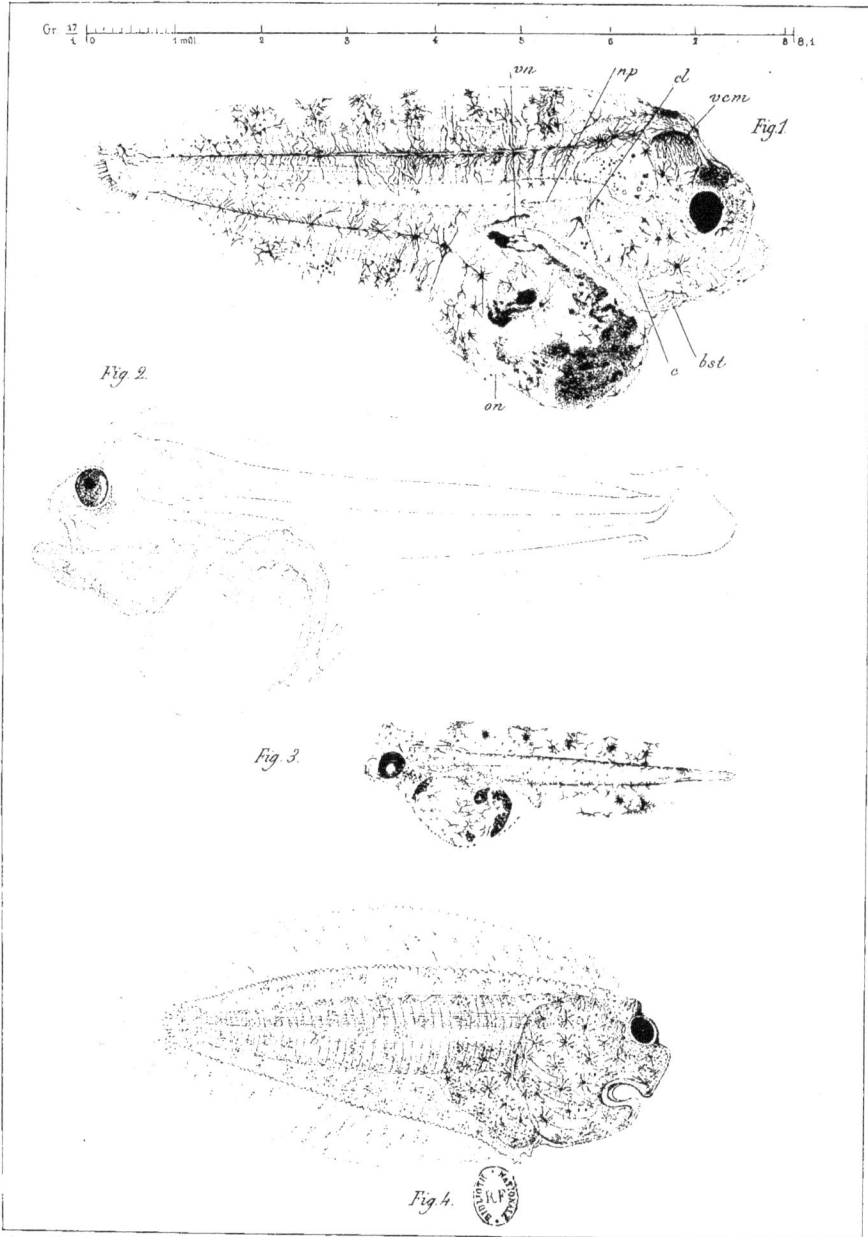

Gr. 17/1

vn    np   cl   vcm

Fig.1

Fig. 2

on    c   bst

Fig. 3.

Fig. 4.

Auct. del.    Imp. L Lafontaine, Paris.    o. Cassas, lith.

DÉVELOPPEMENT DE LA SOLE.

# PLANCHE VI

Jeunes Soles du stade P montrant les dernières transformations larvaires pendant la métamorphose pleuronecte.

Fig. 1. — Œil gauche encore sur le côté gauche de l'animal, près du profil supérieur de la tête. — Long. $9^{mill},6$ (pl. I, fig. 9).

Fig. 2. — Œil gauche tout proche du profil supérieur de la tête, mais encore sur le côté gauche. — Long. $9^{mill},75$.

Fig. 3. — Individu très voisin du précédent, avec l'œil gauche sur le profil frontal. Long. $11^{mill}$.

Fig. 4. — Œil gauche situé à droite et déjà distant du profil frontal. Effacement de l'encoche frontale et extension de la nageoire dorsale au-dessus de l'œil. — Long. $12^{mill},5$ (pl. I, fig. 10).

Fig. 5. — Individu dont la métamorphose est presque achevée. — Long. $14^{mill},6$ (pl. I, fig. 11).

Pl. VI.

Fig. 1.
9,6 mil.

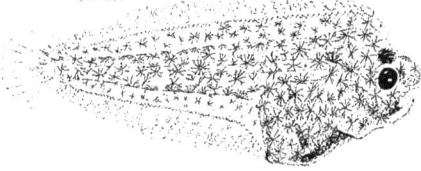

Fig 2
10,75 mil.

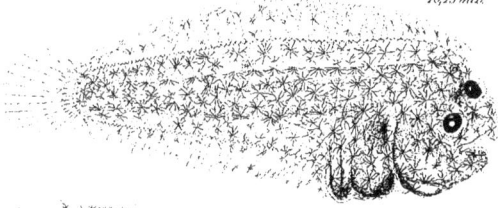

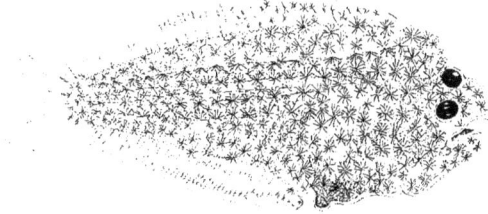

Fig. 3.
11 mil.

Fig. 4.
12 mil.

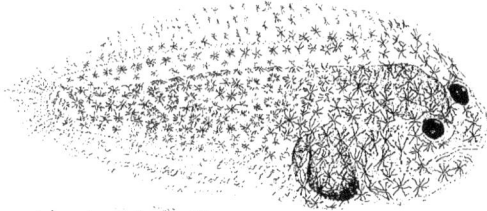

Fig. 5
14,6 mil.

o. Cassas, del. et lith. ad nat.

Imp. L. Lafontaine, Paris.

## DÉVELOPPEMENT DE LA SOLE.

# PLANCHE VII

Figures demi-schématiques, mais aux lignes exactement dessinées à la chambre claire, d'après les pièces, donnant (à une même échelle) l'aspect de l'extrémité caudale à différents moments du développement. — On a distingué par une teinte jaune les parties restantes, non transformées, de la membrane natatoire primitive. L'image de la corde dorsale est réservée en blanc. La teinte grise la plus foncée correspond à la masse du tronc. Une teinte grise plus légère est affectée aux lames bordantes et aux parties des nageoires qui en proviennent (os et muscles intcrépineux, rayons définitifs).

L'inspection de ces figures, complétant les indications contenues dans le texte, donnera une notion suffisamment nette des transformations subies par l'extrémité caudale chez la larve.

**Fig. 1.** — Période de transition NO. — Extrémité du tronc encore droite et lobe caudal de la nageoire primitive presque régulier. Sous la pointe de l'axe apparaît l'ébauche de la nageoire caudale permanente.

**Fig. 2.** — Commencement du stade O. — Extrémité caudale asymétrique. Pointe de l'axe non encore relevée. Les premiers rayons permanents commencent à prendre une direction oblique en arrière.

**Fig. 3.** — Période moyenne du stade O. — Extrémité du tronc relevée. Séparation de la nageoire caudale d'avec les nageoires dorsale et anale. Grande réduction de la surface proportionnelle du lophioderme.

**Fig. 4.** — Période de transition OP. — Disposition asymétrique, inverse de celle de la figure 2 (ci-dessus). Le lophioderme n'existe plus qu'en bordure des nageoires dorsale et anale. Apparition des dents sur le bord de la nageoire caudale *(nc)*. Le petit lobe supérieur *ncs* représente l'ancien limbe caudal de la larve. Extrémité du tronc arrondie.

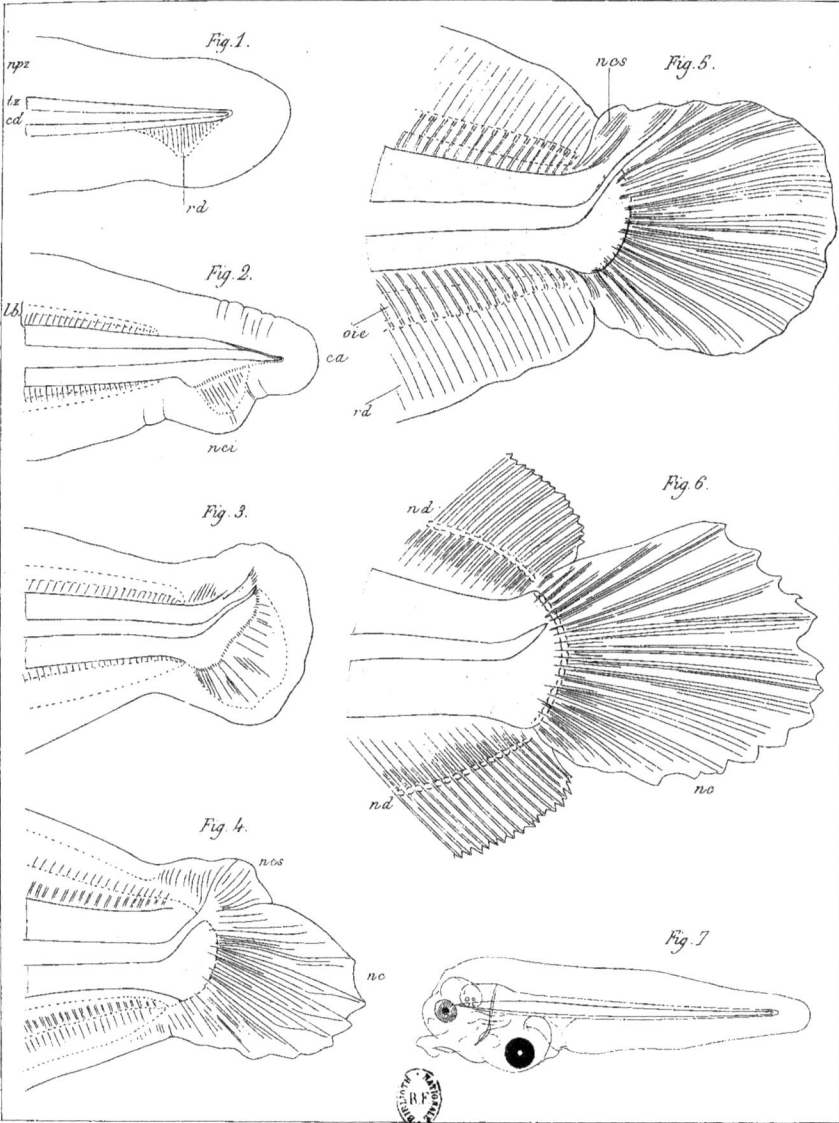

Fig. 1.

npz
t.z
cd

rd

Fig. 2.

lb

oie
ca

rd

nci

Fig. 3.

Fig. 4.

nos

nc

nos Fig. 5.

Fig. 6.

nd

nd

nc

Fig. 7.

Imp. L. Lafontaine, Paris.

DÉVELOPPEMENT DE LA SOLE.

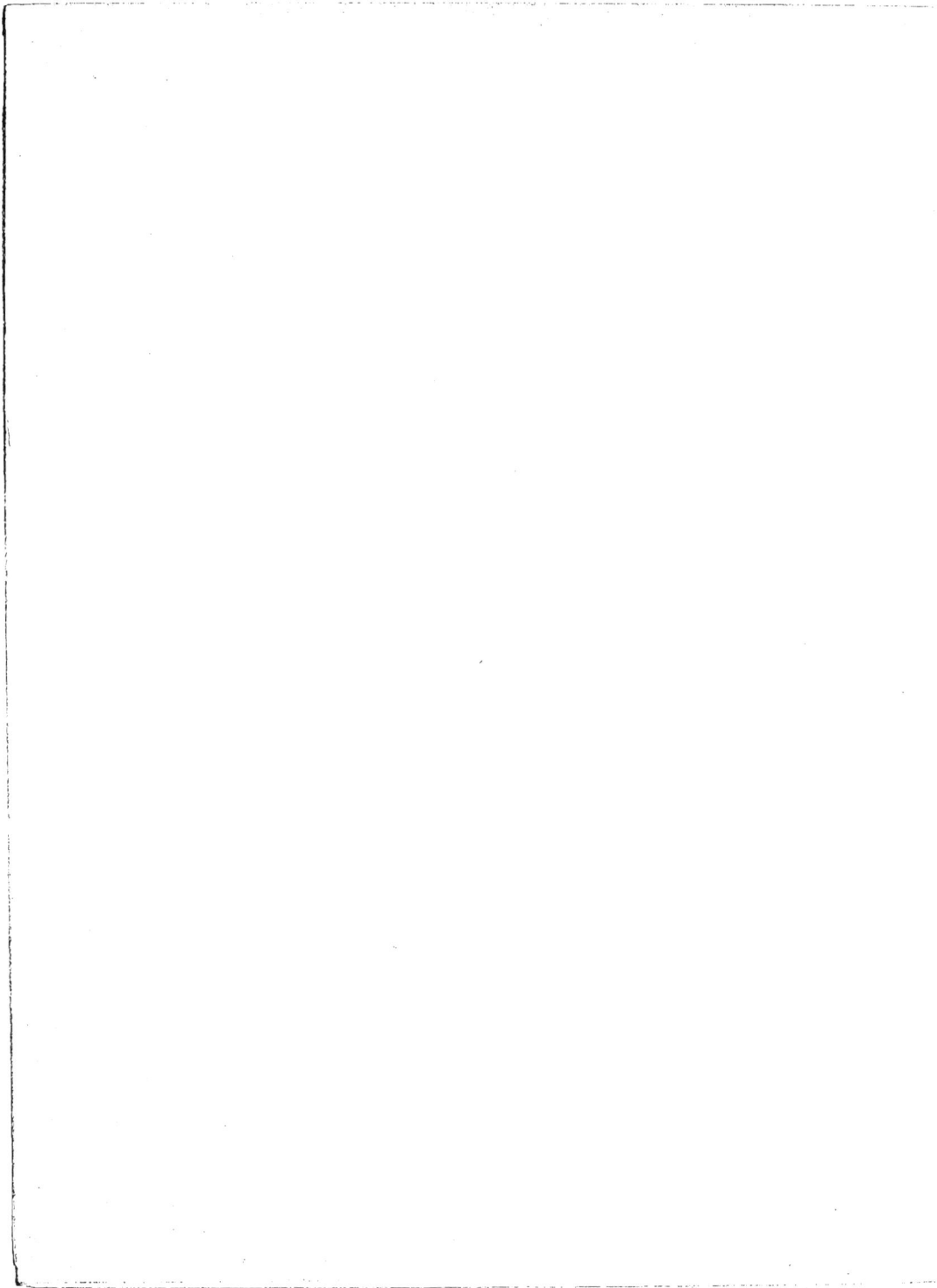

**Fig. 5.** — Commencement du stade P. — Il ne reste comme trace de l'asymétrie précédente que la présence du petit lobe dorsal *ncs,* maintenant très réduit.

**Fig. 6.** — Courant et fin du stade P. — Disposition de la forme adulte : caudale régulière.

*Erratum :* Dans cette figure, au lieu de *nv,* lire *na.*

**Fig. 7.** — Dans cette figure est représenté un alevin de la période $N_2$ ayant dégluti une bulle d'air, qu'on aperçoit logée dans l'estomac.

# PLANCHE VIII

**Fig. 1.** — Larve L, longue de $3^{mill},5$ (individu de la figure 3, pl. V). Région branchiale du côté gauche. Grossissement, $\dfrac{130}{I}$.

Indications spéciales à cette figure :
    1, lèvre antérieure de l'infundibulum branchial primitif ou bord libre de l'opercule ;
    2, 2′, 2″, les trois premiers arcs branchiaux primitifs.

**Fig. 2.** — Larve M, longue de $3^{mill},8$. Portion antérieure. Grossissement, $\dfrac{90}{I}$

Indications spéciales à cette figure :
    1, lèvre antérieure de l'infundibulum branchial primitif ;
    2, limite postérieure du même ;
    3, cartilage temporal ;
    4,   —    jugal ;
    5,   —    maxillaire ;
    6,   —    hyoïdien primordial ;
    7 (I, II, III), premiers arcs branchiaux proprement dits.

**Fig. 3.** — Larve de la première moitié du stade N, longue de $4^{mill},5$. Portion antérieure, côté gauche. Grossissement, $\dfrac{62}{I}$.

Notation particulière à cette figure :
    1, lame basilaire (coupe optique) ;
    2, région de l'infundibulum cérébral ;
    3, paroi inférieure de la capsule cartilagineuse de l'oreille, en continuité avec la lame basilaire, en arrière (coupe optique) ;
    4, premier point d'ossification (bord antérieur) de l'operculaire ;

Pl. VIII.

np cWo

*Fig 2.*

1   2

3
4
5

œs

*7ᵐ*
*7ᵘ*
*7ᵗ*

6'

f

1

2  2'  2"

*Fig. 1.*

1  2  3

vIV h   moa
cl   glr

vn  cWo

cam  cd

vcm

gpi

vca²
ol.f

16
15

14

13  12

11  10  9   or
vlr        œs
vit   car 8  np f
csl

red   an

5

vu

*Fig. 3.*

6'

   Imp. L. Lafontaine, Paris

DÉVELOPPEMENT DE LA SOLE.

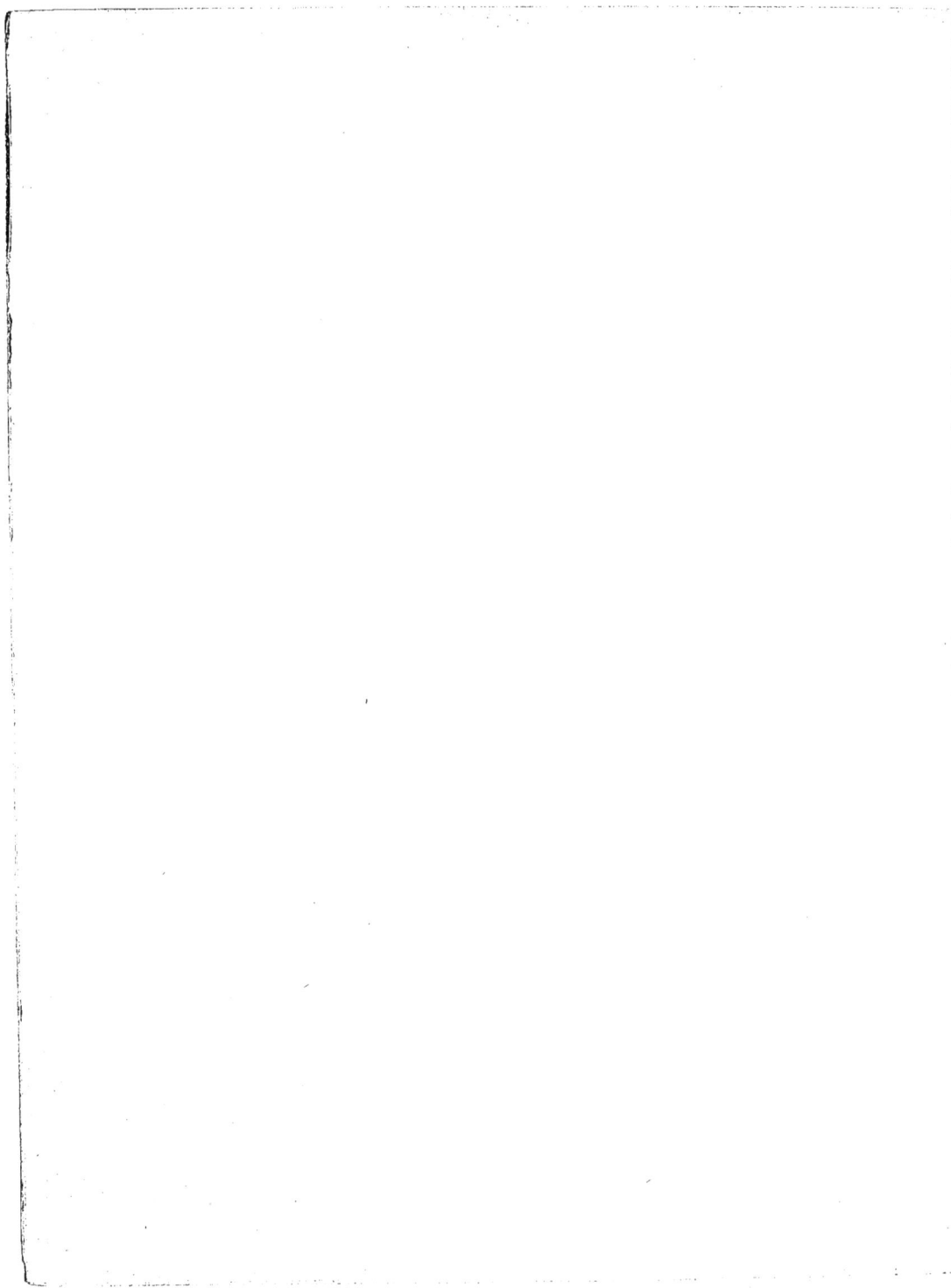

5, masse musculaire sous-notochordale ;
6, urèthre ;
7, endothelium péritonéal ;
8, vésicule biliaire ;
9, cartilage styloïdien ;
10, — temporal ;
11, — jugal ;
12, ébauche du prolongement palatin du précédent cartilage ;
13, cartilage maxillaire ;
14, stylet ostéoïde représentant la première ossification du maxillaire
    supérieur ;
15, extrémité antérieure du cartilage trabéculaire gauche ;
16, cartilage facial.

# TABLE DES MATIÈRES

## PREMIÈRE PARTIE

### Développement de la Sole.

Fabre-Domergue et Biétrix. — Développement de la Sole. 34

## DEUXIÈME PARTIE

Introduction a l'étude de la Pisciculture marine.

————— —

Erratum. — Page 64, fig. 2. — Le grossissement indiqué de 50 diamètres s'est trouvé réduit d'un cinquième environ par la photogravure. Cette différence est d'ailleurs négligeable par rapport aux variations individuelles que présentent les larves à ce stade de leur développement.

CHARTRES. — IMPRIMERIE DURAND, RUE FULBERT.

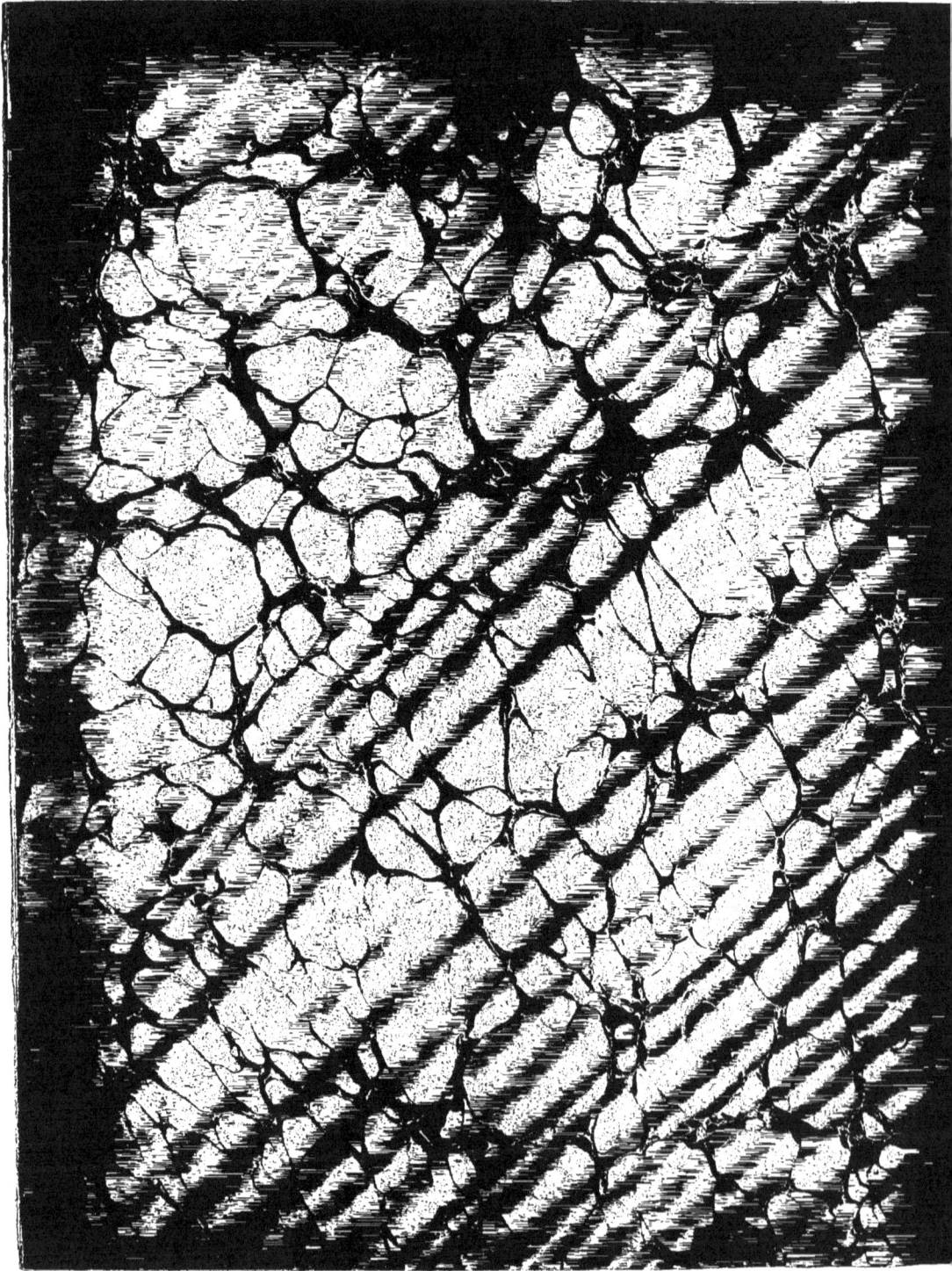

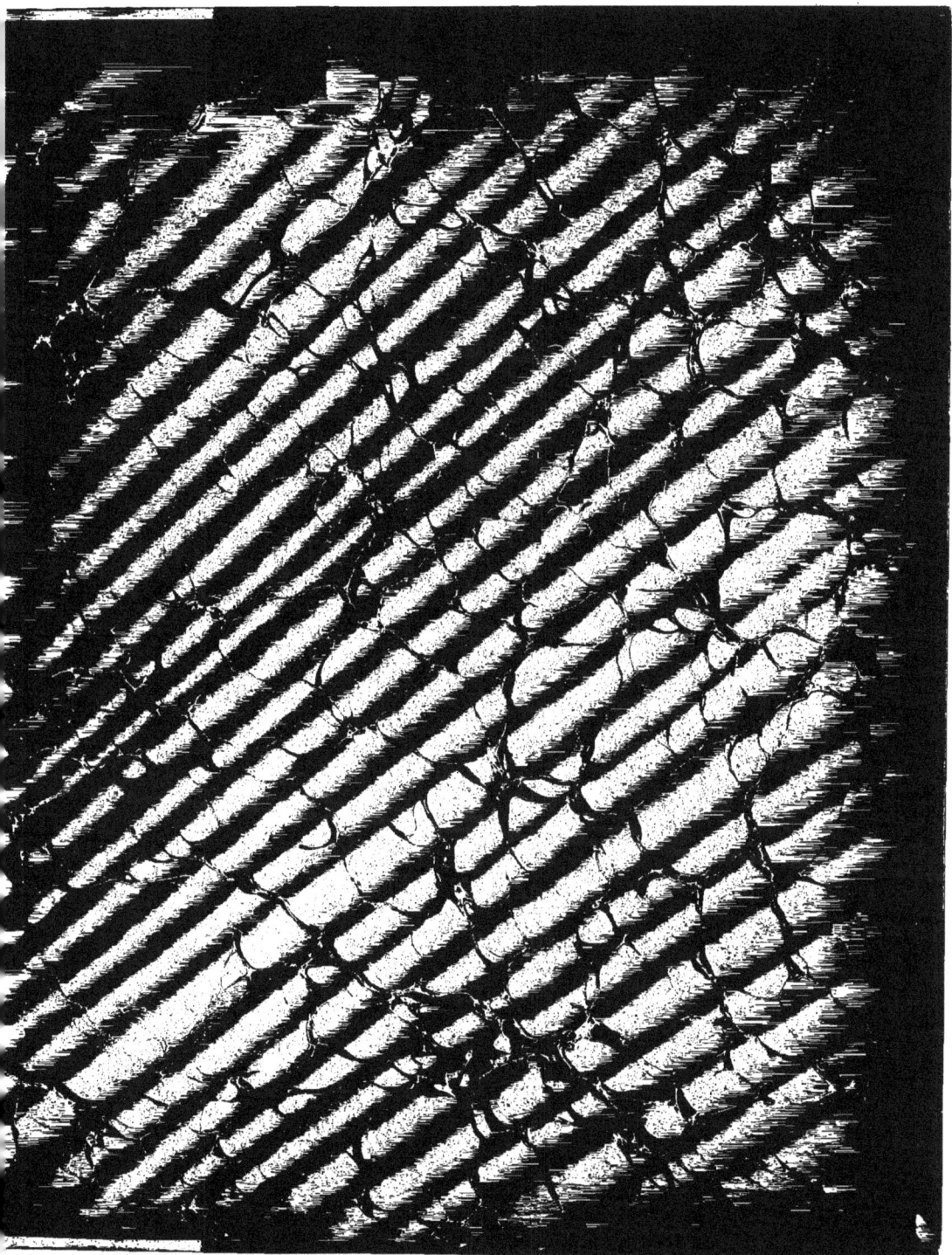

www.ingramcontent.com/pod-product-compliance
Lightning Source LLC
Chambersburg PA
CBHW070232200326
41518CB00010B/1527